水利水电工程管理

任　涛　吕德雄　杨超群　主编

吉林科学技术出版社

图书在版编目（CIP）数据

水利水电工程管理 / 任涛，吕德雄，杨超群主编
. -- 长春：吉林科学技术出版社，2020.1
ISBN 978-7-5578-6413-2

Ⅰ．①水… Ⅱ．①任… ②吕… ③杨… Ⅲ．①水利水
电工程－工程管理 Ⅳ．①TV

中国版本图书馆 CIP 数据核字 (2019) 第 300274 号

水利水电工程管理

主　　编	任　涛　吕德雄　杨超群
出 版 人	李　梁
责任编辑	端金香
封面设计	刘　华
制　　版	王　朋
开　　本	16
字　　数	300 千字
印　　张	13.5
版　　次	2020 年 1 月第 1 版
印　　次	2020 年 1 月第 1 次印刷
出　　版	吉林科学技术出版社
发　　行	吉林科学技术出版社
地　　址	长春市福祉大路 5788 号出版集团 A 座
邮　　编	130118

发行部电话 / 传真　0431—81629529　　81629530　　81629531
　　　　　　　　　　81629532　　81629533　　81629534

储运部电话　0431—86059116

编辑部电话　0431—81629517

网　　址	www.jlstp.net
印　　刷	北京宝莲鸿图科技有限公司
书　　号	ISBN 978-7-5578-6413-2
定　　价	55.00 元

前　言

　　随着我国的经济和科技的发展进步，我国的水利水电工程也在快速地发展。在技术不断提高的同时，水利水电的管理过程中，仍存在不少的问题，这对水利水电的管理和发展造成了不好的影响，水利水电工程的管理对水利工程来说有着重要的意义。在现代化的社会发展时期中，对水利水电工程进行科学合理的管理能够有效地保证水利水电工程的建设和管理。在管理的过程中，对水利水电工程中的每个环节进行有效的管理，能够保证水利水电工程的质量，对水利水电工程管理中存在的问题给予重视，并且能够及时地发现和解决。

　　水利水电工程建设规模大，周期跨度也相对较长，管理期间存在的问题对施工任务进展影响也十分严重。水利水电工程的施工技术已经十分成熟，但相关的管理体系却没能及时完善，导致施工任务进行缺乏严谨的监管制度，虽然在短时间内不会影响到施工任务的进展，但随着工程建设任务量与复杂程度增大，受体制影响漏洞问题也会日渐出现。

　　因此，本书主要从十章内容对水利水电工程管理进行阐述，章节全面，内容详细，希望能够给予读者一定的帮助。

目　录

第一章 绪 论

第一节 近代水文历史

一、中国古代历史上的水文化

（一）中国历代对水资源的管理

1. 历代水官

历代水官的变化非常复杂，从总体来看，分为中央和地方两个系统。

（1）中央水官

在中央，有以工部、水部系统的行政管理机构，有以都水监系统的工程修建机构。

总体来看，中央水官经过了如下发展变化：先秦有司空一职，主管水土行政。南北朝时，司空在名义上仍是掌管水利土木工程的最高政务官。秦汉以后主持水利营建及管理事务的有都水官，隋以后名都水监，至明代始取消。魏晋以后，尚书为中央最高行政机构，它的下属有水部，管理水利政务，和都水平行，官名水部郎。在水行政上形成双轨制。隋唐以后属尚书六部中的工部，职官有郎中、员外郎、主事等。元代撤销，政务划归司农司。明清复设，为工部中之都水清吏司，职官仍名郎中、主事等。

（2）地方水官

历代情况各异，官职的设置也复杂变化，在中央与地方的分类上难免有所重复，大体上有以下几类：

1）直属中央的地方水官

前文所述的秦汉各郡国的都水长、丞、令等直属大司农，直至晋代有的地区尚有类似设置。以后有的屯田水利官吏也直属司农。元代有的地区设都水庸田司或都水庸田使司亦属这一类，但时置时废，不是常设的。另如宋、金、元的外都水监、行都水监、都水分监等是中央机构派出的分支，也可以归入这一类。

2）派驻地方管理水政的中央官吏

这一类有为了处理某一水利问题或某一工程临时派出，事完回去的钦差大臣。如汉代的河堤谒者、河堤都尉，元代的总治河防使，明清的总督河道等。他们的官是谒者、都尉、工部尚书、尚书或侍郎兼都御使，临时职责是治河修堤。汉至唐各代在中央或临时派往地方主持河工的官吏有河堤谒者等官。西汉临时派出的官吏或皇帝侍从，多以钦差大臣的身份主持大规模工程叫河堤谒者或河堤使者。《晋书》中记载"都水使者，汉水衡之职也。汉又有都水长丞，主陂池灌溉，保守河渠，属太常。汉东京省都水，置河堤谒者，魏因之。及武帝省水衡，置都水使者一人，以河堤谒者为都水官属。及江左，省河堤谒者，置谒者六人。"还有以原官兼河堤都尉，或只说原官"领河堤""护河堤""行河堤"等。东汉河堤谒者成为中央主持水利行政的官，晋至唐为都水使者的属官。五代以后废不再设，但也有类似的官员如元代的总治河防使和明代早期的总督河道。晋代的巡河官，元代的河道或河防提举司，明代的管河、管运的郎中、主事等都类似晋以后的河堤谒者。这一类职官后来有的演变成常设官吏如明清的河道总督，同时成立了常设机构。明代京杭运河上常驻的中央官吏最多，他们或者是都水清吏司的职官，或者是御史等其他官员，由中央机构及总理或总督河道双重领导。

3）地方专职水官

地方各级机构都有专职或兼职水利官吏。专职或兼职根据事务的多少而定。历代地方水利专官种类也很多。东汉都水官即改属郡国，晋各州设都水从事，南北朝时州郡设水曹。唐各道农田水利常由营田使兼管；宋各路水利先归提刑司，后由常平司管理；明代有的省设水利金事；清代有的省设水利道。明清的府、州，有的设水利通判、水利同知、水利州同等。明代沿黄、运两河，有的省设按察司副使等专管河防；府、州、县也专设管河通制、州同、县丞等。清代河道总督下设道、厅、汛三级官吏主管河防修守，有文武两系统。省级文有河道，武有副将或参将；府州文有通判、州同，武有守备或千总；县文有县丞或主簿，武有千总以下的把总、外委等。

4）地方基层水官

大型农田水利常有专官。如关中郑白渠，西汉末息夫躬曾"持节领护三辅都水"。唐代管理属京兆尹，以京兆少尹一人负责。京兆少尹有时兼有"渠堰使"衔。如贞观四年（788）"京兆少尹郭隆为渠堰使"。并在泾阳设衙署。贞元十六年（800）"从东渭桥纳给使徐班兼白渠、漕渠及升原、城国等渠堰使"。太和元年（827）"京兆少尹韦文恪充渠堰使"。有时还有副职，如太和二年（828）刘仁师为昭应县令，"兼检校水曹员外郎兼渠堰副使。"这是一种特置的官衔，表示重视。五代周显德五年（958），"以工部郎中何幼充为司勋郎中，充关西渠堰使"，也和唐代类似。北宋有提举三白渠公事，管理三白渠及关中灌溉。金有规措三白渠公事，元初设规措三白渠使等。小灌区多民众自办自管，大灌区内支渠以下也由民众自管、推举不脱产的堰长、斗门长等管理用水及维修。明代设水利金事属陕西省，清雍正中设水利通判属西安府，至乾隆末郑白渠变为小规模的龙洞渠，改由各县管理。

2. 历代水利法规和制度

水利法规是在水利活动实践中产生的，是对水利工程和管理的规范和要求，也是水利工程建设和管理成熟程度的标志。我国古代随着水利的兴修和发展，已有水利法规。根据内容的不同，我国古代的水利法规大致可分为两类：一类是综合性的法规，如唐代的《水部式》；一类是专门性的法规。后者根据水资源管理的不同方面，又可分为防洪法规如金朝的《河防令》、排涝法规、农田灌溉法规、运河管理法规、城市供排水法规、水利施工组织法规等。足见中国古代水法规体系庞大，内容丰富。以下仅对历代主要的水法规作简要介绍。

大禹建立了夏王朝，据考古证明禹时已有了法律，土地和水均属天子，他是最高的统治者。水法大体始于西周，周文王伐崇侯时，在《伐崇令》中明令禁止填水井，违令者斩。《孟子·告子》也记载，公元前 651 年葵丘会盟之盟约规定："无曲防""毋雍泉"。秦始皇三十四年，在丞相李斯的主持下"明法度、定律令"，制定了《秦律十八种》，水利法规包括在《田律》之中，"春二月，毋敢伐木山林及雍提水"就是具体规定。在四川出土的秦木牍中也有记载，"九月，大除道及除徯；十月，为桥，修防堤，利津隘"。西汉汉武帝时左内史倪宽建议"穿凿六辅渠，以益溉郑国傍高卬之田"，并定有《水令》，"定水令，以广灌田"，这部水令的主要内容是关于用水次序的规定。颜师古曰："……为用水之次俱立法，各得其所也。"元帝时，南阳太守定农田灌溉"均水约束""刻石立于田畔，以防分争"，令人遵守。这都是早期的水利法和制度。西晋杜预重修南阳水利也订有管理制度。汉代黄河防修也定有制度，王景治河后恢复西汉旧制，不仅设置了官吏。后代水部、都水监管理全国水利政令，相关法规制度也是不可缺少。

（二）中国历代水利与农耕文明

两千多年的中国封建社会是农耕文明的产物，直到今天农业在整个国民经济中仍占有重要位置。水与农业关系密切，如何利用水资源，兴利除害便成为关键问题。修筑水利工程，变水害为水利成为历代解决水问题、发展农业的重要措施。从上古时期开始，治水的事迹就不绝于书。春秋战国时期是水利事业初步发展阶段，堤防工程出现，简单的灌溉技术投入使用。秦汉时期水利工程进入蓬勃发展时期，出现许多著名水利工程。但到三国时期，战乱频仍，政权不稳，社会混乱，水利建设受到严重影响。隋唐宋元时，水利继续发展，重要成就就是京杭运河的开通，漕运的发展。明清时期，封建社会的发展程度达到顶峰，加上统治者的支持，水利建设事业也出现了前所未有的繁荣局面，在治理黄河方面有重大突破。

（三）中国历代水崇拜

水与人的生活息息相关，从原始社会人们就对其产生了崇拜，成为人类最早产生并延续持久的自然崇拜之一。自然崇拜是世界各民族历史上普遍存在过的宗教形式之一，从原始时代一直延续至今。自然崇拜的对象是神灵化的自然现象、自然事物，即神灵化的天、地、日、月、星、水、火、雨、雷、云、山、石等。水在人的生产、生活中扮演着重要角色，只有充足的水才能维持生命，农业的丰收几乎完全建立在风调雨顺的基础上，人们就会产生适量雨水的渴望。但水也给人类带来无穷无尽的灾难，洪水灾害时有发生，人们对水又有一种恐惧之情。"总之，水给人带来的祸福，导致了人类对水的依赖和恐惧，从而产生了对水的崇拜。"由此看来，水崇拜之所以产生，是人们为了祈雨求丰年，保障农业生产与生活。水崇拜最初表现为对水的神秘力量的崇拜，后来发展到对司水之神的崇拜，也就是赋予水以人格和神灵，使之具有与人类似或相同的思想、情感、行为等，有时还会赋予水以超自然的力量，成为无所不能的神灵，便形成了水神。水神主要有动物水神和人物水神。前者大多数是事实存在的动物，与水都有某种联系，也有幻想出来的，如龙神。后者多是由动物水神演化而来，也有神话传说和历史中确实存在的治水英雄等。

（四）中国历代"水"文学

中国古代文学成就很丰富，不仅有举世闻名的文学大家、思想家、哲学家等，更有硕果累累的文学作品，涉及诗词歌赋、散文等众多体裁。水作为自然界广泛存在的事物，在生产、生活中又扮演着重要角色，古人自然不会放过对水的记载、描述、赞美、思考等。秦汉时期借水发表议论，唐宋元明清时则多用诗词等形式描写各种形式的水，抒发感情。这就形成了包括哲学、政治、教育、军事等诸多内容的"水文学"，其中既有对水的自然描写，也有面对江河湖海等所引发的思考和抒发的情感。这些作品是文学中不可缺少的内容，在文学史上有重要价值。祈雨是古代重要的农时活动之一。在正式的祈雨仪式中，还会请专门人员作祈雨文，既有诗歌，也有词曲。这些祈雨文通过文字形式表述出人们祈求下雨的迫切希望，以及对丰收、美好生活的向往等。

二、近代中国的水政

（一）晚清对水资源及利用的管理

1. 晚清河政变化

清代河政的建置比较完善，清朝典籍中对河道总督、河员、河工的记载都比较详细。通过这些史料，可以看到晚清河政相对于之前发生了哪些变化，为维护统治做出了哪些调试。清代河政发生较大变化是在咸丰五年（1855）。这一年，黄河在铜瓦厢发生决口，导致黄河改道，至此黄河水向北迁移，流向直隶和山东，从利津入渤海。这次决口改道不但结束了七百多年黄河南流的历史，而且对当时河政的管理产生了影响。

2. 晚清漕运

漕运与河道总督有重要关系，因为河道总督的主要职责之一就是疏通运道，保证漕运。治河和漕运的关系密不可分。所以，河道总督与漕运总督在职权上有很多重合之处。清朝前期，漕运兴盛，漕运与河务都是朝廷重要的行政事务。而清朝后期，海运兴起，运河逐渐衰败，漕运总督与河道总督一样面临着被裁撤的局面。

（二）民国初期的国家水政

民国时期的国家水政，同民国时期的战争和政权更替一样频繁，各种水利行政机构不断变化，厘清民国水政建设，对研究民国水利史，总结其水利工作的经验和教训，促进当前水政管理，有重要参考价值。

1912年晚清政府垮台，中华民国成立。新政权的建立势必会设有新政治机构，水政也是如此。北京政府时期并没有专门的水政机构，到了南京国民政府成立初期，社会经济破败不堪，水旱灾害频发，这些外部因素推动了水利建设，也促进了水利行政机构的调整，政府开始重视水利行政建设，水利行政便逐步统一。

总体来看，民国时期的水环境管理模式主要是流域管理，海河、黄河、淮河、太湖、长江、珠江等流域均分别成立了管理机构，负责各流域的河道管理、兴修水利工程等任务。这些流域机构大都直属于中央政府，由中央最高水利机构统一管理。只是中央政府主管水利工作的职能部门经过了多次变更，水政的统一也经历了漫长过程。

1. 北京政府时期的水政

民国成立之后，并没有管理国家水利事业的专门机构，只有内务部和农商部协作管理，在内务部属土木司，在农商部属农林司。临时政府时期，内政部主要负责管理警察、卫生、宗教、民俗、户口、田土、水利工程等。之后，内政部设置土木局，其中就有水工科，主要负责探寻城镇附近泉源并划分各泉水所含物质；探寻城镇湿地，点置泄水管；筹办大城市自来水；兴筑河工，如堤防、水关、堤岸等。农林司同样有管理水利之责。农林司下设水利科，主要掌管灌溉、排泄、浚泄、堤防及其他水利事项。

直到1914年始设全国水利局，置总裁一人，总理全国水政。1月8日颁布的法令中，规定全国水利局直隶于国务院，职掌全国水利及沿岸垦辟事务。关于人员的设置，有总裁一人，副总裁一人，视察二人，佥事二至六人，主事八至十二人，技正二至六人，以及技师十至十六人。如技术上之必要，可以酌聘顾问。

尽管有了一个中央水政机构，但其权力并不专一，内务、农商两部仍有权力，且遇事须与其商议。在一月大总统令中就宣布，"关于水利事项，本系内务农商两部之责，现既特设专局，除海河工程特派专员，但遇事分咨接洽外，其余均在该局职权之内，应由各该部咨会全国水利局遇事协商，以资匡助，而免隔阂。"之后，水利事项就由上述三个机关协商办理。如1914年全国水利局提出筹办滨临淮湖地亩议案，之后交由农商部复核审议。

1918年国务院就令内务部、农商部及全国水利局一并拟具全国河川测验办法。由此看来，当时的水政是内务、农商、全国水利局三家共主政的"三头单体制"。

另外，中央还有特设的水利机构，如1915年设督办广东治河事宜处；1917年设顺直水利委员会；1918年设督办运河工程总局，专办河北、山东两省运河工程事宜；1920年又设督办江苏运河工程局和督办苏浙太湖水利工程局；1922年设扬子江水道讨论委员会。上述这些水利机构，或属国务院，或是相关部门合组，但都不属于全国水利局，隶属于全国水利局者仅有江苏导淮测量处。

2. 水政统一之前：南京政府时期的水政

南京国民政府统治时期中央主管水利的机关可以以1934年12月为界，分为两个阶段：第一阶段（1927年4月~1934年12月）全国水政统一之前，国民政府对水的管理时期；第二阶段（1935年1月~1949年9月）全国水政统一之后，国民政府水利机关又发生多次变化。本节只涉及第一阶段时期的水政建设情况。

南京国民政府成立之初，中央并没有专门的水利建设机关，有关水利建设的工作分属中央有关部委，如水灾防御属内政部；水利调查测绘属内政部；水利建设属建设委员会，后改归内政部；农田水利由实业部负责，航路疏浚属交通部等。除此之外，对于黄河、长江、淮河等重要河流，中央都设有专门机构管理。

（三）南京政府时期全国水利行政之统一

关于统一全国水利行政的设想，是1928年由建设委员会正式提出。之后，水利行政问题一直受到关注，不少人提出统一水政的方案，"水利行政亟宜设立主管机关，统筹各江河之整理及一切有关水利事项，将现有水利机关之工作划归统管，并将各部会组织法规中关于水利部分之职掌妥为修正，庶几事权统一责任，较专水利行政之效易见，并与尽速政策相合，似应由院建议国府令行政院拟具全国水利主管机关之组织法案交院审议。"建设委员会为之做了不少努力。

（四）近代水法规

1. 晚清水法规和制度

清代没有一部以水利法、防洪法或农田水利法等命名的成文法，关于水利的法律内容大多分散且不成系统。在皇权集中的封建社会中，皇帝的诏书或朱批奏章皆为发挥法令的作用。除此之外，中央制定的律例或工部则例等，可看出清朝对水利纠纷、水官设置的管理。即是在颁布各项新法令频繁的清末新政时期，关于水利、河政的新法规也更是寥寥无几。所以晚清时期最主要的水法规依旧是由清前期沿袭下来并不断修补的《大清律例》和《清会典》。

晚清时期并没有建立现代法律体系，仍沿用封建社会法律。而且关于水政的法律条文多是沿用清朝前期制定的刑法和行政规则。即使在清末新政期间，也没有制定专门的水利法规或办事规程，而是将其与各种刑法、行政规则等庞杂在一起。这不能不说是晚清水政管理以及水利立法建设的缺陷和不足。

2. 民国水法规

近代水利法规体系的建立是在民国时期，这既是时代进步的表现，更是水利事业发展的需求。法律的健全和完善，是衡量社会进步与否的重要标志。随着近代社会的发展，水利科学的进步，水成了重要的社会资源，并且已经超越了饮用、灌溉和水运的范畴，虽然民间的习惯法有可沿用之处，但"弊陋为害牢不可破者，亦复正多。如囿于迷信，任其废弃，把持源流，据为私有，决堤放洪，以邻为壑，因之激成纠纷，往往累世不决，甚至聚众械门，杀伤人命，影响治安，遗祸无穷，种种恶习，均为水利事业之重大障碍。"所以，设立关于水和水利的规章制度已成为迫切要求，并且也是近代法律不可缺少的重要组成部分。同时，这一时期，西方先进国家纷纷制定了国家水利法规及相关配套规章制度，为民国水法规的制定提供了借鉴。总之，民国时期水法规的制定，是中国水法规建设开始摆脱古代传统水利法规的局限，进入了一个新的历史阶段，有助于事先国家对水资源的全面规划、综合利用和保护。

三、近代中国水利文化

（一）近代中国对水利的认识

1. 水利的概念

近代许多人都对"水利"作了更为科学、确切的定义。如所谓水利，"因水以为利"，或"因水之用以为利于人类是矣"，或"一切有关于人生之水之利用"，即通过人为活动免除水害，利用河流、湖泊等水体发展生产，造福社会。故水利范围很广泛，"凡利用水之功用及治理水之祸患等事业均谓之水利"。这也就涉及水利工程的种类问题。在孙中山所著《建国方略》中，将水利建设分为三种，即开发交通，灌溉土地、发展水力。而且民国初期，对于水利工程的分类，一般认为分防洪、航路、灌溉、排水、筑港、淤灌、水电、给水等。近代水利专家郑肇经先生就将"水利"解释为积极和消极两方面内容，"水可以灌溉农田，增加农产，又可以发展航运，便利交通，并可以开发水力，推进工业，都是直接兴利方面的。如修筑隄防，遗迹一切防洪的设备，那是使洪水不致成灾，用以保障人民得生命财产，这可以算是防害方面的。"之后的水利专家薛笃弼也将水利事业范围分为积极和消极两方面，"在消极方面是祛水患，在积极方面是兴水利"。兴利方面的便是积极的水利，防害方面的便是消极的水利。这也即是水利应包括的内容。20 世纪 40 年代有人提出："凡对水所做之工程即水利工程"，因此不仅包括海港工程、水道工程、灌溉工程、水力发电工程、给水工程、排水放淤工程等，还包括污水工程、水土保持等。这种分类，将污水处理、水土保持等加入，扩大了水利工程的范围，更加关注水资源的保护。由此可见，随着科学技术的发展以及西方水利科学知识的传入，近代中国对"水利"这一概念的认识逐渐深入和全面。

2. 水利的作用

（1）水利与政治

水利是一项重要的国家建设，对社会经济发展有重要意义。因此，很多人谈论了水利对于建国以及国家建设的重要意义。抗战胜利后，中国面对的便是建国这一重大问题，水利也受到了关注，"为保持农业立国精神，则必须大规模举办水利，富民生，增农产。"《水利与建国》一文就从多个角度论述了水利的重要性，不仅回顾了古代水利建设事业，对未来水利建设也提出了发展看法。文章最后一部分还提出"水利与民生"问题，即将水利看成是实现民生主义的重要途径之一，再次强调了水利对于建国的重要意义。其实关于"水利与民生"问题，之前就有进步人士提及。我国自古以农立国，农业生产关乎国计民生，"中国民生之本在于农，当不是一种过甚之辞"。而水利建设又与农业紧密相连，且可治理水旱灾害，免除百姓痛苦，所以水利与民生有着密切关系。如《水利须知》一书中关于水利与民生的关系有专门一节内容探讨，作者认为水是"可以操纵民生，增减四大需要的材料"。水利建设不仅可以解决与农民密切相关的水灾问题，还可发展灌溉、航运，"先使下游的水，有了着落，不至泛滥，然后上游的水也有了储蓄，可以灌溉，沿河再多挖几条沟，涝的时候把水放去，旱的时候把水引来，并且多造森林，叫他蒸发水气，涵养泉源，减杀流力，团结土壤。"除此，还可以发展航运、渔业、水力等，"算起来，交通事业、文化事业、社会经济，等等，没有不靠着水利做帮助的"。这些方面的发展，便是民生实现的重要内容。

（2）水利与经济

政治与经济是密不可分的，政治的稳定可以为经济发展提供良好的环境，经济的发展又可为政治的稳定提供坚实的基础。近代工业渐兴，并逐步进入电气化时代。工业的发展所需原料为煤炭，但煤炭的产量在近代并不能满足工业发展的需要，所以必须开发使用新动力。天然的水力资源可用于生产，解决工业发展的动力问题。"水力云者，因水就下之性以发力。"因其完全是自然力，无需耗费任何原料，故水力被认为是国家天富之一。我国水力资源丰富，主要在黄河上游、中游、珠江上游及支流、扬子江中上游等处。其中最丰富者为扬子江，据 20 世纪 20 年代一位英国工程师的调查，自重庆至宜昌的扬子江江水"高度差四百七十六英尺，在重庆流量平流时每秒约七十七万四千立方英尺，约计能发四百四十万匹马力，较世界最大之乃古拉瀑布所发者盖多百分之三十云"。在各种调查和政策的影响下，近代建立了许多水力发电站，水力在近代得到利用和发展，为经济发展提供了动力。

（3）水利与文化

文化可以说是政治和经济的表现和反映。只有社会稳定，经济发达的地区，人们才会有时间和精力运动脑力，创造文化。近人对水与文化的关系进行了研究，一般来说，文化发达的早晚和快慢，常与交通的方便与否有很大关系。而河流在水运交通中扮演重要角色，它"一方可以贯通各处的风气，容冶各处的习俗，而促进其进化和发展，一方可以为大量的输入输出而促其交易的发达与工商的繁盛……"可见，河流对文化交流、经济发展的重要作用。

文化的传播得以借助交通的发展。近代各国努力进行文化竞争，对交通工具的要求也日益精准，主要是铁路、公路、飞机三种，水道似乎逐渐失去其效用，越来越不受重视，但其实不然。发展文化，应功多方面进行。"况在往昔，先民为吾人建立之文化基础，当时所凭借者，惟陆路与河流"，并且前文已提及，水运可载重行远，运费低廉，作为精神文化的载体的商品便可更多、更远地传播到别国，从而推进文化的传播。

3. 水利的建设

19世纪末20世纪初，我国一些有志之士将一些先进的经营思想和生产方式运用到兴修水利上，使我国水利建设呈现出新的发展局面。清末民初水利改革的最大特点是一些商人和士绅以盈利为目的投资兴建水利工程，改变了过去官办或民办水利的性质，是我国水利历史上一个划时代的新兴事物。"以公司兴水利"成为当时很流行的兴办水利方式。这一方式的流行也是西方先进文化传入的结果。"以观泰西文明之诸国，地力尽，人巧该，天工奖其成，莫不有于商是资焉。"各项事业的发展莫不依赖商业。发展水利事业，亦是如此。"西国则有引水润地公司，讲习其工程者为专门，而农家兴商家俱得所利。"民国时期，对于河流的治理还提出了区域治理方案，即按照河流形势将全国划分为多个水利区域，分别设就、机构管理。

关于近代水利事业不振的原因，有人分析认为主要有三点，即组织之不备、经费之不充及人才之缺乏。故对于如何兴办水利，便提出了相应的措施。首先应当培育专门人才，其次统一水利机关，最后充实水利经费。培养水利人才、提倡水利学术成为近代发展水利事业急不可缓之事。在这一方面，有人建议应首先设立水功学院或回复民国四年（1915）设立的河海工科大学，直接培养水利专门人才；其次设立水功试验场，使其成为倡明学理及实地试验的场所；第三设置水利图书馆，存储有关水利之书籍，将数千年来中外先哲著述之各种学说、工程之记载、水工之技术等内容全部网罗。也有人提出"欲兴修水利，必先筹备经费与人才"。而关于如何筹备经费和人才，则需要国家的和平统一，需要国家预算列入水工经费，需要向民众宣传水利工事之重要，需要奖励个人或团体投资水电工程，等等。关于水利人才的培育，中央国民经济计划委员会于民国二十五年（1936）年由李仪祉和李书田起草《水利人才训练方案》，规定了水利人才应肩负的任务及人才种类，该方案还规定了水利人才在不同阶段应接受的教育内容。另外，水利专家郑肇经也提出了发展水利的六项措施：调整水政系统、规定整个计划、宽筹水利经费、训练技术人才、利用民众力量、厉行管理考成。可见，时人已经认识到了水利技术人才、水政统一、水利经费是阻碍近代水利事业发展的重要因素，解决上述几个问题，水利建设便会得到发展。这也为当今水利建设提供了经验。

（二）近代水利科学技术的发展

1. 早期外国传教士的传播

早在明末清初时，外国传教士便开始涌入中国，其中部分传教士还带来了欧洲文艺复兴后刚刚发展起来的科学技术。明末著名科学家徐光启与传教士熊三拔合译的《泰西水法》就是一部专门介绍西方水利科学的重要著作，该书成书于明万历四十年（1612），《四库全书总目》称"是书皆记取水蓄水之法"。全书共六卷，第一卷为龙尾车，用挈江河之水；第二卷为玉衡车，用挈井泉之水；第三卷为水库记，用蓄雨雪之水；第四卷为水法附余，讲寻泉作井之法，并附以疗病之水；第五卷为水法或问，备言水性；第六卷为诸器之图式。《四库全书总目》又对传入中国的西方科学进行了比较，对水利学作了较高的评价，明确指出："西洋之学，以测量步算为第一，而奇器次之，奇器之中，水法尤切于民用，视他器之徒矜工巧，为耳目之玩者又殊。固讲水利者所必资也。"可见，从那时起中国科学家、学者等已认识到了西方科技的先进。

另一部发行于明天启七年（1627）由德国传教士邓玉函口译、王徵笔述绘图的《奇器图说》，是我国第一部系统介绍西方力学与机械工程知识的专著。全书共分四卷，第一卷为绪论，介绍力学的基本知识和原理，并分别讨论了地心引力、各种几何图形的重心、各种物体的比重等，阿基米德浮力原理也首次被介绍给中国；第二卷为器解，讲述了各种简单机械的原理，如天平、杠杆、滑轮、轮盘、螺旋和斜面等；第三卷为机械原理应用，共绘有54幅图，包括起重、引重、转重、取水、转磨等，每幅图后均有说明；最后一卷为"新制诸器图说"，共载九器，包括虹吸、自行磨、自行车、代耕、连弩等，这一卷实际是王征自己的研究，可以说是中国人第一部近代物理学著作。该书虽不是水利技术专著，但将西方力学、水静力学及各种水利机械介绍进中国，为日后水利技术的普及奠定了基础。

但这次西方技术的传入既没有引起当局的注意，也没能在治水人员中推广和使用，既没有触动中国传统水利建设，也没有开启近代水利技术的大门。

2. 西方新技术的引进及在中国的应用与发展

光绪初年开始，我国从规划、测量、水文观测，到施工、建筑材料、通信手段以及水能开发等方面的西方技术都相继被引进。这些新技术大多先在黄河上采用，以后逐步应用到农田灌溉、航运交通、水力发电等诸多领域。如在黄河流域治理中，采用了诸多先进技术和设备。如1878年，在测量黄河壶口水位时，开始使用公制海拔记高的办法。1888年黄河堤防工程中开始使用电灯照明，用水泥抹面、灌浆。这是对传统水利施工技术、固结技术的重大突破。次年，首次使用西方测量技术测绘了黄河下游地形图。1899年，黄河防汛中首次采用电话通信；1902年山东河防总局设立电讯机构，架设电话线路，至1908年进黄河两岸就已架线700多公里；1934年，无线电通信首次用于黄河防汛，1946年黄河水利委员会在开封设了无线电总台，通过总台可联络上中游各大水文站。通信技术的提高，加强了黄河防汛中的各机构之间的联系，有利于抢险救灾。1923年，中国与美国亚洲建业公司合作，在山东利津宫家坝首次采用新方法堵口，即平堵法。

（三）水利工程机械、设备及新型工程材料的使用

河工机械中，挖泥船是最早引进的设备。光绪初年，孙诒经在福建乌龙江首先使用。光绪十四年（1889）九月开始在黄河铁门关以下河口段采用法国威德泥厂制造的挖泥船疏浚河道。之后，海河工程局、上海疏浚局亦采用其疏浚河道。光绪十二年（1887）上海江南制造局开始参考外国挖泥船的图纸进行研制，直至20世纪20年代，我国已经生产出抽泥式、斗式等不同类型的挖泥船。另外，光绪十四年（1888）黄河河南长垣、山东东明堤防段施工中开始使用小铁路运输土料，郑州堵口工程亦用。由于效率倍增，这一方式在黄河岁修和抢险工作中普遍使用。清末东三省总督徐世昌计划在锦州湾葫芦岛筑港，工程中使用的机械设备有起重机、混凝土搅拌机、打桩机、挖泥机、抽水机等，使用铁路运输工程材料，足见该项工程使用设备之先进。

民国时期，各项水利工程中的运用的机械设备种类更多，技术更先进。由于水利机械、设备等的专业性较强，作为历史研究者，缺乏相应的基础知识，故对其便不一一列举。

在水利工程材料的使用方面，近代以来，水泥已得到广泛使用。光绪十四年（1888），黄河堤工中首次使用水泥。水利工程中首次采用水泥的当是港口工程。如光绪十九年（1893）为防御长江洪水，北洋大臣李鸿章调运唐山生产的水泥300吨，用于修筑湖南常德城墙及防洪石堤。民国时期，随着水泥在水利工程中的推广使用，水泥灌浆技术开始运用，如绍兴三江闸便采用水泥灌浆修复了一个古代的水利工程。当时水泥灌浆机等全套设备均是从德国引进。另外，二十世纪二十年代，钢材也得到广泛应用，诸多水利建筑都采用了钢筋混凝土结构。如1911年，葫芦岛港地基工程已用钢筋混凝土桩。总之，这些新型材料的使用，增加了水利工程的稳固性，提高了农田水利效益。

在水力发电建设方面，1913年昆明引进德国水力发电机组，在螳螂川建成第一座由中国人自己主持修建的水电站。到三十年代，我国水电站建设技术日渐成熟，如四川长寿区境内龙溪河上修筑的桃花溪电站，不仅规模大，发电量多，而且机电设备、自制及安装能力在当时都是最先进的。1945年建成的贵州赤水河支流天门河上的天门河水电站，其发电机组调速器是在我国第一次使用，她因此也被称为"抗战期中最新型之水电厂"。

除此之外，先进的水利技术在京杭运河各船闸工程上也有应用。总之，上述各种新技术、新设备的引进表明，在治河防洪、农田水利、航运交通、水力发电等水利方面，都有西方先进技术的引进，并开始改变中国传统社会发展水利靠经验的局面，使近代水利事业

逐步走上科学的道路。

（四）聘请国外水利专家

聘请国外水利专家同样始于光绪时期。据记载，光绪十五年（1889），荷兰工程师单百克、魏舍等对黄河下游进行考察，在洛口、铜瓦厢等处测量黄河泥沙含量，并撰写考察报告，提出整治方案。光绪二十四年（1898）十一月，比利时水利专家卢法尔，以监工身份对黄河下游进行了全面考察，提出应重视黄河泥沙的观测研究工作，并拟具了《办河新法》四篇，其一，二篇是报告勘河情形，分别为"洛口至盐窝沿河情形""盐窝至海口尾闾情形"；三、四篇则陈述治河办法，分别是"酌量应办治河事宜"与"现时应办救急事宜"。在该方案中，卢法尔提出从改善黄河流域生态环境入手，逐渐根治黄河的主张，即主张恢复黄河流域的植被，保持水土，这不仅是一种崭新的治河理念，而且也是中国较早的黄河流域生态环境保护思想，对以后的黄河治理和生态保护思想的普及有重要借鉴作用。

民国时期，聘请国外水利专家的书目急剧增加，如德国的恩格斯、方修斯，美国的费礼门、雷巴德、葛罗同、萨凡奇等，都先后对中国水利进行过实地考察和研究。如美国费礼门教授曾于1918年考察黄河，测量黄河泥沙量，提出治黄方案。他还对淮河流域进行考察和研究，并著有《治淮计划书》，提出自己的治淮方略。1922年12月，他通过对淮河以及黄河夺淮前后淮河水系变迁的研究，认为淮河的泛滥，根本原因在于缺少"通畅归海之路，有史以来，迄今七百年前，淮河有通畅归海之路，且似无泛滥之害。自故道为黄河所夺，而水灾始矣。"为此，他的治淮计划的中心便是，畅通淮河的入海水道，淮水全部入海。主要措施便是开凿新河，在其《治淮计划书》中便对新河的线路设计、开凿工程、流量和水速等问题做了详细规划和分析。这一策略的提出对淮河的治理有重要启示作用。

德国著名水工实验专家恩格斯也曾于1920年到1934年收集黄河史料，先后三次为黄河做模型实验。此外，近代水利之父李仪祉先生还曾于恩格斯进行学术交流，交换对黄河治理的看法，如关于渭河及其支流筑库拦洪问题，保护河岸及滩地问题，以及关于黄河上游防制黄土侵蚀问题等。也正是由于恩格斯在治导黄河工作中的突出贡献，根据《兴办水利奖励条例》国民政府还特意奖给一等宝光水利奖章，以示酬庸，这也是中国对其贡献的肯定。

这些人在中国考察、研究中国水利问题时，也将西方新的理论、观点、技术和方法也随之介绍进中国。如方修斯就曾提及中国设立水工试验所问题，"今可研究穷困之国家，是否有设立水工试验之需要。德国情势，与中国大略相似，两国均在极穷困之地位。德国工程建筑，当较俭省于他国。美国极富，不必务从节省。节省之唯一方法则，唯在水工试验所内之试验……今中国形势，既与德国相同，故吾愿以此意介绍于中国工程界，采用德国之方针，较之采用其他较富者，当获较大之利益也。"可见，他们都十分重视水文的观测和记录，重视基础资料的整理与使用，重视对实际问题的理论研究和模型实验，这既是西方科学的先进之处，也是中国传统水利建设所缺乏的。因此，聘请国外水利专家这一举动，不仅听到了一些技术专家对中国水利问题的具体建议和意见，更引进了先进的水利理论知识、科学实验方法和设备等，开阔了中国水利人员的视野，进一步促进了中国近代水利技术的发展，为水利事业的进步提供了坚强技术后盾。

（五）派遣留学生

近代派遣留学生出国学习是近代学习西方先进技术的重要途径之一。其中也有相当一批从事水文、气象、水利工程等学科学习的留学生，他们学成后归国，把学到的知识和技术应用到实际的水利建设中，成为推动中国由传统水利向现代水利转变的开拓者和奠基人，更成为近代水利事业的骨干和带头人。

中国近代水利科学技术的先驱李仪祉，就是这批留学生中的杰出代表。清末民初，他两次留学德国，专门学习水利工程学。回国后，不仅从事水利教育，用先进知识培育水利新人，后来又主持开发陕西水利，应用多种先进技术，还曾主持黄河的治理工作，大力推行新技术。他将西方新兴的水利科学技术体系引进到国内，并在水利活动中积极实践。他曾说："泰西各国治水的成法，可供吾国人仿效者多。因其地理关系，各有所特长。论中下游之治导，则普鲁士诸河可为法也。论山溪之制驭，则奥与瑞可为师也。论海洋影响所及河口一段之整治，则英、法及北美诸河可资仿效也。论防止土壤冲刷，则美国及日本今正在努力也。"此外，近代水利专家汪胡桢、张含英、沈百先、郑肇经等人均有出国留学经历，都在20世纪20年代分别留学美国和德国。他们回国后，不仅参与主持诸多水利工程，而且还积极培养现代水利人才，介绍国外水利科学技术，并著书立说，完善近代水利理论。在他们的带领下，中国逐渐形成了自己的现代水利科学技术门类和学科体系。总之，这批留学生已成为近代中国水利事业的中坚力量，带动了中国水利的进步。

（六）近代水利技术研究机构的设立

近代中国水利科学技术的一个重要特征，就是重视科学实验和学术研究。这就涉及近代各种水利技术研究机构的设置和实验所的成立。清末民初，中国水利科研机构开始建立，这也是引进西方水利科学技术的结果。中国水利界开始用科学实验来研究和解决各种水利问题，取代了古代社会水利建设依靠经验的局面，这是中国传统水利发生变革的又一重要标志。

1. 河工研究所

近代最早出现的水利科研机构，是研究治河工程的"河工研究所"。第一个河工研究所诞生于1908年，设置在永定河畔的固安县，属永定河道。另根据当时报纸的报道，"吏部陆尚书，以为河工上的事情，关系重要，现拟饬山东等省，设立河工研究所，考取河工人员入所研究，以重河务。"故1910年，山东也设立了河工研究所。民国初年，河工研究所逐渐增多。当时河工研究所的重要任务，是要将传统河工技术和西方治水新法相融合，因为时人认为治河人员必须既了解传统河工知识，又得懂得西方的水利科学技术。1918年4月，北洋政府召开"内务部全国河务第一次会议"，明确提出了"设立研究所以培植人才"，强调"现在治水新法，日益发明，非设研究所授以新旧学识，不能得完全河务人员"。由此看来，河工研究所是一种由传统水利向现代水利过渡的研究机构。

2. 中国水利工程学会

为推动水利科学研究，全国水利科学研究的学术组织也相继建立。1931年4月，李仪祉与其他水利技术人员李书田、张含英、须恺、沈百先等人倡议创办了"中国水利工程学会"。该学会为我国研究水利之学术团体，其宗旨有三点即：联络水利工程同志，研究水利学术，促进水利建设。这是中国历史上出现的第一个群众性水利学术团体。根据《中国水利工程学会章程》，该会组织分为董事会、执行部，特种委员会和分会，并每年都召开年会。从1931年学会成立到1948年，共召开了十二次年会。在年会上，水利专家们各抒己见，强调水利对国计民生的重要性，建议政府统一全国水政，制定水利法规，培养水利人才，设立水工试验馆等，并就黄河、永定河水灾的治理以及太湖、长江三峡水力发电等问题进行了讨论，提交关于各地水利建设的论文和研究成果。

在日常的工作中，工程会积极筹建水利工程示范区。如本会曾拟于嘉陵江三峡试验区内建设水利工程示范区，经过勘查，拟具测量纲要，并积极促进其实现。另外，学会还十分注重水利期刊的创办和水利书籍的出版。学会出版有《水利月刊》，共15卷，82期，其中既刊登了大量介绍水利科学的理论知识、实验方法、治水策略等内容的文章，还有关于国外水利技术、治河实践等的内容，对中国水利科学的形成和发展起到了重要作用。

3. 近代水工试验所

在西方水利思想的影响下，近代中国也开始逐渐重视水利试验，积极从事水工试验所的创办，认为"水工试验，系为辅助研究求水工设计，最经济最确实之方法"。中国在近代设有多个水工试验所。"所谓水工试验所试验者，乃以种种模型，根据水力相似性诸定律，而试验之。其所得结果，或为种种水上建筑物计划，决定其方法，或为水力学制种种原理，建立定律，或为改善种种水力机械，要旨以极小之尺度，极少之经费，而收极大之效果者也。"因为水工试验的目的有三点，"探讨水工之原理，一也。研究工程之实施，二也。辅助水利学术之讲解，三也。"故欧美各国的水工试验多附设于水利专科大学，既有利于水工学理之研究，又有利于水利建设之推行。近代中国创办较成功的试验所便是中国第一水工试验所和中央水工试验所。

第二节 水利水电工程管理现状

一、管理体制中的问题

资金不能够有效的使用。在水利水电工程管理的过程中，导致水利水电工程资金缺少的重要的原因是，在水利水电工程中造价资金越来越少，水利水电工程的建设单位为了能够回去更高利润，从建设的项目中抽取一定的建设资金，部分企业在对资金进行管理时采取的仍然是粗放型的管理模式，对水利水电工程的建设资金缺少有效的资金预算。水利水电工程建设过程中缺少严谨的建设程序。由于水利水电工程在建设的过程中，并没有直接的经济效益，通常情况下是国家扶持建设的公益性项目。在水利水电建设的过程中，通常是由于国家进行投资建设，在资金下拨之后，项目工程在实施的过程中不能够按照申报时的设计进行施工，缺少程序化的实施过程，对水利水电工程的质量不能够有效的保证。管理体制不够完善，管理模式过于落后。目前，我国在水利水电工程建设时虽然有招标投标法，但是在实际实施的过程中，围标、串标以及违法分包的情况仍然不断出现，中标企业在招标和投标的阶段就已经投入很大的成本，导致施工单位在施工的过程中会存在偷工减料的情况，对水利水电工程的质量带来影响。

二、造价管理中存在的问题

缺乏合理的计价方式。水利水电工程中的施工造价包括定额管理，其中包含有劳物化的耗损量，同时还有对各个设备损耗的价格。取费计价的制度是国家根据水利施工单位的等级进行确定的。间接的费用和直接的费用是根据取费尺度作为参照进行费用的计算。现阶段，我国是根据采纳材料的价格进行造价的计算，在实际的计价过程中存在不少不合理的弊端。工程造价缺少完善的系统。在水利水电管理的过程中，工程造价管理是一项复杂的程序，有很多复杂的步骤，包括有建设工程筹备、施工方案的设计等，使得水利水电工程在管理的过程中具有其复杂性，而且在管理的过程中也会存在很多的问题和麻烦。目前，在我国水利水电工程管理方面缺少完善的水电水利造成管理体系和制度。缺少有效的监督。在水利水电工程建设的过程中，招标单位只是低价格的招标，而且对于施工材料的检查通常会缺少重视，出现了转包的情况，由于缺少相应监督力度，而且由于合同中存在一些漏洞，使得投标企业从中进行变相的谋取利益，对水利水电工程的造价管理带来不利的影响。

三、质量管理中的问题

缺少明确的管理目标。目前，在水利水电工程建设的过程中，很多的施工企业都提出建设一流工程的口号，但是在实际的建设过程中，缺少明确的建设目标，在水利水电工程建设的过程中，管理人员的精力和队伍受到一定的限制，对水利水电工程缺少有深度的监督。另外，在工程建设的过程中，施工单位和监管部门属于同一个管理部门，存在相互包庇的现象，对水利水电工程建设和管理带来严重的不利影响。施工过程缺少有效的控制。在水利水电工程进行建设的过程中，虽然制定了相应的施工指导方案和施工的措施，但是在项目工程施工的过程中依然存在不少问题，施工过程不严谨，不能够按照设计进行操作，管理查看记录缺少，管理结果和记录的资料不够完善。管理人员的综合素质有待提高。在水利水电工程管理的过程中，部分的管理人员在工程管理的过程中，不能够按照相关的条例和规定进行执行，对水利水电工程带来不良的影响。部分管理工作人员由于受到利益的诱导，存在偷工减料的情况，对管理工作带来不良影响，还对工程的质量带来严重威胁。此外，一些管理人员缺少敬业的精神，工作散漫，缺少认真的工作态度，对水利水电工程的质量带来影响。

第三节　水利水电工程管理措施

一、加强对管理人员管理意识的提高

在水利水电进行建设的过程中，由于涉及的面比较广，建设的周期比较长，而且投入的资金比较大，工程的质量对人民群众的生命以及财产的安全带来很大的影响，而且是人们进行生产和生存的有效保障，水利水电工程建设的施工做成就是保证工程质量的过程。因此，水利水电工程的管理人员应当树立相应的管理理念，强化自身的管理意识，重视水利水电工程的内在和外在的质量，对人员开展相应的教育，促进全体员工的质量管理的意识提高，明确水利水电工程的质量的特点，促进管理员工之间的相互团结和合作，提高水利水电质量安全的意识。

二、完善水利水电工程的管理体系

在水利水电工程管理的过程中，为了能够保证管理工作的正常运行，管理监督的部门应当按照相关的管理规定，在管理部门中建立和完善质量监督管理体系和制度，对管理单位的工程管理体系进行监督管理，督促管理部门应当履行合同中的条款，水利水电工程的招标计划、招标文件应当坚持公正、公平公开的原则，促使施工项目能够顺利开展。

三、强化科学管理

随着科学技术的发展，应当注重水利水电工程管理的现代化和自动化建设，对水利水电工程的供水以及防汛的调度进行强化管理，加强水利预警系统的建设，促使水利水电工程能够逐渐向自动化和科学化管理发展。对专业性的人才进行综合的培训，加强对管理人员的技术培训，促进水利水电工程管理者素质的提高，促进水利水电工程管理水平的提高，实现对水利水电工程管理的目的。

四、促进水利水电综合性经营的开发

水利水电在管理的过程中，应当结合当地的地理以及资源的优势，开展相应的水产养殖等产业，积极的促进综合经营方式的开发。应当加强对水利效益的利用意识，综合性的开发水电的资源优势，依托水利水电促进第二第三产业的发展。对生产的结构进行优化调整，对管理人员的待遇和生活水平进行改善，促进水利水电工程管理人员的积极性的提高。另外，国家应当给予政策上的扶持和优惠。

五、明确责任制度

对水利水电工程进行管理的过程中，应当努力的推行管理责任制度，而且根据我国国家的法律法规，对水利水电的管理进行规定的制定和完善，对于管理人员和技术操作人员应当制定相应的奖罚制度，对于工作认真、管理到位的员工给予相应的奖励，对于水利水电管理中出现错误的人员给予相应的惩罚，保证水利水电工作能够顺利地开展和进行。另外，需要对施工人员加强安全教育的工作，促使施工人员能够有效地提高安全意识，并且制定出相应的安全考核制度，能够促进水利水电工程的管理能够安全的实施和完成。同时，施工单位需要对应急救援方案进行制定，保证方案的可行性，以防在出现意识事故时能够按照方案进行，能够有效地减少人员的伤亡，避免出现较大的损失。

第二章　水利水电工程技术

第一节　水利水电工程勘测

一、水利水电工程中地质勘查的作用

（一）确保建设方案的科学性

水利水电工程建设，对我国的经济发展起着直接作用。因此，在建设前，都需要对设计方案进行可行性分析，并从工程投资、建设规划、施工管理等方面进行综合考虑，进而确保建设方案的科学、合理。水利水电工程建设中，地质条件是影响其质量的重要因素，若地质结构不稳定，会大大增加后期施工的难度，并出现较多的安全隐患。因此，在水利水电施工前，对地质状况进行勘察，能够更加详细地掌握施工周边的地质环境及地质结构稳定性，为工程建设提供更加有利、可靠的依据，进而确保建设方案的科学性。

（二）确保后期工程建设的安全性

水利水电工程是一项较为系统、复杂的工程，不仅施工周期较长，而且涵盖多个环节，且每一环节都存在不同的安全隐患，对工程的稳定性、安全性会造成直接影响。而这些工程风险，大多是由于对施工周边环境不了解，没有详尽的地质勘测所致使。所以要在工程项目建设前对施工地点进行地质条件的详细勘察，通过有效的地质数据分析，进而对施工选址、工程规模、机房建设等进行合理的规划，以保证水利水电工程建设的安全性。

（三）控制工程造价成本

水利水电工程建设规模通常较大，相应的，其项目资金及工程投入量也较为巨大，且施工周期较长，需要大力的资金支撑才能够确保整个项目工程的正常进行。而工程建设的各个阶段，都会损耗较大资金，因此，如何控制工程造价成本变成了当前水利水电建设所需研究的一种重要课题。而通过地质勘查，便能够对地质条件、地质结构、水文状况等进行明确掌握，进而为施工工艺、施工质量、施工进度等提供更加可靠的依据，实现资源的

优化配置，并尽量控制不必要的工程投入，降低施工成本。

二、地质勘测的技术与应用

（一）钻孔彩色电视技术的应用

钻孔彩色电视技术主要是指"50毫米钻孔彩色电视技术"，属于物理地质勘测技术的一种。但钻孔彩色电视技术与其他的物理勘测技术相比较，融合了一定的电子技术及地质勘测钻孔观察技术，并实现了CCD光电偶合器件的应用，不仅工作效率较高，而且具有高精准性，其主要优势在于具有彩色图像的重现功能，且体积小、功耗低、耐冲击性强、重量轻，在水利水电工程的地质勘测中有着较广阔的应用空间。当前，在电子技术的不断发展与推动下，水利水电工程的地质勘测对观测质量的要求也越来越高，而将钻孔彩色电视系统技术应用于水利水电的地质勘测中，能够转变传统的摄像管探头装置，大大提高了地质勘测的精准度，且使用寿命较长，彩色图像的重现也有利于地质状况的分析，确保施工规划的合理性。

（二）全球定位技术的应用

全球定位技术也就是GPS技术，将这一技术应用于水利水电工程的地质勘测中，能够更好地衡量观测点电位三维坐标，并确保其准确性。另外，将GPS技术应用于水利水电工程勘察中，能够充分发挥自身的可控性与可操作性，相比较传统的地质测量方式，其通视功能的要求更高。同时，GPS技术的应用过程还能够对地质进行高精确性、持续性地观测，并在地质勘测结束后将所获取的相关数据信息结合流程输入计算机中，进行再次数据处理与数据分析。另外，GPS技术不受地域、天气等条件的限制，能够进行全天候的地质观测，因此其在水利水电工程的地质勘测中的应用越来越广泛，特别是在一些跨河、跨沟、通视条件较差的地质勘测中，能够大大减小作业时间，并确保精准度。

（三）地理信息系统技术的应用

地理信息系统技术也就是GIS技术，主要是通过地理图形、图像、空间数据、相应属性数据库管理的处理分析，进而有效提高地质勘测工作图形绘制的精准度、合理性，并提高数据分析效率，确保水利水电工程的地质勘测效果。在GIS系统技术的支撑下，水利水电地质勘测工作人员不仅能够完成各项工程地质的图件绘制，而且还能够对相关的数据信息加以科学地分析与利用，能够获取更加完善的地质信息，再通过地质学及工程地质学，来实现水利水电工程的整体经济效益。

（四）遥感技术的应用

遥感技术也称为RS技术，其工作原理主要是利用电磁波的理论，并运用各种传感仪器对于远距离目标辐射及反射的电磁波信息，来对其进行收集、处理、分析、成像，尤其是对地面各种景物的识别、勘测效果更佳明显，是一种综合性的地质勘测技术。RS 技术，不仅能够提高选线、选址的质量，而且能够扩大测绘作业的覆盖面，实现大面积的地质测绘，为野外地质勘测提供明确的指导，并大大减小了不必要的外业工作量，进而有效提升水利水电工程地质勘测效率。RS 技术的应用优势较为突出，当前在水利水电工程地质勘测中被得到了越来越广泛的应用，尤其在水利水电工程的地质制图，岩溶调查、缓坡、泥石流等物理地质现象调查、输水隧洞及跨区域工程地质勘查中更是得到了大力的推广与应用。

（五）地球物理层析成像技术应用

地球物理层析成像技术即也就是 CT 技术，这种技术也属于地质勘测的物理勘测技术类型。该种技术主要是通过对透射波的接收、发射，来实现对发射波所到范围的地质勘测，包括地质构造、属性、深埋及其他地质情况的勘测，并能够对勘测到的数据加以采集、分析、处理。同时，在 CT 技术的应用中，若遇到孔洞间岩体，该技术能够对孔洞间岩体的波速值进行反演，并在反演过程中，通过自身的系统数据分析能力，对孔洞间的岩体加以评价与判断，进而为地质勘测工作人员提供更加可靠的地质信息依据，确保地质勘测工作效率。

第二节　水利水电工程设计

一、水土保持理念

（一）水利水电工程设计中水土保持理念的内涵

随着水利水电工程规模扩大，对周边环境的影响也在持续增加，普遍存在不同程度的水土流失，直接打破原有生态环境的平衡，进而影响到水利水电工程作用的发挥，因此要得到设计单位与人员的重视。

水利水电工程设计时应用水土保持理念，要遵循相应的原则，明确水土保持理念的目的。设计方案时通过实地走访与调查的方式，全面了解施工场地地质、水土、生态等情况，分析工程施工中可能遇到的情况，并在设计方案中体现这方面内容，制定对周边环境影响最小的设计方案。此外，水利水电工程设计人员应用水土保持理念时，要在设计各个环节中落实水土保持理念，维护生态平衡。根据各类情况持续优化设计方案，满足水土保持理念的需求，降低施工成本，实现水利水电工程效益最大化。

（二）水利水电工程水土流失特点与表现

水利水电工程水土流失特点与表现可以从两方面入手进行，一类是固定建筑设施，如水坝、堤防等聚集在一起的水利水电工程；另一类则是水渠、河流等现行水利水电工程。具体表现如下。

1. 线性水利水电工程

线性水利工程主要包括灌渠、河道、管道等工程，这种工程通常长度较长，因此容易在整个工程中通过多种地质地貌，同时还需要建设大量的配套设施，比如取料场、弃渣场、拦水坝和蓄水池等。因此在整个工程沿线都有发生水土流失的可能，对于进行控制也相对比较困难。因此对于不同的水利水电施工工程，应该结合实际情况制定针对性的预防措施。

2. 水坝、水库等工程

典型水利工程的特点体现在占地面积较大、建设周期较长上，同时水利水电工程大多施工环境在相对险峻的条件，施工工序比较复杂，在施工过程中容易受到各种因素的影响，比如暴雨、台风自然因素，非常容易导致出现水土流失情况。水利水电工程施工条件通常为大规模的平整地，因此在施工过程中需要对原有的环境条件进行改变，在改变的过程中，如果没有及时采取有效的防护措施，将容易导致严重的水土流失情况。这种工程除了主体工程以外，还应该建立较多的配套工程，因此这种情况也加剧了对施工当地环境的改变。施工时未做好水土保持时，致使大量土体裸露在外，自身抗侵蚀能力受到影响，工程投入运行后出现严重的水土流失现象。

（三）水利水电工程设计中合理运用水土保持理念的方法

1. 优化水利水电结构设计

水利水电工程设计时考虑水土保持问题，避免对周围地表产生严重影响，导致大量裸露地面的出现。同时，还可以采取措施降低土石方施工的影响，达成水土保持的目的。此外，设计水利水电工程结构时，最大程度降低混凝土结构对地表环境的破坏，缩小配套工程的规模。再如，设计输水工程时，采取措施优化隧道与渡槽方案，减少开挖与回填土的工作量，避免出现大范围水土流失情况。水利水电围堰设计时，可以通过降低堤防坡度的方式规避水土流失，降低施工对周边环境的影响。

2. 优化水利水电边坡设计

水利水电工程设计中边坡设计是一项重要内容，也是避免水土流失的主要措施。传统水利水电工程边坡防护采取浆砌石或喷混凝土防护的措施，这两种都是硬护坡设计，这种防护方案对周围地表的破坏较为严重，目前应用范围逐渐缩小。因此设计时尽量采取新型边坡防护技术，如混凝土＋植物混合护坡、蜂窝式网络植物等，新型绿色护坡防护技术，可以给单调的护坡带来绿色，同时还可以利用植物防风固土的效果。此外，要充分考虑工程具体情况，选择坡度最低的设计，最大程度降低水土流失的可能。同时尽可能选择生态防护方案，降低成本并建设新的景观，保护环境。

3. 土石方平衡设计的方案

水利水电工程土石方平衡设计方案，直接决定工程的借土方量与弃渣量。这就需要设计人员做好土石方的平衡优化设计，借助水土保持理念的优势将挖填量控制在最低，确保施工现场"以挖代填"。同时，还可以利用清基用土石方直接减低土方开挖量。此外，还可以提高植物覆盖率，具体可以使用植树造林增加植被覆盖率的方式。通过对原有的地貌进行恢复，对容易引发水土流失的地貌进行整改。对于植被的选择应该尽量选择符合气候条件的植物，从而提高植物的覆盖率，在保持水土流失的基础上改善周边的生态环境。

4. 做好生态环境评价工作

在水利水电工程正式设计前，应该对施工区域的水文地貌环境进行仔细勘测，确保各项施工的顺利进行。整个设计工作应该尽量降低对生态环境的破坏，认真做好生态环境的保护工作。通过建立各种突发问题的预防措施，对当地生态环境的具体情况进行仔细评估，并形成最终的评价报告。工程人员同时还应该根据报告的具体情况对生态环境造成的破坏进行预测，并按照最终预测的结果对施工方案进行优化，从而采取有效的生态保护措施，如果在施工过程中对生态环境的破坏非常严重，需要对工程方案的可行性进行讨论。

二、地基处理技术

（一）水利水电工程设计中常见地基类型与处理技术

每个地区的地势地形是不同的，因此水利水电工程的施工要符合地区的特殊性。建筑过程中要对地基进行前期的处理，才能开启施工。在我国水利水电工程建设中，有以下几大常见的地基类型：

1. 可液化土层

可液化土层是指处于饱和状态的沙土和粉土在外力干扰下以至于孔隙水压力上升，最终导致土层的抗剪强度降低甚至是消失的一种土层。在这种土层上施工建设极其容易失败，如果不及时采用相应的地基处理技术对土层进行改造的话，对地基上层的建筑埋下安全隐患，严重的话会导致整体建筑的坍塌。

2. 淤泥质软土

淤泥质软土分为淤泥和淤泥质土两种。是一种特殊却分布范围广的一种岩石。在静水或缓慢的流水环境中沉积，经过物理，化学和生物作用，形成未固结的软弱细粒。是一种含水量高而抗剪强度低的土层，这种土层一旦遇到较大压力就会导致土壤的流动，总而使得整个地基的变形，最终影响地基上层建筑物的安全性。在我国水利水电工程施工建中典型的类型有淤泥质土、腐泥和泥炭等，这种淤泥质软土主要存在一些土坝坝基上，稳定性极差。

3. 永冻层

永冻层，指的就是持续三年或者三年以上的结冰点土层，形成的要素就是长年的低温，才能使土层长时间的受冻而形成，例如我国的新疆就是冻土常见区域，多年冻土的承载力虽有相对的大，也刚好符合我们进行地基处理的要求。但是有个值得注意的地方是，多年冻土也是具有流变。在永冻层上作业的前提是处理和确保冻土地基具备长期的承载力。

4. 岩溶

岩溶指的是可溶性岩石，各种各样的奇怪状，例如洞穴，石芽，石沟，石林，溶洞，地下河，峭壁。岩溶地质相当难处理，虽然在水利水电工程中不常见。相应的地基处理技术是采取置换、防渗堵漏等处理方式，用来确保地基的稳定性。

5. 深覆盖层地基

深覆盖层地基主要存在于河流流域，其主要形成原因是河流的冲击使得各种碎石、砂石或者是泥石等长时间的堆积，进而造成该地域堆积厚度过大。该地基建设的稳定性和防渗性很容易受影响，并且很难进行后期处理，置换与填充的难度也都较大。

6. 饱和松散砂土

饱和松散砂土的承载力强度和稳定性很差，一旦受到外力的作用就会产生错位或是变形，严重时影响地基稳定与安全，因此在此类地形上必须依靠地基处理技术进行加固处理。水利水电工程设计中地基处理技术包括了深层搅拌桩技术、高压喷射注浆法、软土地基处理技术方式、组合锤法地基处理技术、CFG桩复合技术这五种技术。它们可以运用到不同情况的地基建设中，也可以相互结合使用在复杂的施工过程中。

地基的处理技术原则就是，按照地层建筑对地基承受要求，通过技术处理使其承载力加强，防止倒塌，沉降的现象的出现。我国的建筑业的快速发展对地基处理技术的要求越来越高，地基处理技术只有不断优化，专业化，针对性更高，才能更好地达到所要的效果。我国的水利工程项目的增加，也越来越有复杂性，只有不断的优化改进和创新，满足水利工程建筑的需要。

（二）水利水电工程施工中地基处理注意事项

不是每一块地基的质感都是很好的，建设中会常碰见的一些较难处理的地基类型，在地基处理技术设计过程中应提前做好且做其充分的资料收集了解。

1. 施工前准备工作谨慎细致且到位，它是贯穿整个工程的始终

准备工作是施工的前提，它涉及各个方面，例如施工现场的征地，水电，通信，设施的布置；施工人员队伍的组建以及对各个层次的施工人员的工作职责的分配和工作时间的安排；工程物资，建筑设施和材料的购买；选定建设监理单位等等各方面。施工的准备工作，要坚持统一领导和分工合作，有专业人进行更新流程和监督，才能加快建设进度。

2. 关于在准备工作中的工程地质的勘探是最为细致的一项工作

工程地质勘探主要的内容就是根据对地质进行专业性的调查，可以根据以往已有的遥感照片，水文地质等已有的报告和资源，在此基础上再次进行调查和测绘，以及岩石测试，观测见土试验，现场原型观测，岩体学试验等各种测试，编写出工程地质勘查报告。水利水电的工程设计之前要先了解工程地质条件，是否能够在此地质上建筑且安全，再根据建筑物的结构来观察它是否合适地质环境，对应的选择最佳的地基处理技术进行设计，如果对于当地地质勘探不严谨和透彻的话就会严重的影响设计方案和工程质量及工程建设进度。

3. 合理选择处理方案

常用的地基处理方法有：换填垫层法、强夯法、砂石桩法、振冲法、水泥土搅拌法、高压喷射注浆法、预压法、夯实水泥土桩法等多种方法。针对工程的地基具体状况选择出最佳的地基处理方案，合理的预算和控制施工的成本，关于地基处理机械、材料预算和建筑成本等。综合各个方面的状况选择出最佳的设计方案，确保地基处理的效果和质量达到规范设计标准。

4. 后期的技术维护

水利水电工程是建筑时间长，规模大，施工人员多的一项工程。同时，对施工人员的技术要求专业性很强。施工涉及范围广和连续性，施工不仅是前期的新型水利水电的工程的设计修建，还要参与后期水利水电的技术维护措施。例如从整个工程的开凿到完工再到运行以及检测防护，每个环节都是系统且环环相扣。水电工程建设建筑材料的挑选要符合实际情况，对施工材料的预算，选择最好的材料，材料耗用要合理且要用在该用的地方。工程技术的监测和检查为水利工程的安全性提供了有力保障，水电工程也应充分利用电子信息技术和计算机监测技术来对整个工程体系做出严细精准的预算，把运用和防护工作做得万无一失，这才是水利水电工程建设所追求的目标。在具体施工完毕后还需要根据我们的设计要求，对地基处理部位进行评估和检测，确保施工的质量。

第三节　中国水利水电勘测设计的发展

一、水利水电技术发展历程

水利水电事业的发展与我国经济建设和社会发展密不可分。新中国成立 60 多年来，我国水利水电工程建设已经发生了翻天覆地的变化，设计、施工、制造水平从落后逐步发展到目前处于世界先进甚至世界领先水平。其发展历程大致分为如下几个阶段：

第一个阶段是三年经济恢复和第一个五年计划时期（1949~1957 年）。该时期我国开始组建水利水电勘测设计单位，并自行设计施工建设了官厅、大伙房和佛子岭等一批大型水利水电工程，为我国水利水电的发展奠定了基础，积蓄了经验。

第二个阶段是"大跃进"和国民经济调整时期（1958~1965 年）。这一时期虽然经历了一个坎坷曲折的历程，但仍然得到了进一步发展。自行设计建设的新安江、柘溪、新丰江等工程相继竣工，开工建设了丹江口、刘家峡、乌江渡、碧口等工程。苏联帮助设计的三门峡水库给我国水利水电工程设计以深刻的教训。

第三个阶段是"文革"10 年（1966~1976 年）。该时期的水利水电建设虽然受到一定程度的影响，但总体上仍然继续发展，新安江、柘溪、云峰等相继竣工，开工或复工了长江葛洲坝、龙羊峡、乌江渡等一批水利水电项目，从工程规模、建设难度、施工强度等方面均达到了新的高度，勘测设计水平有新的突破。

第四个阶段是调整改革、整顿提高时期（1977~1983 年）。该时期加大了勘测设计的力度，对我国大江大河进行了全面的水利水电工程开发项目布局和规划，东江、安康、万安、鲁布革等一批项目列为国家经济建设重点项目，葛洲坝工程、龙羊峡工程的成功建设标志着水利水电勘测设计水平达到了一个新的高度。

第五个阶段是改革创新的发展时期（1984~1999 年）。三峡、小浪底、二滩工程的建设全面标志着我国水利水电技术已经进入世界先进行列。

第六个阶段是跨越发展的新世纪初期（2000 年至今）。水布垭、龙滩、三峡、小浪底等工程相继建成，向家坝、溪洛渡、锦屏、小湾、南水北调中东线一期工程等一大批大型项目开工建设，标志着我国已经进入了水利水电大建设和大发展时期。目前世界上的大型水利水电项目主要集中在我国，许多关键技术已处于世界领先水平，并领导着世界水利水电技术的发展。目前国际大坝委员会主席一职由中国水利水电工程领域的专家担任。

二、勘测手段和试验手段

水利水电工程勘测工作的深度和精度影响着工程建设质量和水平。随着水利水电工程建设规模的加大，从深度、广度及精度上对工程地质勘测提出了更高的要求，许多传统的勘测方法及技术已无法满足工程需要。近年，由于地学等基础理论学科的发展，我国水利水电工程勘察业也飞速发展。

（一）钻探技术

工程地质勘探主要有山地勘探、钻探、物探等 3 种方法。山地勘探方法使用的工具和技术要求相对简单，故在进行地表浅层地质勘查时运用较多，其缺点是勘探深度有限。

传统的钻探方法有合金钻进、钢砂钻进、管钻钻进、跟管钻进等，随着各种转速快、扭矩大、性能稳定的新型钻机的使用，金刚石钻头取代了钢粒或硬质合金钻头，SM 植物胶和 MY21A 植物胶冲洗液、金刚石钻进砂卵石层取样新技术的应用等，钻探方法、工艺及其施工水平已经得到了提高，加快了水利水电工程地质勘测水平的发展。

物探方法主要有以位场理论为基础的重力场勘探、磁场勘探、直流电场勘探等，以及以波动理论为基础的地震波勘探、电磁波勘探等。

（二）野外试验技术

工程地质野外试验水平的发展主要体现在试验仪器和设备的发展。例如灌浆试验的止浆栓塞已发展为高压气塞，灌浆孔浆液注入量记录则采用自动灌浆记录仪。

（三）测量技术

近年，3S 技术已经在大型水利水电工程地质勘查中得到采用。

全球定位系统（GPS）在高程控制方面能较好地解决跨河、跨沟水准难以传递的问题。在勘察区控制点较少或在山区、林区等通视条件较差、观测条件受限的区域进行工程地质勘查时，运用 GPS 可大大减少作业时间，提高测量精度。

遥感（RS）主要应用于水利水电工程前期勘测工作，与其他勘察手段配合，有利于大面积地质测绘，提高填图质量和选线、选址的质量，降低野外地质调查的盲目性，减少外业工作量，进而提高勘察效率。

地理信息系统（GIS）技术可自动制作平面图、柱状图、剖面图和等值线图等工程地质图件，还能处理图形、图像、空间数据及相应属性数据的数据库管理、空间分析等问题，将 GIS 技术应用于工程地质信息管理和制图输出是近几年工程地质勘查行业的热点和发展趋势。

三、水库工程

（一）水库

我国河川年径流量为 2.8 万亿 m^3，占世界的 5%，排在世界第 6 位。根据 2008 年全国水利发展统计公报，截至 2007 年年底，我国大陆已建成各类水库 86353 座，水库总库容从新中国成立初期约 200 亿 m^3 增加到 6924 亿 m^3，占世界的 9.9%，排在世界第 4 位。单库最大库容为三峡水库 393 亿 m^3，居世界第 22 位。

（二）坝型与坝高

我国现代化的大坝建设以三峡、二滩和小浪底工程为代表，标志着中国大坝建设在建设技术上由追赶世界水平到与世界水平同步。新坝型和新的坝工技术得到了广泛应用和进一步的深化研究，在混凝土面板堆石坝、碾压混凝土坝、高拱坝等方面得到了快速提高，目前已建成世界最高的水布垭混凝土面板堆石坝、龙滩碾压混凝土重力坝、小湾高拱坝等。特别是 2008 年 5 月 12 日汶川地震区域的 4 座 100m 以上的不同类型的高坝（紫坪铺面板坝、沙牌碾压混凝土拱坝、宝珠寺混凝土重力坝、碧口心墙坝），经受住了超过设防烈度的强震考验，得到世界大坝界的高度赞誉，具有里程碑意义。

根据中国大坝协会 2005 年的资料统计，全世界 2005 年已完工、在建高度大于 30m 的碾压混凝土坝 290 座（以重力坝为主），面板堆石坝有 418 座，新建和在建的沥青混凝土心墙坝 95 座，沥青混凝土面板防渗坝 100 座。我国 100m 以上坝数约 142 座，占世界的 15%。其中世界最高面板坝为大坝坝高 233m 的水布垭，最高碾压混凝土坝为坝高 216.5m 的龙滩，世界最高坝为 305m 的锦屏混凝土拱坝。

胶凝砂砾石坝和堆石混凝土坝在我国的应用刚刚起步，目前处在试验研究阶段，但已经取得了成功的建设经验。胶凝砂砾石筑坝技术在我国已成功用于福建街面和洪口、云南功果桥等工程的围堰工程，最大坝高不超过 20m。但在日本和土耳其已应用于主体工程，土耳其在建的 Cindere 坝达 107m。堆石混凝土筑坝技术已应用于宝泉抽水蓄能电站上库副坝、清峪水库重力坝、恒山水库拱坝加固、围滩水库重力坝等工程，最大坝高已达 50m，最大工程量 6 万 m^3。

胶凝砂砾石与堆石混凝土筑坝技术与传统的土石坝、混凝土坝、浆砌石坝筑坝技术构成了一个完整的筑坝技术体系，将有力推动我国中小型水利工程筑坝技术。通过合理的筑坝技术选择和技术组合，大坝施工可以充分利用筑坝材料，减少弃料，大幅度减少大坝施工对环境的影响，具有良好的经济、社会和环境生态效益。

（三）水电站

截至 2008 年，我国水电装机容量已经达到 1.82 亿 kW，年发电量达到 5655 亿 kWh，开发程度达到 33.6%。装机容量和年发电量分别是新中国成立初期的 506 倍和 471 倍，居世界第一。我国已建百万千瓦级以上水电站 29 座，装机 6525 万 kW，年发电量 2302 亿 kWh。装机容量最大为三峡水电站，装机 2250 万 kW。截至目前，我国水电装机已突破 2 亿 kW。

四、堤防与水闸工程

（一）堤防

截至 2009 年，全国建成江河堤防 28.69 万 km。1998 年长江等流域发生全流域性大洪水后，国家加大了堤防工程建设，大量新技术在堤防工程建设中得到应用，使得堤防工程勘测设计水平得到了提高，堤防工程建设促进了堤身加高加固技术、堤防填筑土料选择、崩岸治理与防护技术、堤身及堤基防渗技术等的发展和提高，城市堤防工程建设与城市景观、交通、休闲相结合的设计理念，体现了人水和谐的思想。

近年，我国还加大了海堤工程的建设。据统计，我国现已建成海堤总长约 1.38 万 km，占总海岸线长的 43%。海堤工程建设促进了海堤设防标准研究、风浪潮组合研究、填筑土料选择、软基及侵蚀性海岸上筑坝技术、消浪措施研究、越浪量控制标准等的发展和提高。

（二）水闸

截至 2009 年，我国已建各类水闸 4.4 万座，其中大型水闸 500 多座。水闸在我国历史悠久，公元前 598~ 前 591 年，楚令尹孙叔敖在今安徽省寿县建芍陂灌区时即设 5 座闸门引水。发展到目前，水闸建设规模不断加大，形式也不断创新。传统的水闸以开敞式居多，现发展有胸墙式、涵洞式、浮运式、自动翻板式和橡胶坝等。当前水闸的建设正向形式多样化、结构轻型化、施工装配化、操作自动化和远动化方向发展，水闸技术也在不断发展与创新中。

长江葛洲坝枢纽的二江泄水闸挡水前沿宽度 498m，孔口尺寸宽 12m，高 24m，最大泄量达 84000m³/s，位居我国水闸之首。山东省刘家道口节制闸是实现沂沭洪水东调入海的控制性建筑物，设计流量 12000m³/s，是我国设计流量最大的平原水闸；闸室总净宽 576m，共 36 孔，单孔净宽 16m。浙江省曹娥江大闸净宽 560m，是我国已建和在建的潮汐河口最大的挡潮闸，被称为"中国河口第一大闸"，为强潮游荡性河口建闸探索了经验。

安徽省临淮岗洪水控制工程是淮河流域最大的水利枢纽，主要由坝体、12 孔深孔闸、49 孔浅孔闸和船闸组成。在国内大型水闸设计中首次采用刚性翼墙与加筋土形成的复合式翼墙结构形式，并首次将多头小直径深层搅拌垂直截渗墙围封技术运用于大型水闸砂基防渗和抗震液化的工程措施中。

南京三汊河口水闸创新性地采用护镜门形式水闸，汛期行洪流量 600m³/s。护镜门单孔净宽 40m，高 6.5m，闸门为半圆形结构的三铰拱钢结构。该工程除在闸门布置和结构上得到妥善解决外，还将水利工程与历史文化、景观、环境有机结合，取得了良好效果。

水闸建设推动了闸门结构型式和启闭方式的创新，砂土地基加固处理、基础防渗与排水处理、消能防冲措施等技术的提高。

五、长距离调水工程

我国总体上是缺水国家，水资源分布也很不平衡。水资源已成为制约我国经济、社会和环境协调发展的重要因素。目前宏观政策是以节能减排、保持水源环境的可持续性为发展建设基本前提，解决资源性或水质性缺水问题主要是以采取跨流域调水等工程措施为基本手段。

为解决我国经济社会可持续发展的水资源瓶颈，我国提出了南水北调的重大战略构想，即分别从长江上、中、下游向北方调水的西、中、东三条调水线路，形成与长江、淮河、黄河和海河相互连通的"四横三纵"总体格局。目前中、东线一期工程建设已全面实施，中线一期调水量达 95 亿 m³。

除此之外，已建和在建的大中型调水工程还有引黄入晋、引黄济津、引黄济淀、引黄济青、引滦入津、引江济汉、大伙房水库输水、引岳济淀、黑河引水、引大济湟、引洮供水、牛栏江调水、赵山渡引水、掌鸠河引水等 30 余项。还有一批大型调水工程正在论证之中，如南水北调西线、辽宁西北供水、陕西引汉济渭、云南滇中调水、福建闽江调水等。

这些长距离综合性大型调水工程建设的迅速发展，除了提高了调水工程的勘测设计技术水平，还在如下方面取得了丰富的经验：

水资源供需平衡与配置，工程总体布局，工程控制测量和勘探技术，采煤区、黄土、膨胀土、砂土、冻土等复杂地质条件的处理，长距离深埋隧洞施工方法、高地应力、突水、通风与排水等技术处理，长距离有压输水管道安全防护设备配置，大跨度渡槽、高压倒虹吸、泵站等建筑物设计的关键技术。我国调水工程从设计、施工到投入正常运用，无论在水资源配置研究与利用、工程建设规模还是处理复杂技术的难题和实施效果方面，均已达到世界先进水平。

六、输水隧洞

随着我国工农业生产和国民经济的发展，特别是改革开放以来，水工隧洞的建设取得了举世瞩目的巨大成就。

二滩水电站导流隧洞的断面尺寸 17.5m×23m，三峡地下厂房尾水洞尺寸为 24m×36m，已达国际同类隧洞尺寸之最。天荒坪抽水蓄能电站高压隧洞的静、动水压总水头达 830m，广西天湖水电站不衬砌引水隧洞内水压水头也达 600 余 m。特别引人注目的是小浪底水利枢纽，将泄洪、排沙、引水、发电等 20 余条大型洞室群均布置于一岸的山坡中，纵横交错，堪称地下工程一绝。引黄入晋南干线 7 号隧洞单洞长达 43km；辽宁大伙房引水隧洞长达 85.3km，直径 8m，为在建世界最长引水隧洞，采用钻爆法与 TBM 相结合的施工掘进技术，不仅克服了复杂恶劣的地质环境影响，也攻克了多项世界性隧洞技术难题。锦屏二级水电站引水系统采用 4 洞 8 机布置形式，2# 引水隧洞是 4 条引水隧洞之一，总长 11929m，断面跨高为 13m×13m，属马蹄形断面。隧洞沿线一般埋深 1500～2000m，最大埋深为 2525m，具有埋深大、洞线长、洞径大的特点，高地应力岩爆、高压大流量突涌水等不良地质问题尤为突出，采用钻爆法与 TBM 掘进相结合的施工方法。

南水北调中线穿黄隧洞是国内第一次采用大直径隧洞穿越黄河。穿黄一期工程设计流量 265m³/s，加大流量 320m³/s，隧洞为双洞方案，单洞内径 7m，隧洞轴线间距为 28m，单隧洞段长 3.45km，穿黄隧洞最大埋深 35m，最小埋深 23m。穿黄隧洞采用目前世界上较为先进的盾构技术进行挖掘施工，技术含量高，施工工期长。在施工中成功解决了高水压下盾构机分体式始发，黄河河道上砂下土地层长距离掘进，高水压、复合地层条件下更换刀具等技术难题，隧洞双层衬砌的结构形式在世界前所未有。目前两条隧洞全线贯通，这不仅是空间的穿越，也是无数工程技术难题的穿越。

七、渡槽

我国的渡槽建设始于 20 世纪 50 年代，目前已建的各类渡槽中：单槽过流量最大的为新疆乌伦古河渡槽，设计流量 120m³/s，为预应力混凝土矩形槽；单跨跨度最大的为广西玉林万龙渡槽，拱跨长达 126m；第一座跨度超过百米的大型斜拉输水建筑物为北京延庆县的军都山渡槽桥，渡槽桥全长 276m，主跨长 126m；第一座半自锚式斜拉渡槽为江西省莲花九曲山渡槽，槽身全长 155.53m；深圳供水改造工程在旗岭、樟洋、金湖 3 座渡槽上采用了现浇预应力混凝土 U 形薄壳槽身，为国内首创。南水北调中线大型渡槽 19 座，单项渡槽最大长度 9095m。其中具有代表性的是漕河渡槽和沙河渡槽。漕河渡槽长 2300m，底宽 21.3m，最大跨度 30m，渡槽槽身为三槽一连多侧墙预应力混凝土结构，属于梁式结构渡槽。漕河渡槽的输水流量和总长度均居世界第 2 位，其外形尺寸居世界第 1 位，最大单跨居世界第 4 位。

沙河渡槽过水断面由梁式渡槽、箱基渡槽及落地槽三种结构形式组成。其中梁式渡槽长 2166m，上部槽身为双向预应力混凝土 U 形槽身，4 槽并联，单槽直径 8m，高度为 8.3～9.6m，跨径 30m。沙河渡槽采用的是现场预制架槽机架设的施工办法，架槽机将第一片预制好的 U 形槽身架设到桥墩上后，再依次沿着架设好的 U 形槽顶端输送架设其他 U 形槽。这种施工技术开创了水利工程建设的国际先例。在其他几项综合指标上，沙河渡槽设计流量为 320m³/s，加大流量 380m³/s，居世界第一；渡槽跨度 30m，总长 11.9381km，居国内第一。沙河渡槽综合指标目前排名世界第一，建成后将填补国内外水利行业大流量渡槽设计及施工的技术空白。渡槽发展的总趋势是：适应各种流量、各种跨度特别是大跨度渡槽结构形式的研究，应用先进理论和先进手段进行结构形式优化设计，材料及施工技术的改进等，斜拉式及悬吊式这类跨越能力大的渡槽形式的研究，过水与承重相结合的合理结构形式的研究，早强快干混凝土和钢纤维混凝土等材料以及新型止水材料的研制应用，构件预制工厂化及大型机械吊装等。

八、倒虹吸

倒虹吸建筑物是长距离调水工程中经常用到的重要水工建筑物。我国已建成的引大入秦、引滦入津、引黄入青、引黄入晋、引松入长、掌鸠河引水等大型引水调水工程中都不同程度地布置了各种类型、不同规模的倒虹吸建筑物。

堪称"倒虹吸输水管线亚洲之最"的掌鸠河引水供水工程岔河倒虹吸横跨普渡河大峡谷，全长 2100m，水位最大垂直高差 416m，倒虹吸的输水管道全部为钢管，钢管设计内径 2.2m，输水管道直径与水位垂直高差的综合系数值在亚洲同类工程中最大。新疆某引水工程倒虹吸所采用的 PCCP 管道（管径 2.8m、压力 1.4MPa）综合系数为 3.92，为国内已建 PCCP 管道工程最高值。另一工程倒虹吸采用两根直径 3.1m 大口径玻璃钢夹砂管，全长 5.766km，最大静水压力 0.46MPa，采用单沟单管埋设方式，两管中心间距 12.7m，双管设计流量为 30.5m³/s，加大设计流量为 35m³/s，是目前我国直径最大的玻璃钢管道。倒虹吸管作为一种渠道交叉建筑物，具有工程量少、造价低、施工安全方便和不影响河道宣泄洪水等优点，因此在南水北调工程中应用广泛。南水北调中线北汝河倒虹吸总长 1282m，总设计水头为 0.507m，设计流量 315m³/s，加大流量 375m³/s，倒虹吸管管身采用箱形钢筋混凝土结构，共 2 孔，单孔尺寸为 7.0m×6.95m（宽×高）；东线穿黄倒虹吸长 634m，由两条内径 9.3m 的管道组成，其输水能力为 400m³/s。

九、深层覆盖层基础处理

基础防渗墙工程是水利水电工程建设中很重要的隐蔽工程，从无到有逐渐发展至今，通过大量工程实践，我国已逐步掌握和解决了在复杂地质条件下建坝的地基处理技术。我国第一道槽形混凝土防渗墙为 20 世纪 50 年代北京密云水库白河主坝深厚松散坝基防渗系统，防渗墙总长 785m，墙厚 0.8m，防渗墙总面积 18876m²。

20 世纪 80 年代成功建成的葛洲坝深水围堰双道混凝土防渗墙工程，是我国混凝土防渗墙技术的新发展。混凝土防渗墙厚 0.8m，防渗墙总进尺 81770m，截水面积 51155m²，成功地应用了"两钻一抓"的主副孔施工工艺，首次采用了可拔 80cm 钢接头管。近年，随着水利水电工程区场址覆盖层深度越来越深，高土石坝的地基防渗系统设计和施工技术不断突破，发展迅速。黄河小浪底枢纽工程大坝防渗墙轴线长 464.03m，防渗墙截水面积约 21174m²。该混凝土防渗墙设计墙厚 1.3m，最大深度达 81.9m，是当时国内最深的混凝土防渗墙。四川省瀑布沟水电站坝址最大防渗墙深度 82.9m，为上下游两道防渗墙，间距 14m，墙厚 1.2m，防渗面积 18490m²。冶勒水电站大坝基础覆盖层厚达 400 多 m，采用悬挂式防渗墙，最大深度为 84m，墙厚为 1~1.2m，成墙面积 6 万 m²。

正在建设中的西藏旁多水利枢纽大坝基础防渗墙技术又达到了一个新的高度。目前大坝基础防渗墙试验段最大成墙深度已达 157m，也是世界防渗墙最深的槽孔。2010 年补充的地质勘探资料表明，坝基中部范围覆盖层最大深度达 420m，根据地质条件和现场试验情况，拟采用 150m 深防渗墙悬挂方案，是目前世界上最深的混凝土防渗墙。

十、机电

随着水利水电事业的快速发展，我国水力机械设备经历了仿制、局部修改、技术合作和技术引进的历程，经过不懈的努力发展到现在已能完全独立自主地进行设计、模型试验和研究工作，设计、选型、制造和安装技术水平不断提高，水轮机、水泵、发电机和电动机的性能有了很大提高，尤其是混流式、轴流式和灯泡式水轮发电机组的技术水平已经居于世界领先的地位。

1. 混流式水轮机

以三峡工程左岸电站机组设计技术的引进为标志，我国完成了 700MW 机组的国产化和大型化的技术历程，全面掌握了 700MW 机组的选型、设计和制造技术。构皮滩水电站是第一个允许国内厂家自行设计和制造 600MW 机组的大型水电工程。正在建设的溪洛渡水电站选用了 18 台单机额定功率为 770MW 机组；向家坝水电站 8 台机组的单机额定功率为 800MW，机组容量排名世界第一，水轮机最大直径达 10.6m，这标志着我国在引进、消化和吸收国外先进技术的基础上又有进一步的创新。规划中的白鹤滩、乌东德水电站正在开展百万千瓦级水轮发电机组的研究工作，这无疑将进一步推动我国特大型水电设备设计、制造的技术创新和大型化进程。

2. 轴流式水轮机

自 20 世纪七八十年代生产了葛洲坝单机容量为 170MW（水轮机直径 11.3m）、125MW 的轴流式机组后，已于 20 世纪 90 年代初期与国外厂商合作生产了世界上单机容量最大的轴流式机组——福建水口电站 200MW 机组（装机 7 台），水轮机最大水头为 57.8m，转轮直径 8.0m，机组推力负荷达 4100t。

3. 灯泡式水轮机

贯流式水轮机是低水头水力资源开发中广泛采用的一种机型，在 20m 水头以下基本取代了轴流式水轮机。大容量贯流式水轮机一般采用灯泡式水轮机。

国内目前使用水头最高的大型灯泡式水轮机机组是湖南的洪江水电站，最大水头 27.3m，额定水头 22m，额定容量 45MW，水轮机直径 5.46m。单机容量最大的灯泡式水轮机机组是广西的桥巩水电站，机组容量为 57MW，排名世界第二，额定水头 13.8m，水轮机直径 7.5m，电站装机 8 台。广西长洲水电站装机容量 630MW，装机 15 台，是国内装设灯泡式机组最多的水电站，单机容量 42MW，水轮机直径 7.5m。正在建设的江西峡江水电站装机容量 360MW，选用单机容量 40MW 的灯泡式机组，最大水轮机直径达 7.8m，是目前我国最大的灯泡式机组，居世界第二。2009年我国东方电机厂承接了巴西杰瑞电站18台单机容量为75MW、转轮直径为7.9m的灯泡式机组的设计和制造，这是到目前为止世界上尺寸最大的灯泡式水轮机，标志着我国灯泡式水轮机的设计和制造水平进入了世界领先水平之列。

4. 水泵

万家寨引黄泵站是我国装机容量最大的梯级泵站，共装设42台立轴单级单吸离心泵机组。除总干三级站机组单机容量为6.5MW、设计扬程为74m、设计流量为6.45m³/s外，其余四站机组的单机容量均为12MW，设计扬程140m，设计流量6.45m³/s。

西藏羊卓雍湖抽水蓄能电站的水泵采用单吸六级立式离心泵，是目前为止我国水利水电工程中扬程最高和叶轮级数最多的水泵，最高扬程为853m，设计流量2.0m³/s，最大轴功率19.42MW，水泵叶轮直径1.289m。江苏皂河泵站安装的6HL型全调节蜗壳式混流泵是世界上最大的混流泵，直径6m，设计流量97.5m³/s，设计扬程6m，配套单机功率7MW。淮安二站安装有我国最大的轴流泵，叶轮直径4.5m，设计流量57.5m³/s，设计扬程7m，配套单机功率5MW，水泵为立式布置。

当前水泵朝着大型化、高效率和高速化的方向发展。水泵的尺寸和配套原动机的容量有不断提高的趋势，以减小厂房工程量，减少设备的体积和投资，提高水泵的效率和抗空化性能，降低运行成本。目前，我国正在加大水泵设计和制造技术的试验工作，如水利部有关部门组织了南水北调东线工程水泵模型同台测试工作；由水利水电规划设计总院牵头，组织中国水科院和哈尔滨电机研究所正在进行水泵的研制工作，旨在提高高扬程、大功率水泵领域的技术水平。

第三章 水利水电工程施工导流

第一节 施工导流与截流

一、施工导流

（一）施工导流技术概述及施工技术特点

1. 水电站施工导流技术概述

所谓施工导流指的是在对水电站施工过程中，为了确保水流能够绕过需要施工的地区而流向下游，采用的一种水利引导技术。科学的施工导流可以为建筑施工提供一个干燥的现场环境，加快施工进度。简言之，水电站施工导流技术就是为了引导水流和控制流量而使用的一种技术方式。施工导流技术一般包括截流、基坑排水、下闸蓄水等几个工程。

2. 水电站施工导流技术特点

作为水电站施工的重要组成部分，施工导流技术与整个工程中设计方案的实施、施工进度以及施工质量等有着直接的联系。因此，在水电站的施工过程中，一定要依据工程的实际情况和特点来科学运用施工导流技术，从而有效保证水电站施工的整体质量。一般情况下，在进行水电站的施工导流设计时，主要体现以下几个方面的特点：

（1）选择坝址。在进行施工导流设计之前，工程坝体的位置应该是重点考虑的问题，而坝址的选择是有效勘测地形的最为关键的环节。因此，在选坝过程中，通常需要依据地质条件、地形地势、水能的指标差异、施工难度、工程规模以及施工工期等各方面来进行通盘考虑。

（2）水利枢纽工程的布置方案。一旦坝址确定，为了有效配合工程分布，通常情况下，都要从导流明渠开始着手布置，其次才是厂房的位置安排。

（3）科学编制施工计划。大家都知道，编制施工计划是水电站工程施工的基础和前提。在编制计划的过程中，不仅需要运用借鉴科学的施工方案，还要对工程导流施工技术予以重点关注。

（4）涉及范围广泛。水电站施工导流技术影响因素有很多，不仅包括地质条件、地形地势和水能指标等各项因素，还包括水电站工程周边建筑物的位置安排、水库的蓄水问题、库区居民的搬迁问题及河流下游生态环境等，这些都是进行施工导流时需要综合考虑的问题。

（5）水利施工技术。我国水利工程施工历史悠久，有着几千年的防洪抗灾历史，这就使得我国在水利施工技术方面积累了丰富的经验。随着现代技术的不断发展和进步以及各种新型建筑材料和大型机械设备的使用，我国的水利工程施工技术也取得了长足的发展。

（二）施工导流方式选取原则及施工方法

1. 施工导流方式选取原则

在水电站的施工建设过程中，想要水利工程达到布局最优、造价合理、施工方式运行稳定，就必须结合水电工程周边实际情况和自身要求，来选用合理的施工导流技术方法。通常情况下，导流方式选择都会遵循以下几点原则：永久与临建要紧密结合，泄水、挡水、发电和导流等四大建筑的总体布置要协调一致；投入产出比科学、合理，要注意，初期导流阶段是导流方式选择的核心阶段，一旦确定建筑物的形式之后，就要从临建投资、工期、度汛安全等方面对基坑是否过水问题进行全面比较；在施工过程中，妥善解决通航、过木、排水以及水库的提前淹没等环境问题。

2. 施工导流施工基本方法

（1）明渠导流。在施工过程中，明渠导流要在上游和下游均需进行一次拦断，这样做的目的是能够在河床内形成基坑，同时对主体建筑能够起到很好的保护作用，通常情况下，施工时都是利用天然河道或是开挖明渠的方式向下游进行泄水。然而并不是所有的水利工程都适合采用天然河道的方式，河床覆盖淤泥过多或者坝址的河床较窄时，都无法正常进行分期导流，所以，明渠导流因其自身的优点则被广泛使用。在这里要注意的是，一旦出现导流量非常大的情况时，进行导流时需要面临的问题也很多，因此，在施工过程中，其通航过水和排水也需要达到一定的标准。此外，当前很多水电站的施工工期都很长，且施工过程中都需要进行泥土挖掘，此时对施工设备要求也就十分严格，因此，在选取导流方案时，一定要做好施工现场的情况分析工作，同时还需要运用一些大型设备，切实加快施工进度，确保主体工程的正常施工。

此时，明渠布置成为整个导流的关键环节，因此，在进行明渠布置时，要选择较宽的台地或者河道，以此来保证其水平距离及满足满足防冲的需求。通常情况下，明渠的长度都是在 50~100m 之间，这样可以与上下游的水流进行更好地连接，还能有效确保水流的畅通无阻。同时，在进行明渠挖掘时，对转弯的半径也有一定的标准要求，在进行明渠布线时则要尽可能缩短其长度，避免挖掘位置过深的情况出现。此外，还需要认真分析进出口的形状和位置，精准确定明渠的高程和进出口位置，这样可以有效避免在进出口的位置出现回流的情况。

（2）隧洞导流。所谓的隧洞导流指的是上下游围堰一次拦断河床之后，可以形成基坑，为主体建筑工程施工提供一个干燥的环境，而天然河道水流全部由导流隧洞进行宣泄的一种导流方式。通常情况下，适合采用隧洞导流的条件是：导流流量较小，坝址河床较且两岸地形陡峻，若一岸或两岸有着良好的地形、地质条件则可优先考虑运用隧洞导流方式。具体来说，导流隧洞的布置要求有以下几点：隧洞轴线、眼线有着良好的地质条件，足以确保隧洞施工和运行的安全；隧洞轴线采用直线布置，一旦遇到转弯，转弯半径应超过5倍洞径，转角不应大于60°，同时弯道首尾应设直线段，长度应超过3～5倍洞径；河流主流方向与进出口引渠轴线的夹角不超过30°；隧洞之间的净距离、隧洞与永久建筑物之间的距离、洞脸与洞顶围堰厚度都应满足结构和应力的标准要求。

（3）涵管导流。在水电站的施工建设过程中，修筑堆石坝或者土坝和工程时一般会用到涵管导流，以此来有效提高工程的施工质量和整体性能。涵管通常是钢筋混凝土结构，所以在涵管施工时，必须要充分把握钢筋混凝土的特性，以防涵管出现钢筋混凝土的质量通病。在某些工程中，还可以直接在建筑物基岩中开挖沟槽，并予以衬砌，然后封上混凝土或钢筋混凝土顶盖，从而形成涵管，这样一来，可大大降低施工导流的成本。然而由于涵管的泄水能力较低，所以其应用范围也比较窄，只能用来担负枯水期的导流任务或者导流流量较小的河流上。

（三）提高水电站施工导流技术的策略

1. 加大技术创新投入

科学技术是第一生产力，因此必须加大技术创新的投入力度，进行水利技术的革命。就目前而言，我国水利大环境是积极向上的，尤其是近年来在国家政策的扶持之下，水利技术创新速度迅猛发展，水利事业蒸蒸日上。为此，水利工程施工单位一定要抓住机遇，下大力气进行技术改革，拓展技术创新渠道，走进水利高校，开展校企合作模式，共同推动我国水利施工技术的向前发展。

2. 注重水利人才的培养

人才是科技创新的根本，因此，在吹响水利技术创新号角的同时，还需要加大培养水利人才的力度。当前，水利施工队伍中，原有施工技术人员缺乏创新能力，新生力量衔接断层，所以我们在日常工作中既要注重新生人才的引进工作，又要团结骨干技术人员；既要最大限度发挥新生力量的技术创新能力，又要积极吸取骨干员工施工经验，二者有机结合，以老带新，从而形成共同促进水利技术革新的局面。

3. 完善企业管理机制

一直以来，许多水利施工单位只注重水利技术的创新，却忽视了企业管理机制的重要性。就目前而言，国内大部分水利企业内部管理机制是不健全的，缺乏行之有效的施工工程质量监管体系。而在市场经济的大环境下，水利施工单位面临巨大的市场竞争压力，只有积极实行水利施工体制改革、管理体制改革、投融资体制改革，才能不断提高水利施工工程质量，有效增强市场竞争力。

二、施工截流

截流工程就是施工导流流程中，一旦导流泄水建筑物完成竣工之后，在比较科学合理的时间里，使用围堰堰体的一部分，将河床快速地截断，同时形成河流改道实现水流下泄的目标。作为水利水电工程施工当中非常关键的组成部分的截流工程，分析截流施工技术对保证水利水电工程施工品质有非常重要的意义。

（一）截流方法分析

1. 立堵法

立堵法需要的各种辅助设施比较少，也是一种比较简易的截流方式。这样的技术由于使用的设备相对来讲比较简单，可是利用这种设备的种类非常少，所以施工当中节省了不少的资金。对于地质条件非常好的这种方式比较简单方便节约成本，同时在现实施工当中也是使用非常多的一种截流方式。立堵法这个方式首先在施工当中的河床一边或者两边都进行填筑戗堤，最好一边老堤，另一边填筑戗堤，为了能够将河床慢慢缩小，一旦河床达到一定的宽度就要停止，这个断面我们就称之为龙口。之后重点对龙口和河床进行防冲加固。在枯水期时施工，围堰堤顶超过水面 0.2 ~ 0.5m 即可实行封堵龙口，让戗堤更好的合拢。最终想要将戗堤漏水问题解决，需要设置防渗在迎水面当中，当出现截流之后，对戗堤进行加厚加高就可以修成围堰。在围堰内侧龙口位置要设置沉水井，用以观测龙口合龙质量，同时可将围堰内的水流集聚到沉水井中抽出，以利围堰内施工。因为立堵法拥有很大的优点，黄河在部分施工当中也使用这个方式。施工当中不必要架设浮桥，这就让总体施工流程变得很简便，大大地降低施工成本，将施工当中的各种人力物力节约，因此施工单位广泛使用。

2. 平堵法

根据龙口的总体宽度进行投料抛投工作，同时确保全线抛投，一直抛投到抛投料堆积能够超出水面为止。利用这样的截流技术要提前进行浮桥设置，要在龙口处设置浮桥。因为这个技术根据全线龙口的宽度，作为一种平层抛投，所以均匀性非常好，截流当中单宽流量比较小、流量比较均匀，和单体抛投材料比较，平堵法要求的抛投材料质量比较轻。因为是作为全线抛投，所以施工效率非常高。

（二）截流技术的施工设计

1. 截流流量的设计就是水利工程施工当中所需要的时间里将截流流量设计。利用提前设计保证截流施工科学合理有效，满足施工标准。此外，设计截流流量要按照有关技术规定，符合施工现场，当中的自然环境因素包含了地形、地貌、地质遗迹自然气候。施工技术人员要更正水文气象预报，保证截流流量。可是确定截流流量记性办法不仅仅是改正水文气象预报的这一种，还要按照水利工程自身的特征以及现实施工情况来选择设计方式。

2. 截流时间的确定。合理的选择截流时间对截流施工质量有直接的影响。截流施工之前要对泄流、空闲期、通航等的因素进行充分考量其影响截流时间的确定的长短。

（1）拦河闸坝泄流对截流时间的影响。截流时间确定之前，技术人员要对水利工程是否符合泄流条件进行勘察，同时可能是否将竣工投入使用的建筑物保证导流泄水作用正常，同时看建筑物是否符合泄流规定。

（2）空闲期对拦河闸坝截流时间确定的影响。空闲期进行截流施工工作，保证在汛期之前将截流工作完成，设置空闲期普遍来讲在水利工程汛期到达之前，再次确定通航对拦河闸坝截流时间的确定。

（3）地区因素对截流时间确定的影响。因为自然环境对截流施工操作影响非常大，在确定截流时间的时候，工作技术人员要充分将自然条件的影响因素考虑进去。

（三）龙口的确定

截流施工技术当中，工作人员要按照同行情况、河床地形条件等原因对截流戗堤轴线进行设置，要科学根据规定进行设置。同时龙口确定在截流施工当中起到非常关键的作用，设置龙口位置在截流戗堤轴线当中，所以设置龙口需要保证截流戗堤位置之后再进行确定。所以，在施工设计当中，设计人员要非常关注龙口预先留出的比较开阔的空间，同时保证龙口距离料场距离比较短，如果龙口位置距离料场较远，可先将抛投材料运输至龙口附近，更好地确保截流所需要的各种材料可以及时快速地运送到施工现场进行截流作业，同时龙口和料场距离的缩小更加减少了材料运输成本，运输时间减少，施工效率提升。更好地确保水利工程稳定性，将危害工程的因素减少，将水流对龙口的冲击损害减轻，这一点技术人员要在覆盖层比较薄的地方设置龙口。此外设计人员还需要确定好主流地位，将龙口设置以及主流相对的位置，保证水流可以顺利泄出，同时保证施工的安全性能。

（四）截流所使用抛石材料

截流施工当中所需要的抛投材料大部分就是块石、土袋以及石串等等。现实施工过程当中，一旦遇到截流过程中水利条件比较恶劣，使用的抛投材料就是使用钢筋混凝土来进行构件、四面体、六面体的人工块体等。使用这种抛投材料非常容易出现良好的施工效果，而挑选抛石材料要有几个特点：第一，必须具有非常强的透水性，同时和其他材料相比较非常容易进行输送以及起吊。选择截流抛物量的同时要按照截流物的运输情况，以及可能流失数量加上其他水文地质等其他原因综合规定，同时要根据适当的预先留下进行准备利用；第二，同时在龙口段所进行抛投的钢筋混凝土混合物以及各种大石块要进行精确的计算，避免导致增加采购成本；第三，在初期使用预进站段所利用的抛投物就需要挑选天燃料或者开挖的时候所出现的渣料。

第二节　围堰及基坑排水

一、围堰施工

（一）水利围堰的种类

因为施工的自然条件不同，或者建筑的水利工程不同，水利围堰也因此而不同，所以水利围堰有许多不同的种类。可以按照材料的性质对围堰区分，有木板桩围堰、管柱围堰、木笼围堰、混凝土围堰、土石围堰等多种，而随着科学的不断进步，有越来越多的新兴材料被应用到围堰之中，也不断地产生新的围堰种类。

（二）水利工程施工中应用围堰技术的原则

影响围堰种类使用的直接原因是施工所在地的外部条件。常见的围堰种类有管柱、木桩、土石等。通过科学技术方面的逐步深入，为了迎合建设的新需求，更多的新兴材料以良好的形式融入围堰当中，而随着围堰种类的不断增加，围堰在建设过程中受环境的制约程度也越来越小。

在组成水利工程技术中重要的部分是围堰技术，在进行围堰实际施工前，需要从现场实际出发，结合各方面因素制定较详细施工方案。科学技术的发展为各个行业的发展创造了无限可能，其中水利工程的建设受益颇大。当前的水利工程建设所运用的先进的技术和设备能够有效提升生产效率，符合科技深入发展的前提下，我国对于各个行业的要求也在不断提高，其中具体体现在通信设备上，网络技术能够实现信息之间无距离，零时差的传递，而目前所使用的水利工程的监控系统所达到的智能程度，能够及时地将人所难以触及的建设信息完整且准确的传输到需要的地方，通过对先进的水利工程技术的良好运用，促进水利工程建设成果能够更加接近预期。

（三）水利工程施工中围堰技术的应用及要点分析

1. 水利围堰设计

在设计围堰时首先需要考虑的是：是否能够实现其为作业面挡水的功能。围堰的种类虽然各式各样，但都必须经过标准强度的测验才能使用。除此之外，各个围堰种类的强度情况也是不尽相同的，这就需要根据实际施工条件选择最为合适的围堰种类。例如，在施工过程中遇到浅水滩时，当水的高度在1.5m左右，水的流速在0.5m/s左右，泥淤积比较浅，就可以通过土袋围堰进行水利施工，而如果水的高度不超过7m，水的流速不超过20.5m/s时，前提条件是不需要打桩的情况下，就可以选择附近已有的木桩等围堰进行水利施工；当水的深度小于4m时，水的流速在30.5m/s以上时，不能进行打桩，可以采取堆石土来完成围堰施工。除此之外，当施工过程中所面临的是深水体的施工条件，就可以采取相对更为坚硬的岩石或者是黏性很好的土壤进行围堰施工，在遇到渗水比较严重时可以利用钢筋或者混凝土的坚硬度实现围堰施工。

2. 水利围堰施工

围堰施工是一个很复杂的过程，为了减少事故的发生，施工前应该做好相应的一系列准备。其中包括明确适应自然条件的施工材料，选择相应的设备和技术，可以使用大型的汽车和挖掘机，有一些材料可以从现场提取，从而节省资本支出。在进行堰体填料时，可以通过交错上升法，并且在对外围填筑黏土时，尽量减少对土布的损害。

3. 水利围堰基坑排水施工

围堰基坑排水施工主要有两种方式：经常性排水和一次性排水。经常性排水其中又包括基坑内部的一次性排水和经常性排水。在完成堰体填筑工作后会相应的出现一次性基坑排水，具体进行排水的方面包括基坑内部的积水、渗入的水和施工之外的水。

4. 水利围堰连接技术

围堰的连接对于水利工程整体都具有很大的影响。因此，在进行围堰施工之前，工作人员需要对施工场地进行详细的考察，尤其是围堰的接口情况，如果发现连接出现错误，要及时采用沙包、土袋等将其填补。而如果在施工时河沙阻碍了正常施工的进行，尽量在不影响施工基础的前提下进行处理。

5. 水利围堰拆除技术

在进行水利工程施工的过程中，很多建筑施工是需要在水里进行的，这就需要挖基坑，为水利工程创造条件，并且需要新修建围堰完成排水的工作，完成需要在水里建设的水利工程之后就要将围堰清除，但是为了保持原本围堰在的正常状态，就需要往空出的区域注水。在摘除围堰时需要明确几点：一是施工单位需要根据施工需求对施工区域进行仔细的勘探；二是将挖出的渣土运至河道上游；三是确保土石不会出现在围堰周围；四是不要妄自行动，在清除围堰后，按照规定将坡底清理到标准程度。

围堰作业属于水利工程项目的前期作业，是水利工程重要的组成部分，在促进国民经济发展中有很重要的作用。围堰工程因为实际情况不同施工难易程度也有所不同，这与施工单位采取的围堰技术有很大的关系，所以施工单位在制定围堰方案的时候要根据河道工程项目的特点，制定合理的科学的施工方案，更好地完成围堰，从而也促进水利工程的快速发展，保证国民经济能够健康稳定发展。

二、基坑排水

（一）基坑排水分类

在水利水电工程项目中，基坑排水工作至关重要，其对于提高工程的整体质量和施工进度有着举足轻重的作用，更是整个工程质量功能得以发挥的核心环节。在目前的基坑排水工程中，按其施工进度和排水时间，我们可以将其分为以下两种：

1.基坑在开挖之前进行初期排水，这类排水工程在施工的过程中主要的排水工作包含基坑内部存在的积水，同时在施工的过程中对于围堰结构、坝坡结构以及土质中存在的渗水现象也要进行及时的清理，以免由于受到渗水的影响而造成整个工程项目中出现渗水隐患，甚至是给工程施工质量造成影响。

2.基坑开挖以及建筑物施工环节进行的排水工程，这类排水工程是一个经常性的排水工作，其在排水的过程中主要包含了对基坑内部积水的排除工作、对于围堰以及基坑渗水、雨水以及各种施工废水的排除。一般在目前的排水工作中我们都是采用各种先进的技术手段和施工方法能够全面科学的处理，使得基坑内部多余水量能够及时地排出坑外，以免给工程施工带来影响。

（二）基坑排水技术的工作重点

基坑开挖工作是水利水电工程施工的重要环节，及时经常的排水可以保证水利水电工程的施工质量和施工进度，消除基坑施工中存在的安全隐患，有效提高基坑施工的速度和质量。

1.基坑排水的作用及目的

对基坑排水进行合理的应用，能够有效保障水利水电工程整体的施工质量，在基坑开挖的工程中，应合理的利用各种开挖技术，做好相应的基坑排水工作，以保证在基坑开挖过程中，最大限度地降低可能存在的安全风险因素，从而使基坑开挖工作能够顺利地进行，使水利水电工程的整体施工质量得到有效的保障和提升。基坑排水工作是水利水电工程施工重要的施工项目，通过基坑排水，能够有效地排除基坑中的各种积水，可以给基坑开挖创造一个良好的环境，合理应用基坑排水技术，可以提升基坑工程的施工质量，从而提升整个水利水电工程的建设质量。积水容易出现软化效应，会对基坑建基面质量造成一定影响，针对这一问题，需要对基坑进行有效的排水处理，从而使得基坑工程建设更具安全性与稳定性。

在水利水电工程施工中，通过基坑排水，可以将基坑内的积水、雨水以及渗出的地下水彻底排除，避免因水的软化作用降低基坑工程的稳定性，从而保证基坑处于一个相对干燥的施工环境中进行。

2.基坑的初期排水

在水利水电工程施工过程中，施工人员通常采用在围堰合龙闭气之后排除基坑内部的积水与雨水，从而保证水利水电工程的基坑开挖施工在一个干燥的环境下进行，这一施工措施被称作初期排水。基坑初期排水的效果将直接影响到基坑工程施工的整体质量，如果初期排水效果好，基坑施工将会在一个良好的环境中进行，因此，基坑排水处理工作要做在最前面，排水的时间一定要在围堰合龙闭气之后。

3.排水量的组成及计算

基坑工程初期排水，首先要求计算排水量，详细了解排水量的组成并计算出总排水量；同时，要有效掌控水位的降落速度以及排水时间等问题，这些工作能够保证基坑排水工作更加顺利地进行。

对于经常性排水，需对围堰渗水量进行计算，并要清楚的了解排水量的组成。对基础设计过程中所产生的渗水量进行全面的计算，根据计算结果，可以得出覆盖层所具有的含水量以及排水施工中所产生的降水量，这样即可得到整个工程的弃水量。分析基坑工程排水量的组成的过程中，必须严格的关注降水量，以日最大降水量作为重要参照依据，以保障在基坑建设过程中，弃水量和降水量不会出现重复计算的问题，导致降水量计算不准确。对基坑的渗水量进行合理的计算，必须严格按照围堰的组成形式和防渗所采用的方法等因素，这样才能得到具体的排水量的组成部分。

4.水位降落速度及排水时间

如果是土质围堰或覆盖层边坡，水利水电工程的基坑水位下降速度一定要控制在允许的范围之内。通常刚刚开始时的排水降速为 0.5～0.8m/d，到达临近全部排干时，排水降速可以到达 1.0～1.5m/d。对于其他形式的围堰基坑，水位降速通常并不是主要的控制因素。如果是混凝土围堰和有防渗墙的土石过水围堰，如果河槽的退水速度较快，而水泵的降水能力不能有效适应降低基坑水位的要求时，围堰可能被其产生的反向水压力差破坏，此时，需要经过技术经济论证，来决定是否需要设置退水闸或逆止阀来矫正这一现象。综合考虑基坑工程工期的时间紧迫程度、基坑工程水位允许下降的速度、各期抽水设备的情况和相应的用电负荷的均匀性等问题，综合确定合理的排水时间。

5. 排水方式

排水方式主要有明沟排水和人工降低地下水位两种方式。明沟排水一般用于渗透系数较大的有砂卵石覆盖面地基中。人工降低地下水位主要由管井排水法、喷射井点法等施工方法组成。在实际工作中，施工人员通过对当地的地质条件、基坑开挖深度等情况进行全面的分析，然后选取合适的排水方法进行基坑施工。

6. 排水设备的选择

（1）泵型的选择。由于离心式水泵可作为排水设备，又可作为供水设备，因此，在水利水电工程经常采用。离心式水泵的特点是结构简单，运行可靠，维修简便。离心式水泵有很多种类型，SA 型单级双吸清水泵和 S 型单级双吸离心泵这两种型号的水泵在水利水电工程中应用最多，特别是在采用明沟排水的排水方式中更为常用。通常，在初期排水时需选择容量大水头低的水泵；在降低地下水位时，宜选用容量小水头中高的水泵，在将基坑中的积水排出基坑围堰外的泵站中，则需选择容量大水头中高的水泵。

（2）水泵台数的确定。初步选定水泵型号后，根据水泵所承担的排水流量的大小来确定水泵的台数。备用水泵容量的大小，应不小于泵站中最大的水泵容量。

（三）基坑排水工作中应注意的问题

基坑排水工作中需要注意的问题包括以下三方面的内容：第一，对于最为常见的开沟排水基坑排水方式，对排水沟进行开挖时，应注意沟渠的布置尽量避免对工程施工造成干扰；同时，排水沟截面的选择应根据渗水量确定，并且应保持一定的纵坡坡度，以便进行集中渗水；第二，对于管井抽水设备的选择，不能盲目随意挑选，应在建成集水井之后，根据抽水试验的结果进行合理选择，通常选择流量小、扬程高的水泵，这样便于有效控制抽水量和流速，避免流沙现象的发生。为避免损坏过滤器的缠丝，在集水井正常抽水工程中，必须保证水位降低的高度不能低过第一个取水层的过滤器。第三；为防止经水泵排出基坑的积水再次回流到基坑，造成反复抽水，应将积水引导到远离基坑的地方，并且要保持水沟的排水能力畅通无阻，还需要安排专门的工作人员对排水沟进行定期维护和清理。另外，需根据含水层的土质、泥浆使用等情况来确定对抽水井的清理方式。对于成孔时间较长、泥浆消耗量较大的井，可采用活塞、提桶、水泵、空压机等联合洗井方式，以提高洗井的速度，从而保障基坑排水工作更好地进行。

第四章　水利水电工程地基处理与灌浆施工

第一节　地基处理的方法

一、地基处理技术的作用

地基处理技术能增强地基的稳定性，提高其承载力，从而优化地基的整体性能，其主要应用于大坝、水洞、隧洞等工程的地基建设，主要是利用各种施工技术对地基进行加固处理。由于地基处理施工过程需要在地下进行操作，并且采用特殊的设备和专门的技术进行施工，而且施工环境复杂，风险较大需要在洞内、边坡、水下进行工作，要做好安全防护措施，防止环境变化带来的危害。而合理使用地基处理技术能提高地基的质量，稳固水利水电工程的建设，确保发电站、水库等水利工程能够稳定持续的运行。但是若水利水电工程的地基出现问题，会给水利水电工程造成巨大影响。轻则使水利水电工程无法发挥效用，重则造成破坏与人员伤亡，给企业造成巨大的经济损失。因此，地基处理技术的使用，对于水利水电工程具有重要作用。

二、地基处理技术的现状

（一）水利水电基础工程与地基处理技术发展状况

1. 全新的工程需求

有需求才会有进步，我国的水利水电建设速度在这二十年来明显加快，工程数目的激增使得可选择的施工区域大大减少，许多工程被迫在复杂或不良的地质环境下施工。这些环境对基础工程和地基处理的技术要求非常之高，原有的技术很难达到，这种情况促使我们的技术人员加快了对新技术的开发与引进。

2. 更大的工程规模

不同于旧式小型工程，一些超高型大坝与大型水电站在近些年开始投入建设。这些工程由于规模巨大，所以为了确保安全稳固和力学性能，对基础工程和地基处理的要求极高。

3. 更短的工期要求

水利水电工程对工期有严格的要求，要求基础工程和地基处理能实现快速施工。举例来说，当在江河中筑造围堰对江河进行节流时，只有迅速构筑出防渗体系才能进行围堰内的干作业施工，当这类工程在长江、黄河等水流量极大的水系进行时，在快速施工方面的要求就更高了。

（二）水利水电基础工程与地基处理技术存在问题

水利水电工程的基础工程和地基处理技术主要受外部地质条件影响，复杂恶劣的地质环境会形成不良地基，最终导致地基无法承重，引发严重后果。常见的不良地基问题主要有如下三种：

1. 抗滑结构面强度不足

这种问题通常由恶劣的地质条件引起，当抗滑结构面强度不足时，其承压能力就会下降，相应的抗滑能力与地质稳定性之类的设计指标就难以满足，最终导致地基上的建筑物抗滑性和稳定性过低，不能满足施工要求。

2. 土质强度不足

有些地基的土层土质相当松软，有些则是软硬分布不均，还有些强度薄弱的部分会在土层中突然出现，以上三种情况都会引起地基土层的强度不足，这种地基受到上部建筑物的重压会引发极其严重的不均匀沉降现象，导致建筑物的变形。

3. 渗水透水现象

在地基结构松散的地形往往会有大量的渗水透水现象产生，这现象会使得工程最终的渗漏量大大超标。一般来说，砾石层与构造碎带等容易透水的地质环境比较容易出现这类问题。

三、地基处理中的方法

（一）地基加固技术

1. 挖除置换

在面对薄弱的软土层时，挖除这些软土，以无侵蚀材料（粗砂、石屑、水泥等）换填。

2. 排水固结

通过人为施工的手段，在地基的内部做出垂直的排水道，这样一来外荷载的作用会完成排水与加压，令软基内的水排出，固化剩余固体部分。

3. 振动水冲

这项措施需要使用专门的振动机械，利用这种机械在土层上打出振冲造孔，然后在这些振冲造孔中填入碎石，以这种方法对地基进行加固。

（二）地基防渗技术

水利水电工程与水密切相关，水利工程建筑难免有渗透变形的危险，为了应对这种状况，通常采取高压喷射注浆或者建造防渗墙的方法来进行防渗处理。高压喷射注浆的过程是先用钻机钻入土层，然后通过特制喷嘴和喷射管道高压高速喷射水泥浆液，将射程内的土层击碎。防渗墙则是在透水地基外部的水下淤泥上打出圆孔，插入钢筋，然后浇筑混凝土建造的地下墙体。

四、方法与措施实施后的作用与效果

（一）地基加固技术的作用与效果

1. 挖除置换

通过将软土部分置换为硬质结构，使地基层的强度硬度获得了显著提升，不仅满足了施工标准，保障了工程质量，而且对防渗工作有良性影响。

2. 排水固结

将软基内多余的水分排出，令剩余的固体部分硬化加固，这种技术手段能提高软基强度，有效控制软基导致的地基失衡与不均匀沉降现象。

3. 振动水冲

这种技术的实施前提是地基具有足够的初始抗剪强度。因为采用碎石对整体结构进行了补强的缘故，所以能达到很高的力学性能。

（二）地基防渗技术

高压喷射注浆可以令喷射出的水泥浆和冲破的土体相互混合，二者硬化后形成的固结体具有极高的强度和防渗性，而防渗墙的建造则等于为透水地基提供了额外的一层防渗保护。二者都能起到保护原地基的作用与效果。

五、地基处理技术的重要性

水利水电工程建设中，基础工程和地基处理的作用主要由三方面决定，分别是其自身的功能、所占的投资比重和在项目中的重要性。

在自身功能方面，基础工程和地基处理承担着满足多项工程技术需求的重任，这其中包括了对建筑物地基物理性能与力学性能的改善，对整体性能的补强，对防渗能力的提高等，这些功能都是工程整体建筑安全运行的保障。

在资金投入比率方面，无论是基础工程还是地基处理都需要极为庞大的资金注入，这主要包括以下几点原因：其一，这两种工程都需要在地下进行施工，因此需要专门的技术和专业的设备；其二，地基施工难度很高，施工环境危险，包括了露天、洞内、边坡、水下等各种危险系数极高的环境，因此必须使用安全设施以确保施工人员安全；其三，需要防备各种大型自然灾害引起的损失；其四，施工地域的地质条件往往很复杂，施工难度大，且难以确定施工方案。从以上四点可以看出，基础工程和地基处理不仅所需投资比率高，而且具有很高的风险性。

基础工程和地基处理的安全运行影响着水工建筑物的实际运行效率，甚至关乎其整体的安危，一旦基础工程出现缺陷导致无法发挥作用，水工建筑物甚至有可能整个损毁。因此，基础工程和地基处理在项目中是基础重点，具有无可比拟的重要性。

六、地基处理技术的展望

我国在水利水电的基础工程和地基处理技术上已经取得了一定的成就，获得了相当的发展，但仍未可比拟国际先进水平，因此还是有相当大的成长和发展空间的。而成长的关键就在于技术，只有技术进步了，总体水平才能获得有效提升。

（一）探索和开拓技术新应用空间及使用范围

不能把基础工程与地基处理技术当成单纯的水电工程建设，因为这项工程中同时牵扯到环境工程、矿业工程、石油工程等多个领域，具有很大的技术拓展空间。其中在环境上主要的问题有：第一，工程中工程垃圾的处理问题；第二，工程造成的空洞对石油和矿业开采安全的危害问题。这两项问题都可以学习国外已有的先进解决方案。第一个问题可以利用防渗墙与高喷灌浆来解决，第二个问题则可以使用充填灌浆的技术方法对地下的各处空缺进行填充，以防止在石油和矿产的开采过程中出现垮塌现象。

（二）开发工程与技术的新材料、新工艺与新设备

积极学习国外已有的先进相关技术是快速获得进步的有效手段，比如：学习国外的TRD 防渗墙技术，令软土地基施工中可以在原位将水泥连续搅拌成墙；学习国外的新型防渗墙接头技术，在新式插接式接头的材料上使用遇水即可膨胀的某种橡胶；学习新型的灌浆控制方法，利用计算机对灌浆进行设计与控制；学习新型的混凝土灌注桩制造技术，使用振冲器造孔来进行制成，等等。这些新技术、新材料的学习和研发都是建立在旧有技术的基础上的，对整体工程水平的提高有很大帮助。

（三）适应水利水电基础工程与地基处理技术的发展新要求

水利水电工程目前越来越向大型化发展，施工条件相应地越来越复杂，因此施工要求也越来越高。在这种情况下，基础工程和地基处理技术都要向新的施工要求看齐。例如：坝基在整体性能、防渗性能、承载能力上都要具备更高的水准，这样才能适应超高大坝的工程需求；使用地下连续墙工艺来支撑锚锭结构并构筑围护体系用于防渗，这样才能实现特大型的跨桥梁施工；钢管桩与大型的钻孔灌注桩可以完成特大型跨海大桥的桥墩基础建设；要建造出抗侧向变形能力和承重能力更强的基础，才能满足超高速铁路在桥墩上的质量要求。这些新工程不仅规模巨大，而且工程质量要求都比以往的更高，只有开发相应的新技术、新工艺才能适应它们的建设。另外，施工环境的日益严峻也成为不得不注意的问题，这一问题主要由过快的城市化和工业化进程引起。城市化的高速进程大大缩小了可选择的施工空间，迫使许多工程不得不在地质条件相对恶劣的区域内进行。而工业化则引发了一系列环境问题，比如地下水抽取过多使得地面沉降，工业垃圾的堆积占用大量空间并污染土地等，这些都会对施工造成很大的不利影响。为了克服这些难题，更先进的技术是非常有必要的。

水利水电工程是我国可持续发展战略的重要组成部分，其工程建设规模大、耗资高、工期长，因此，作为工程顺利进行的前提基础工程和地基处理技术一定要进一步完善化。基础工程和地基处理技术的进步关系着水利水电工程建设的整体水平，更进一步关乎我国清洁能源的开发与利用，是会绵延后世的重要工程技术。

第二节　灌浆与防渗墙施工

一、灌浆施工

（一）灌浆施工技术

灌浆又称注浆，就是利用钻孔用灌浆设备将按一定的配比要求，具有流动性和胶凝性的某种浆液，压入建筑物或其基础部分缝隙中的措施，使浆液渗透、扩散、充塞在被灌载体中，之后就会凝固和硬化，起到加固载体和抗渗防水的效果。水利水电灌浆施工过程控制涉及的范围比较广泛，是一个复杂的控制系统。而灌浆施工质量又直接关系到工程建设质量，因此研究如何控制灌浆施工质量具有深远的意义。

（二）灌浆施工浆液材料基本要求

水利水电工程灌浆施工对浆液的要求很高，要求浆液的收缩性能与抗压性能良好，形成浆体后，能够符合抗压强度的要求，具有符合规定的易水保水性和抗压性。组成浆液的主要成分包括粉煤、水泥、膨胀剂、外加剂以及水等。这些材料的选取和选用要保障其符合国家质量标准，并进行合理的配比，保障其符合水利水电工程灌浆施工中对浆液的需求。

（三）水利工程灌浆施工的主要技术要点

1. 灌浆施工技术中的钻孔施工技术要点

在灌浆施工技术中，钻孔施工技术是一项非常关键的前期施工技术，只有将钻孔施工做到质量达标，才能够有效保障后期的灌浆施工顺利进行。在钻孔施工中有很多需要注意的施工要点，下面进行简要的分析。目前在灌浆钻孔施工的过程中，常用的钻孔方式为回转式的灌浆钻孔。如果在钻孔的时候，孔深没有超过 10m，我们也可以采用风钻的方式以及架钻的施工形式来进行钻孔施工。在钻孔施工中我们要注意几个关键的施工要点，如果在钻孔施工中没有处理好钻孔的施工细节，就会影响钻孔施工的施工质量，影响水利工程的灌浆安全。

首先我们要注意钻孔的斜率问题，通常情况下，钻孔是在垂直情况下进行的，因此我们在进行灌浆钻孔施工的过程中，要求孔壁垂直并且均匀，在钻孔中这样要求的目的在于便于后期灌浆的卡紧施工，同时保障孔壁均匀也能够保障灌浆不出现返浆的问题。尤其需要注意的一点是帷幕深孔的钻孔，如果在进行施工的时候出现了孔距接近的情况，我们就要将钻孔保留一定的斜度，便于钻孔施工。

其次在钻孔施工的时候还要对钻孔的施工顺序给予重视。这是因为在钻孔施工的过程中，不论是固结灌浆施工还是帷幕灌浆施工，在施工的过程中都要求施工顺序按照施工技术中要求的进行。通常情况下，我们先进行一序孔的钻孔施工，然后灌浆，之后在依次进行二孔钻孔灌浆，三孔钻孔灌浆。只有按照这样的钻孔施工顺序进行钻孔施工才能够保障钻孔施工的质量，保障后续灌浆施工的顺利进行。按照钻孔顺序进行钻孔施工的另一个优点在于能够有效降低钻孔的失误率，提升钻孔精度。在钻孔结束之后，我们还要对钻孔进行吸水率实验和水压实验，只有上述两个实验完全满足施工技术要求，才能够进行后续的灌浆施工，避免出现灌浆施工返工的情况。

2. 灌浆施工技术中的灌浆施工技术要点

在水利工程灌浆施工的过程中，我们主要有两种灌浆施工技术，首先是纯压灌浆施工技术，其次是循环灌浆施工技术。纯压灌浆施工技术主要的施工条件为裂隙比较大的施工岩层中，同时灌浆孔较浅的施工条件，我们也选择纯压灌浆施工。在纯压灌浆施工的过程中，我们主要应该注意灌浆液的浓度不要过大，否则会严重地影响灌浆质量；在进行循环灌浆的时候，也有两种施工方式：一个是孔口循环灌浆；一个是孔内循环灌浆。在使用循环灌浆的时候，我们要注意的一点是要保障灌浆过程中流畅度，保障浆液能够在灌浆管道中流动，提升灌浆液的流动比例。

在水利工程灌浆施工的时候，除了要注意灌浆技术之外，对于灌浆顺序也要注意。目前我国水利工程灌浆的顺序主要有三种：首先是一次性的灌浆施工；其次是自上而下的灌浆分段施工；最后是自下而上的灌浆分段施工。在一次性灌浆施工的时候，我们要注意钻孔的深度，只有将钻孔深度深入了解，才能够保障一次性灌浆施工的成功；在进行自上而下灌浆分段施工的时候，我们要注意灌浆的压力，只有灌浆压力达到规定的要求，才能够保障灌浆施工的顺利进行；在进行自下而上灌浆分段施工的时候，我们要注意的施工要点是及时进行灌浆的分隔，注意灌浆的时间间隔。

（四）水利工程灌浆施工技术的要求

1. 灌浆施工技术中对于钻孔施工的技术要求

在水利工程灌浆施工技术中，对于钻孔施工的技术要求有三点：首先是对钻孔斜率的施工要求；其次是对钻孔顺序的施工要求；最后是对钻孔后清理的施工要求。在钻孔施工中，我们要求钻孔斜率施工一定要保障孔壁的垂直以及孔壁的均匀。在钻孔施工中，帷幕钻孔施工对于钻孔斜率的要求更为严格，因此帷幕钻孔施工通常是深度较深的钻孔施工，因此对于斜率的要求更高。在灌浆施工技术中对于钻孔施工顺序的要求也较为严格，只有严格地按照施工顺序进行钻孔，才能够有效保障钻孔施工的施工质量。在钻孔施工完毕之后，我们要对钻孔以及钻孔产生的裂隙进行有效的清洗，这样做的目的在于能够有效保障缝隙内部没有岩粉或者砂粉，同时也保障钻孔内部没有残余的岩粉或者砂粉。在钻孔清洗的时候，我们可以采用钻杆来进行钻孔清理，同时我们也要借助于空气压缩机或者是压力机对孔隙和钻孔进行清理，这样才能够保障钻孔或者是裂隙内部的粉尘清理干净，保障钻孔的质量，进而提升灌浆施工的流畅性。

2. 灌浆施工技术中对于灌浆施工的技术要求

在水利工程灌浆施工的过程中，对于灌浆过程使用的浆液施工材料有一定的技术要求。我们在灌浆的时候，通常采用的施工材料有水泥，添加剂，粉煤灰以及水。我们在制作灌浆浆液的时候，要保障浆液有一定的性能，主要包含了浆液的可泵性；浆液的和易性；浆液的保水性等。为了让灌浆浆液有更好的施工性能，我们在配置灌浆浆液的时候，还可以添加适量的外添加剂来进行浆液的性能调和，这样能够有效提升浆液的性能，降低浆液在施工中的干缩问题。作为影响灌浆浆液性能的一个因素，浆液的流动性非常关键，浆液的流动性强能够让灌浆施工更加的流程，提升灌浆的工作效率，如果灌浆浆液的流动性较差，就有可能影响灌浆施工的质量。通常情况下，我们可以添加减水剂来提升灌浆浆液的流动性。目前具有良好流动性的浆液应该具有 12s 的流动特性；同时需要注意的一点是，浆液的流动性并不是越大越好，我们要将浆液的流动性控制在一定的范围内，目前我国的浆液流动性不能够超过 26s 的范围，超出了这一范围，就会导致灌浆施工过快，影响灌浆的紧实程度，影响灌浆施工的施工质量。

在灌浆施工的过程中，有三种灌浆施工方式，每一种灌浆施工方式都有一定的施工技术要求。在纯压灌浆施工的时候，我们不仅仅要保障钻孔深度在 10m ~ 12m 的深度范围内，同时我们还要对灌浆浆液的浓度有一定的要求。我们要求在纯压灌浆的时候，浆液的浓度为较浓的程度较好，但是这一施工浓度要根据现场的灌浆施工条件进行，要保障灌浆施工的浆液浓度不堵塞钻孔裂隙。在进行一次灌浆的时候，使孔一次钻到最深，然后灌浆时再沿着钻孔的全长进行是该方法的核心。该方法适合裂缝较少的岩石，或 10m 以下的孔深孔内，或在透水较小的时候进行灌浆，否则，就必须使用分段方法来进行不同压力的灌浆。通常要布设 3 ~ 5 个孔位实施灌浆，还需要按照混凝土的面板尺寸、灌浆机械以及裂缝状况等进行确定。灌浆孔大小要和灌注嘴大小一样。要从沉降量大的地方开始灌浆，并采用由远到近、由大到小的顺序进行。在采用自下而上施工分段灌浆的时候，该施工最重要的是要将孔一次性钻好，且要从上往下分段进行灌浆，并且按 3m ~ 5m 的标准来分段，在灌浆时要以灌浆塞才可进行分段塞孔，并要使得上段与下段的灌浆保持连续性，从而节约搬运灌浆设备的时间，使施工进程加快。

（五）灌浆施工质量控制

1. 水利工程灌浆施工隐患产生的原因

（1）水利工程的填料压实度没有达到施工要求

坝体的填料压实度会在一定程度上受到水利工程施工技术、建设原材料、设施设备、施工条件、人员操作、管理模式等方面的影响作用，所以最终就会使得水利工程坝体的填料压实度难以达到工程项目的标准化要求，这也是导致水利工程产生不均匀沉降问题的关键因素。除此以外，外界条件与各类承载体的负荷量会发生变化，并经过长时间的累积作用，水利工程土基塑性会逐渐弱化，最终让水利工程出现差异性的沉降现象，逐步威胁着水利工程的施工质量。

（2）水利工程的软土地基没有得到科学合理的处理工序

软土地基区段会由于地基下降而产生水利工程施工隐患，其中最主要的原因是由于在设计规划施工方案的过程中，对地基的钻探深度不足，没有实时地察觉到水利工程施工位置存在软土地基，或者没能够精确地测量出软土地基所涉及的范围大小、深度以及其性能等资料，最终就导致部分水利工程施工规划缺乏针对软土地基的处理方法，或者所选择的加固方式不够完善、合理等问题。除此以外，水利工程项目所选用的软土地基加固处理计算策略在根本上脱离了实际情况，没能很好地反映出水利工程软土地基的基本性能，因此最后就使得工程落实效果难以达到预期目标，更严重时会导致水利工程出现大规模的沉降现象。

2.水利工程灌浆施工质量的控制措施

（1）加强对水泥浆质量的控制

水泥浆是开展水利工程灌浆施工项目的重要原材料，其主要通过粉煤灰、水泥、水等物质的混合而制成，而且水泥浆的配置比例直接对水泥浆的保水性与可泵性、水利工程的施工质量起着至关重要的影响作用。而且施工人员在完成水泥浆浇筑工作之后，务必要对其进行必要的养护措施，使得水泥浆的保水性能可以在养护工作落实的过程中展现自身作用，与此同时水泥浆的强度也对水利工程的施工质量起着关键性的影响力量。因此，施工人员在配置水泥浆的同时，不仅要关注水泥浆的搅拌程度以及配置比例，而且还要不断地掺入膨胀剂，从而在解决水泥浆分布不均匀问题的同时有效地加强水泥浆的可泵性。在开展水利工程灌浆工作时，水泥浆流动性能越好，就越有利于工程施工如期完成，越能够为水利工程质量控制提供便利。

（2）注重灌浆顺序

正常情况下，水利工程的灌浆顺序主要分为两种类型：由上至下的灌浆方式；由下至上的灌浆方式。

由上至下的灌浆方式，主要是通过较强的灌浆压力来有效地提高灌浆质量，其能够在实施的过程中合理地解决某项施工问题，因此尤其适用于岩层破碎或者岩层发育良好的施工场所。所以应根据施工环境与项目需求，科学合理地选择灌浆类型，便能有效地减少不必要的时间浪费与经济损失，但其中要值得注意的一点是，若施工队伍选择由上至下的灌浆顺序，则要重新考虑水利工程的施工进度与实际周期，因为该灌浆方式普遍耗时较长。

由下至上的灌浆方式能够在一定程度上减少工程造价成本，节约不必要的施工时间，从而让水利工程项目获取更多的社会效益与经济效益。可是由下至上的灌浆方式需求水利工程的成孔能够一次性达到标准化规范化的施工要求，并且需要进行分段灌浆工作，即只有在下段区域施工完成之后才能开展上段区域的施工任务。

事实上以上两种灌浆顺序均各具优缺点，施工单位应当根据施工项目的实际情况做一挑选，一般只有一种灌浆顺序是满足施工单位施工需求的。

（3）对水泥浆浓度进行适当地调整

水泥浆配置比例直接影响到水泥浆的浓度，而与水泥浆配置比例相同，水泥浆的浓度也在一定程度上影响着水利工程施工质量，因此为了保证高质量、高效的水利工程，施工人员应当实时地对水泥浆浓度进行适当地调整，让水泥浆原料与水的混合比列符合实际施工要求。当水泥浆灌注总量固定且处于相同正压条件下，某水泥浆的灌注重量超出水利工程既定的工作要求，且水泥浆的灌注压力并没有发生显著变化时，施工人员则应当对水泥浆的浓度进行科学合理的调整工作。除此以外，如果水泥浆的灌注吸收率以及灌注泥浆总量处于固定的条件下，当水泥浆的灌注压力普遍超过施工设计方案既定的要求，则应当适当调整水泥浆的浓度。

（4）严格控制灌浆压力

对水利工程灌浆压力的规定，主要是通过多次灌浆实践得出数据资料，然后通过对比不同压力下岩层所产生的变化来确定的，而在实际测试过程中，施工人员能够运用黏稠性最低的水泥浆来防止堵塞工程钻孔。在开展低压实验时，灌浆压力与灌浆吸收率是呈现正比例关系，然而在掀动岩层时，灌浆的吸收率也会随之发生变化，因此施工人员在选择灌浆压力时应当结合工程实际情况，选择适应灌浆吸收率的灌浆压力。一般而言，水利工程的灌浆压力分为2种：一次性升压类型；递进式的升压类型。水利工程作业人员应当根据实际的施工条件来进一步地挑选合适的升压方式，比如面对的岩层缝隙较少、岩石较为坚硬的情况时，则可以选择一次性的升压方式来确定灌浆压力，而如果面对岩层缝隙较大的情况时，则应当选择递进式的升压方式来确定灌浆的压力，通过分段加压来将灌注压强提升到施工要求的规范化范围。

（5）加强对水利工程灌注施工项目的质量检测

在水利工程落实过程中选择灌注施工技术来加固工程质量时，作业人员应当事先准备好工程所需的数据信息与资料文件，对水利工程的全部数据资料进行全面的检测工作，从而保证其施工质量能够完成达标要求。与此同时工作人员还应当在对钻孔落实质量检测工作的过程中，对岩心进行一系列必要的质量检查与检测工作，此外还要开展钻孔水压的检测实验，按照实际规定要求来严格进行钻孔水压检测步骤，从而在根本上保证水利工程的灌浆施工质量。

（6）制定完善的水利工程灌浆施工质量管理制度

对于水利工程灌浆施工项目，可以通过日常例会、技术交底、检查工作、施工质量验收评估四环节来制定较为完善的灌浆施工质量管理制度。所谓的例会制度，则是在每周一由各项目负责人统一组织水利工程的所有工作人员开展管理工程施工质量的分析研究会议，主要谈论本周完成的工程量、施工时间、存在施工安全隐患、处理方法等，有效地对本周施工工作做总结并就此提出下周的施工目标与要求。而技术交底技术则是水利工程质量与技术人员针对工程施工原则、要求、设备、技术、工艺、环节、问题、解决措施等几方面进行施工前的技术交底工作，并由工程质量管理小组落实监督。检查制度则需求水利工程工作人员定期或者不定期地对水利工程范围内的人员资格、设备质量、行为操作、检测数据等资料落实检查工作，从而在根本上为控制水利工程灌浆施工质量而提供保证。施工质量验收评估制度，主要是由审核人员针对每单项施工任务的成果、负责人员的管理成果做出分段性的质量验收评估结果，为往后水利工程质量检查工作提供可靠的依据。

二、防渗墙施工

在水利水电的施工过程当中，基本上所有的建筑物体或多或少都会和水体进行接触，其中有的是直接设立在水底下，还有的是间接性的和水进行接触。为了更好地使得建筑体达到一种防渗漏的功能，在建设混凝土的防渗墙的过程当中，对其中的相关施工技术等方面的要求是比较困难的。在正式的施工过程当中，水利工程的施工人员，需要有效的结合工程内部的实际开展状况，实施相关的技术标准，并且在整体的施工过程当中，进行全面性和细致性的监管工作，充分的保证每一道供需以及工作流程都满足工程施工的要求，对于水利工程来讲，由于本身的建筑结构以及建筑所处环境的特殊性，做好建筑的防渗漏工作是非常重要的，要是产生了水体渗漏的状况，后果将是非常严重的，直接危害到了人们的生命和财产安全。因此，要从根本的施工技术和质量方面着手，不断地提升混凝土防渗墙的整体施工水平，为水利工程的正常工作提供充分的保障。

（一）防渗墙发展的必要性及施工设备

1. 防渗墙发展的必要性

水利水电工程作为我国基础建设的重要组成部分，充当着提供水、发电的重要作用。在以往建成的水利水电工程中，坝体渗漏是威胁到水库大坝安全的最重要因素。因此，防渗墙的发展有着重要地位，可以提高坝体的安全性能。通过添加防渗材料或者使用钻孔技术来提高防渗墙的防渗能力。

2. 防渗墙施工设备

主要施工设备是钻孔机械，利用钻头的冲击力对地面形成冲击，直到击碎使其可以通过泥浆达至悬浮状态。本项目成槽采用"钻劈法"的施工工艺，即用冲击钻机钻进槽段主孔至终孔，主孔完成后，槽段副孔用冲击钻机钻凿副孔中心，每钻进 3 ~ 5m 即对小墙进行劈打。基岩采用"平打法"，即每钻进一段，即对小墙进行劈打。选择冲击式反循环的钻机，该设备需要配有相应的净化设施。抓斗式挖槽机，不用泥浆作媒介，直接通过斗齿来切割，可以直接抓出碎渣。

（二）水利工程中防渗墙施工技术类型介绍

1. 桩柱式混凝土防渗墙

在使用大型的冲击电钻或者是其他类型的桩柱施工方式，钻出一个直径比较大的孔洞，在完成钻孔工作之后，运用泥浆和套管，对空洞进行回填工作，回填的材料通常使用的是混凝土，进而形成了一种可连续的防渗墙结构，这些防渗墙结构依照安装孔的部分方式，可以有效地连接成不同的结构形式，在土石坝或者是其他的工程建筑来讲，为了有效地保证防渗墙符合基本的防渗漏的标准，经常使用的是搭接和连锁这两种方式。

2. 槽板式混凝土防渗墙

在使用大型的冲击钻头、抓斗或者是其他类型的方式，在其中开挖出来槽孔，使用泥浆对槽孔实施加固操作，在完成了加固工作并且满足了相关的施工标准之后，想操控当中进行水泥混凝土的回填，支撑带有一定连续性的防渗漏墙体。在实际的使用过程当中，槽孔的长度通常设定为 5～9m，要是其中含有特殊的施工要求，则可以适当地延长槽孔，这样做的主要目的就是为了尽可能地降低防渗墙当中产生的接头。槽板式混凝土防渗墙，主要是依照不同的单元墙的连接形式，可以具体地分围搭接或者是连锁这两种方式。

（三）水利水电工程的防渗墙施工技术

1. 造孔施工中设计到的技术手段

在开展防渗漏槽孔操作的过程当中，当前阶段重点的使用方式可以重点分为三种类型：第一是钻劈法。这种施工方式主要是被使用在一些砂卵石的底层当中，在实际的施工过程当中，主要就是基于在不同的槽段当中，在不同的划分过程当中进行开展，基于槽孔和分槽孔对其实施同时操作的过程当中，进行相应的跟进工作。在实践操作的过程当中达到了规定的界限和深度之后，通过副孔的空间对其实施劈打操作，然后再将劈落下来的石子进行清除，然后是使用钻抓法，这种方式主要是运用在一些具有紧密性的地层造孔的过程当中，主要是通过冲击钻的方式来进行施工操作。

2. 其他类型的混凝土防渗墙的施工工艺

在防渗墙的相关施工操作过程当中，其中相关的施工工艺，主要包含了三个方面的主要内容：

（1）在成槽的操作过程当中，通过膨胀闰土的方式，来进行制浆的操作，在这种制浆操作的过程当中，可以在整体的施工过程当中进行重复性的使用，但是其中还需要充分注意的是，这种制浆的方式在实际的使用过程当中，需要通过泥沙净化的方式来实施除砂的操作。

（2）在实际的施工过程当中要不断地提升对墙体的重视性。导墙在实践的施工过程当中，就是为了槽孔来提供相应的防护性作用，在实践的过程当中要想提升导墙本身所具有的性能，需要节省相关工程施工的成本投入，同时还需要使用钢结构形式的导墙。

（3）在墙体的连接过程当中，需要注意的是运用接头管和削切法的方式来实施作业。

（四）防渗墙施工技术质量控制

1. 松散地层成槽的施工技术

在实际的水利工程施工作业当中，经常会遇到一些地质相对比较松散的土质区域，这种土质因为本身的特性，在槽孔相对比较松散的土质上，会对建筑墙体形成不良的影响，这种土质本身的建筑质量方面相对比较低。因此，在开展挖槽操作的过程当中，经常会产生坍塌或者是裂缝等不良状况，针对这种情况，要是直接开始水利工程的施工，将会对工程的整体结构产生不良的影响。要想将槽孔的长度实施规划，在对导墙以下的 4 ~ 7m 的深度土体进行处理，通过粉喷桩的方式来进行加固。其次，将加固泥浆面的高度进行降低，要是在相关的操作过程当中存在比较明显的坍塌问题，这就需要通过水泥黏土的方式，来对泥浆实施有效的处理，最后，对其进行开挖的相关操作，通过直接挖掘的方式来进行施工。

2. 处理内漏失地的有效方法

在实施防渗墙施工的和操作的过程当中，对槽内部的漏失的区域进行有效处理，这是施工过程当中的一个难点问题。在施工的过程当中，漏失失地就是在开挖槽的作业过程当中，其中出现的强漏失层和其覆盖的状况，这种情况会造成泥浆流失的速度不断提升，严重的甚至还会形成墙体倒塌等方面的问题。在对其实施处理的过程当中，其中重点的工作就是要快速的实施涂料的回填操作，然后再对槽内当中进行有效的搅拌工作，在充分搅拌完成之后进行开挖施工。要是在施工过程当中，遇到一些地质状态比较恶劣的地形的时候，需要通过水泥彭润的方式，来对开展地层进行预先灌浆操作。

3. 嵌岩相关的方式和手段

在嵌岩的整个实践过程当中，是整个防渗漏墙施工操作过程当中的重点问题，在实际的操作过程当中需要对以下几个方面的问题加以重视：首先是在进行槽孔开挖过程当中，要是遇到了一些相对比较坚硬的地质岩层的时候，可以对其实施重新开凿的处理方式，然后再对其进行准确的深度测量；然后是通过在槽孔覆盖孔上，对其中的覆盖层开挖的方式上进行钻孔的方式或者是其他的一些辅助性的操作。

4. 混凝土防渗墙施工过程当中的控制要点

在混凝土防渗墙的施工过程当中，其中有两个方面的特点是比较明显的，第一在是施工作业过程当中，因为施工进程或者是施工方式改变方面的原因，在施工作业的过程当中会使用到一些临时性的设备，基于这种问题，在实际的施工过程当中，需要对各种相关的设备进行系统性检查，充分的保证施工设备的有效性。然后是在混凝土防渗墙的施工风险上，因为这种施工属于一种比较隐蔽的施工，在施工过程当中需要充分注意相关施工人员的人身安全。

5. 加强维修管理

针对水利水电工程建筑施工技术，如果想要在管理领域做出卓越的表现，要不断加强对水利水电工程建筑的维修管理。水利水电工程需利用新技术新材料来不断实现水利水电工程建筑施工技术的现代化水平，施工技术现代化是一种未来该行业发展的大趋势，必定要顺着趋势而为，加强科技力量的转化。所以，为了提高管理水平，未来需要着重对维修管理方面进行强化提高，增加水利水电工程更长久的发展空间。

6. 利用泥浆做好防渗墙施工质量控制

利用泥浆做好防渗墙的良好控制，对于固定墙壁的泥浆选择很重要，选择的泥浆要有良好的物理特征，稳定的化学特征，在透水性较强的墙段要选择粘黏性好的泥浆，排出细沙颗粒，视情况加入添加剂，这样就可以稳定钻孔壁。泥浆的使用可以循环，减轻了对环境的污染，也节约了建设成本。安装工程的保证措施是水利水电工程施工控制的重要组成部分，在具体的操作过程中，有许多的工作人员都忽略掉了该层面，导致施工过程中各种问题的发生。在安装之前，提供最佳实施方案，设计出合理的工作接口，便于保证安装工程的顺利开展。其次，在各类安装之中要想做到灵活自如，忙而不乱，需要协调每个安装点的安装时间，解决好土建工程和安装工程两者之间的矛盾。安装工程的保证措施一来可以化解矛盾，二来可以让施工技术的作用得到最大限度的发挥。

7. 利用劈裂灌浆防渗施工

运用水力劈裂原理来进行劈裂灌浆防渗施工，需要依靠到压力，在压力较大的情况下，灌浆力把土地劈裂之后，泥浆就顺利自然灌入，建成加固的土体或者防渗的一面墙。防渗作用是防渗墙的小主应力面，泥浆和墙体融合，形成一到五分米的不间断泥墙，提高了防渗墙整体的密度，加固了墙体，在以后的实际工作中就不容易产生变形情况，同样的具有就地取材，工期短，成本低，施工过程易于控制的几大显著优点，运用得比较宽泛。劈裂灌浆，给防渗墙以恰到好处的压力，劈开处正好作业。

8. 利用高压定向喷射灌浆进行防渗工作

高压定向喷射灌浆防渗施工是对高压旋喷灌浆防渗施工的改进，可用于病险水库的基础层防渗层面，效果非常好。随着科技水平的不断提升，该技术经历多年发展工艺有了质的飞跃，不仅专业的设备丰富了，而且喷射的形式也更加多样化。高压定向喷射灌浆技术的运用层面也在逐渐扩展，由土层沙层等缝隙较小的石层逐步扩大到缝隙大的砂卵石，漂石等石层当中去。在该技术出现之前，人们采用的往往是旋转钻，不但能耗大，工效低，主要是建成的工程质量还不高。现今的新式钻孔法孔斜率易于控制，成功率大，泥浆不会肆意扩散，这就一定程度上减少了能量的消耗，提高了工作效率。除此之外，利用新式钻孔法钻出的防渗板墙更厚，防渗的直径大幅度延长，对设备的损坏小，节约了施工建设的资金。

9. 利用土木合成材料施工

依照水利施工的特性，土木合成材料防渗施工有两种：第一种是采用土工复合膜来进行防渗施工；第二种是利用透水性土工织物来进行防渗施工。土工复合膜有着非常好的截渗防水效果，是取代传统防渗材料的最佳之选。而取代传统沙砾石的透水性土工织物的反滤排水功能异常显著。土木合成材料的一大优点在于，密度小，重量轻，较轻的重量非常有利于便利的铺设，对于重叠部分可以用焊接技术简单处理就好，工期短，质量有保证，而且施工造价的成本比沙砾石和黏土防渗的造价要低，对于施工单位来说想必是大好至极。同时整个土木合成材料施工简单方便，需要的设备不多，易于施工人员掌握。土工复合膜具有很高的柔软性，对于抗腐蚀抗变形，防老鼠蚂蚁的侵蚀具有好的特性，该水库完工之后，经历 3 年汛期防洪考验，背水坡没有出现任何的渗漏现象，防渗效果可圈可点。

10. 健全技术组织管理

因为水利水电工程建筑的施工技术是不同的高端技术的组合，所以在实施过程中很容易发生冲突性问题，为此，要建立健全技术组织管理体系，使得每个高端技术都能够有效地发挥出来，不同的技术相互结合，发挥最佳功效。优化资源配置，实现利益效果最佳化，这是我国目前倡导的原则。针对水利水电工程建筑的高端施工技术来说，健全技术组织管理是重要的一步，也是有着决定性影响的一步，优秀的个人比不上优秀的团队，同样优秀的一个技术比不上各种技术的优化组合。组织管理的作用就是要把力量进行优化组合，依据不同的地势环境，实现最理想的成效。

11. 施工中的异常情况处理

在防渗墙的施工建设中，受到泥浆质量，槽壁土体等各种因素的影响，在造孔的过程中可能会出现漏浆或孔塌的情况，如果发现这种情况发生时，要立马采取填充合格泥浆，或者填补堵漏材料，对导墙进行加固处理。

科技的不断发展，给人们的生产和生活带来了巨大的便利，水利水电工程中防渗墙技术在水利水电工程中得到了充分的运用，其工期短，简单方便，成本低廉的特性让它鹤立鸡群。防渗墙的施工技术关系到水利工程未来的发展，相关行业的工作人员应该不断学习专业知识，向西方先进国家学习防渗漏施工技术，加以创新，使得整个水利水电工程建设的质量更加完美，防渗漏效果更加显著。利用机械化设备进行生产施工，改进防渗材料，同时注重设计环节的应用，给我国的水利建筑行业添砖添瓦。

第五章 土石方工程

第一节 施工技术含义及特点

一、土石方工程施工技术含义

在水利水电工程中，土石方工程的施工技术至关重要，在项目实施过程中，采用更加合理的施工技术则是控制施工质量的前提。在施工之前，需要根据实际施工环境进行合理的安排施工工序，尽量能够避免在雨季进行土石方施工，同时要对施工场地进行合理规划，最大限度地减少耕地的使用，同时在考虑到施工成本情况时，需要对土石方的填挖量进行控制，尽量能够保持平衡。能够选择最佳的水利水电工程土石方施工技术，一方面能够保证施工顺利，另一方面能够确保水利水电工程能够实现其最终的水资源合理调配功能。

二、土石方施工技术特点

（一）系统性、综合性

在开展水利水电项目建设工作的时候，一般多是在特定的区域开展土石方建设工作，需要相关部门互相配合，才可以确保施工工作顺利开展。因此，可以说土石方工程的综合性非常强，必须积极协调其他项目，才可以发挥互补之意。同时，项目涉及范围十分广，它们的存在对于所在区域的经济有非常关键的影响，因此只有积极开展土石方工程建设工作，才可以带动经济发展。总的来讲，在开展项目施工工作的时候，一定要认真分析施工对于所在区域的经济带来的影响，同时结合它的特点，才可制定出正确的方案。

（二）规模庞大、难度高

一般来讲，在开展水利项目土石方建设工作的时候，需要进行大规模的挖掘，耗费的时间很久，而且大多数是处在露天环境之中的，难度较大。而且由于此类项目自身的性质使然，它们一般处在较为偏远的区域，地质状态并不是非常良好，容易受到恶劣的地理环境的干扰，导致项目施工工作在开展的时候受到极大的阻碍。而且，绝大部分施工地处在气候湿度较大的区域，如果遭遇雷暴天气的话，会引发严重的地质灾难，进而干扰到土石方建设工作的开展。除了上述以外，由于项目的建设时间非常久，因此很多要素都无法被有效控制，它们的存在也会影响到项目施工质量的提升。

（三）影响严重

在开展项目建设工作的时候，我们通常事先选择水量充足的区域挖掘土方，而挖掘工作很显然会对附近的环境产生一定的干扰。具体来讲，不但会使得周围的水源受到影响，而且会破坏附近的植被和土壤等。比如，挖掘土方的时候，会产生很多的废水，而这些废水会流到河流之中，很显然会污染河水，而且随便的放置建筑废弃物，导致附近生态环境受到严重影响。除此之外，在生活区周围挖掘土方的话，会导致噪音污染，给附近的群众的生活带来极大的不便之处。所以，为了确保项目顺利开展，就要正确选择土石方施工工艺。

三、土石方施工准备工作

为了保障水利水电工程的顺利施工，应做好施工准备工作，在土石方施工现场准备土石方爆破设备，选择复式交叉连接爆破技术，满足该水利水电工程项目现场具体需求。同时，在水利水电工程土石方施工现场，将柔性垫层设置在孔底，采用小梯段爆破法进行土石方开挖施工，并且基于现场的具体情况进行科学的规划和计算，合理调配施工现场的土石方，配备合适的机械化施工设备。

第二节　土石方施工技术

近年来我国水利水电建设过程中，土石方施工的机械设备得到了更广泛的应用，这也使得土石方施工技术有了进一步的发展，有了新的机遇，但也带来了新的挑战，便是技术革新。虽然我国在施工强度还是机械化水平上能够与国际领域持平，但在土石方施工技术上依然需要进一步进行革新，以确保施工质量。为此后续将针对分析，提供参考。

一、爆破技术

在土石方施工技术体系当中，爆破技术是十分重要的构成，从其技术命名不难看出，这项技术是一项利用火药进行爆破的技术，爆破相关技术需要以炸药作为主要材料的，我国作为火药发明国，对于火药成分与技术的研究始终没有间断，因此爆破技术也得到了更迅速的发展。这项爆破技术一言蔽之是利用潜风钻替代传统手风钻，并配合定点引爆完成爆破开挖过程的施工技术。爆破施工能够在短时间开拓大片区域，潜风钻较比手风钻更具自动化操作特点，钻孔施工效率更高，整体结合起来，会使施工效率得到更大程度的提升。潜风钻的钻孔直径更大，而且更加规范，不存在手工操作可能出现的较大误差，这会使钻孔操作的精密度更高，结合爆破措施，一片区域的开挖与开孔操作很快便能够完成，施工进程更快。加之近年来，由于国内引进了先进的混装炸药车爆破技术，爆破操作更加精准，这样的炸药车会使爆破操作更倾向自动化、精准化，进而使得施工现场炸药装药也更倾向自动化，进一步提升了整体施工的效率与质量，这样的技术创新，使得爆破施工的可行性更高，施工成果也会有质的飞跃。在水利水电工程施工过程中加以利用，是十分有利的，利用这样的技术进行施工，洞室的爆破开挖以及开孔会变得更加迅速便捷，施工安全性也会大幅度提升，整体来说是有利无害的。

二、土石方的明挖技术

（一）施工机械设备应用

我国早期建设的水利水电项目，主要采用半机械化施工技术，而土石方明挖施工工序，相关设备技术发展起步较晚，机械化程度有限。20 世纪 60 年代，我国土石方机械化施工技术水平较低，土石方明挖施工过程中主要采用自卸汽车、斗容挖掘机等施工设备，然而对于大规模的土石方工程，这些机械设备的施工效率较低，无法满足土石方施工要求。而随着现代化设备技术的快速发展，我国土石方机械化水平明显提高，水利水电工程土石方施工过程中逐渐应用辅助机械和运输机械设备，系统配套的挖掘设备在土石方明挖施工中应用效率较高。

（二）高陡边坡开挖

水利水电工程施工时，往往会遇到高陡边坡情况，有些边坡高度可达 450m，高陡边坡开挖施工过程中，可以采用中间保留岩石方式，一方面提高高陡边坡开挖施工稳定性，另一方面保障挖掘精度。

（三）爆破控制技术

水利水电工程施工过程中，在挖掘基岩保护层时，传统分层挖掘方法施工质量和效率较低，通过应用水平预裂和光面预裂爆破技术，将柔性垫层铺设在孔底，对于土石方部分施工项目，这种爆破方式比较安全。通过应用爆破控制技术，可有效提高土石方施工进度和技术质量。对于该水利水电工程基岩层部分区域进行爆破，加强灌浆施工和混凝土施工处理，有效控制爆破情况，基于等能原理，在水利水电工程土石方爆破过程中，形成一定裂缝或者原地破碎松动，也使剩余能量降低，减少土石方爆破施工危害。

（四）土石方平衡

由于该水利水电工程项目施工规模较大，通过应用合适方法加强开挖施工控制，为了保障水利水电工程土石方施工安全，土方挖掘过程中必须确保土石方挖填的安全性和平衡性。水利水电工程土石方平衡，最好采用断面法和方格网法。

当前，土石类大坝施工占整个水利水电工程施工的 70% 以上，并且随着水利水电工程建设规模不断扩大，高土石坝数量也越来越多，随着自主研发能力的提高，水利水电工程土石方施工过程中积极应用各种先进机械设备，推动高土石坝的施工发展。

三、地下工程施工技术

我国很多地区的水电站和蓄能水电站项目发展非常快，这些项目的地下洞室数量较多，自身规模也不断扩大。我国水利水电工程地下挖掘项目，传统施工中主要采用手风钻爆破技术，这种施工技术存在较大的安全隐患，机械化水平较低，无法满足实际的土石方施工要求。随着土石方施工技术不断发展，锚杆支护技术在地下项目施工中的应用越来越广泛，在实际的水利水电工程土石方洞室施工过程中，积极应用施工机械化，在不同断面形式洞室内布置合适的机械化设备。由于我国西南地区的降雨量较大，水资源丰富，很多地区的岩溶发育不好，为了保障水利水电工程土石方施工安全，应加大对施工技术的分析和研究，积极应用各种高科技技术，提升不良地段施工水平。

四、土石坝施工技术

水利工程当中的土石坝设施，一言蔽之主要是利用沥青混凝土面板以及钢筋等多种复合材料所堆砌起来的石坝设施，其主要的作用，是用来抵御洪水带来的袭击。当前我国各个地区水利施工过程当中建立起的坝型是十分复杂的，多种多样的，而且当前还有许多不同类型的高土石坝正处于建设阶段，这也在一定程度上说明了我国土石坝工程技术的发展速度是很快的。在水利工程的实际施工过程中，企业如果能够不断积累经验，注重细节分析，并引入更先进的施工设备，土石坝工程施工的质量还会得到进一步提升，类型也会越来越多，分类会更加细化，例如当前的心墙土石坝、沥青混凝土面板土石坝、混凝土面板堆石坝等等，都是最为常见的机种土石坝类型，但也是通过不断的研究优化，才开发出来的，这些新兴的土石坝结构类型，由于工程造价偏低，施工时间较短，所以其应用有着很大的优势。在步入 20 世纪八十年代之前，我国对于水利工程土石坝的设计与施工要点都缺乏了解，许多方面都存在严重的不足，但在八十年代后期，我国对于施工相关技术的研究有了更大的进展，得到了更加可观的开发成果，所以土石坝的质量也得到了提升，类型得到了拓展，特别是随着定向爆破坝施工技术的迅猛发展，在兼具天时地利人和的时代背景下，土石坝的施工效率也得到了进一步提升。这其中所谈及的天时、地利以及人和，主要包含比较合理的地质地形条件，先进的机械化技术开发平台、加上国家在资金、政策等多个方面的支持，会使施工技术的发展更上一层。虽然目前我国高土石坝施工技术的发展较比国外依然需要进行改进，有着一定的距离，但是我国水利工程土石坝的建设却始终在不断进步，持续缩小与其他国家的技术差距。

五、水利工程地下洞室施工技术

水利工程地下部分的施工，主要是指工程地下洞室的建设施工，地下洞室的设置，主要是为达成抗洪减灾目标，并做到合理针对地表水及地下水进行调节调动，地下洞室的施工技术，是随着水利水电工程发展进程而不断革新的，特别是当前的洞室开挖技术有很大的发展空间。只要企业在施工过程当中不断积累施工经验，地下洞室施工必然还会有更进一步的发展，得到更好的施工成果，提升水利工程整体质量，其重要性毋庸置疑。

水电工程是社会体系的主要构成部分，具有防洪抗灾、调配水源的重要作用。对于经济发展以及民众生活都有很大的影响，所以其施工技术的改革，是当前最为主要的一项课题。特别是土石方施工技术的改革，是不可忽略的重要环节，企业应当不断积累经验，进而提升施工效率及质量，促进自身在国际水利工程领域的发展。

第三节　土石方工程的测量

一、土石方测量和计算误差的控制

土石方的工程量一般是非常大的，其涉及的范围也比较广，因为工程项目对土石方工程质量的要求比较高，所以对测量和计算的精度和准确度要求也非常高，这就要求土石方工程测量和计算人员必须重视这项工程，绝对不能掉以轻心，因为只是一点小小的误差就有可能对工程建设造成致命的影响，直接给后面的施工带来难以想象的工作量，而且质量也难以保证。对于土石方测量和计算的误差问题，建设企业和相关作业者要对其进行严格控制，可以使用新技术来提高测量和计算的准确度，从而更好地避免误差的出现。

（一）严格对测量设备进行检查和维护

大部分的土石方工程误差问题的出现都是由于测量和计算设备自身存在问题，质量达不到相关标准，这就使得测量和计算工作不标准，导致误差的出现。施工工人普遍对测量仪器不了解，更不会有意识地对其进行定期的维护。要保证并提高测量和计算的准确度，就要重视设备的维护工作，使其能够满足正常使用需求。

（二）提高人员自身综合素质

技术人员的业务水平上不去，操作仪器的熟练程度不高，同样也会由于操作不当对测量的结果造成误差。为此，应当加强对测绘技术人员进行专项的培训，不定期进行业务操作考核，从而提高业务人员的专业水平。

（三）选择正确的计算方法

关于土石方工程的计算有很多方法，所以一个相对更加合适、匹配的计算方法显得尤为重要。一个正确的计算方法，会对计算的结果有所保证，不至于产生不必要的误差。

（四）提高对填土范围和坡角的重视

一般遇到边坡坡角问题时，都需要施工和建筑商相互协商来予以解决，通常会以30°、45°和60°来作为边坡坡角。若对边坡的坡角不加以考虑，势必会对后期的施工直接造成经济效益的影响，对测量结果造成误差，所以务必对此多加考虑。

（五）注意天气变化的影响

土石方工程测量和计算工作的影响因素有很多，其中也存在着很多的不可控因素，例如天气变化，建筑企业在对工程进行测量和计算时一定要考虑到周边的天气环境，要有效控制因天气环境造成的测量和计算误差，从而提高工程测量和计算的准确度。

二、土石方工程测量和计算方法

对土石方工程进行测量和计算的主要目的就是为工程施工方案设计和施工技术选择等提供依据，在实际施工中也可以计算出施工地在填土和开挖过程中的土方体积，为后期施工提供数据支撑。现在土石方测量和计算的手段主要有方格网法、断面法和数字高程模型法，这三种方法都有较好的实用性，也有其优缺点。

（一）方格网法

在土石方的测量和计算工作中，方格网法是在平整场地中应用较为广泛的一种方法，其主要就是在平坦的场地上按照相关标准划分出边长相似的正方形网格，在设置正方形网格时一般的边长都为10～50m，方格网要与地面平行，这样才能保证其测量和计算的精度。在这些工作做好后利用专业的设备来对网格的每个角与地面的标准高度进行测量。然后根据采集的数据对所测量出的数据进行填土，分别计算出方格网里的每一个地方的土方量，紧接着算出方格网里所有的土方总量。在应用方格网法时有一个定性的要求，就是挖土方和填土方的体积差异必须小，最好是相等，这样也可以提高土方施工后地面的平整度。方格网法在地势起伏较大的地方应用起来不具有优势。

（二）断面法

根据字面的意思大致可以理解为是对场地进行分隔，分隔成许多的横断面，它不同于方格网法，它是利用分隔的横断面的空间方位和相互关系，来进行的土方量测量。这种方法相对于方格网法，需要花费更多的时间，工作量也相对更大，优点是能够灵活地按照地形特点，在不同的高度的横断面选择一个更为合适的点，对于计算方法也更为简单，土方量的测量以及计算结果更为精确，且面对复杂的地形也同样可以使用，更加适用于实际的土石方工程。

（三）数字高程模型法

数字高程模型法简称为 DEM，是根据场地下有限的地形来进行勘测，得到高程数据，从而实现数据对场地地形地表的数字化表达。可以直接从地面测量，所涉及的仪器有水平导轨、测针等构件，当然也可以用 GPS、全站仪、野外测量等一些高端的仪器。也可以根据航空或者是航天的影像，通过摄影测量途径来获取；还可以从现有的地形图上采集。数字高程模型法在现代的土石方测量和计算工作中的应用是非常广泛的，其相对于断面法和方格网法有着独特的优越性，主要体现在其测量和计算更加准确、显示更加直观和形象，所以其实用价值也比较高。

（四）基准点的确定

在进行测量和计算之前一般都先选取基准点，这个基准点的选择对工程测量和计算的精度和准确度有着关键性的影响。在进行测量和计算工作中要用固定的基准点来引出，为测量和计算工作打下坚实的基础，从而确保测量的精准度。

第四节　土石方工程施工成本

一、土石方工程成本管理的意义

土石方工程是建设工程施工的主要工程之一。包括土石方的开挖、运输、填筑、平整与压实等主要施工过程，以及场地清理、测量放线、排水、降水等准备工作和辅助工作。土木工程中常见的土石方工程有：场地平整、基坑（槽）与管沟开挖、路基开挖、地坪填土、路基填筑以及基坑回填等。这类项目工程量大，工序众多，相应的也涉及许多成本项，因而成本管理任务繁重，某一成本项超预算就有可能对整个工程的成本控制产生不利影响，甚至可能引起总成本超预算，降低施工效益。因此在施工中必须理顺成本控制项，结合工程特点和预算成本严格控制各项成本支出，以免因施工成本超预算使施工单位蒙受经济损失。

二、土石方工程成本影响因素

（一）采用的机械设备数量及种类

就目前来看，较远距离的土石方工程优先采用挖掘机配自卸汽车，中等运距优先使用推土机自配的铲运车，短距离的可就地整平现场，使用推土机即可完成作业任务。

由于挖掘机配自卸汽车的作业面较小，周转灵活，作业效率快，在近几年逐渐代替推土机配自行式铲运车用于中等距离的土石方工程。但是这种汽车购买成本较高，大规模应用势必会增加机械成本。为此，在施工中，施工单位应该根据作业距离和土石方工程量合理配置施工机械，尽量在不影响施工效率和工程质量的前提下保证机械成本最低。

（二）运距及路况

运距是指从取土到弃土之间车辆所走过的路程。运距越长，路况越差，运输时间就越长，势必会增加车辆损耗（如增加油耗量），进而导致运输成本提高。严格来讲，运输成本是具有可控性的。施工单位可根据运距估算出运输车的油耗量，再根据油耗成本有针对性地调整运输结构，以实现成本最低。

（三）开挖土的难易程度及松散系数的影响

土质越硬越不容易取土。如果是石方，就必须先爆破再取土。土石方工程成本的高低还取决于土质的松散系数。在以挖方为计量单位的工程中，土质松散系数越意味着要运走的土量越大，这势必会增加运输成本。有的土体掺杂着石头，装土时如果石头卡住斗门就会造成松土散落，在一定程度上会影响运输效率。

（四）土石方总量

土石方总量指没有开挖前的或是需要填的土石方量，在成本计算是需要考虑松散系数的影响。

（五）车辆的折旧费

车辆的折旧费可以用多种计算方法计算出一年或者一个季度的折旧费。因而这部分成本是可控的。

（六）司机和管理人员的工资福利待遇费用

这部分费用主要发生在土石方开挖及运输环节，如挖掘机司机和运输车司机的工资及法定节假日的岗位津贴、过节福利、加班补助，等等。在夏季高温时段开展挖掘作业或运输作业，有条件的施工单位应该为员工发放防暑药品等劳保用品，以体现人文关怀。

（七）临时性工棚或租用当地人房子的费用

临时租用的工棚、房子通常用作工人宿舍和仓库。从成本控制的角度来讲，场地面积够用即可，应根据员工人数或仓储数量确定租用面积，切忌盲目租用浪费成本。

（八）资金的周转过程中产生的成本

资金周转所产生的成本主要是指计划外的工程变更引起的支付款项和应对突发事件必须支付的款项。施工单位必须在开工前设计出应急预案，准备好应急资金，施工中一旦出现突发事件，可按照程序启动应急预案并及时拨付应急资金，以防现场抓瞎造成成本失控。

（九）管理费

管理费用包括开工前产生的费用，如购买招标文件，取得资料情报等所用费用；开工中产生的费用，如日常办公费用、招待费用等；以及竣工后产生的费用，如收回资金方面产生的费用等。

三、土石方工程成本控制要求

对于土石方工程来讲，施工企业的行业竞争力主要取决于对施工成本的控制。通过节本降耗来实现成本最低，就能最大限度提高经济效益。针对土石方爆破工程，下文将基于降低工程成本的目的，对机械配置、工期控制以及现场管理等工作提几点要求：

（一）取得当地的可靠水文地质、气候、天气等情报资料，加以分析，避免产生不必要的成本，如果分析研究发现异常问题，则需在签订合同时加入保护条例。如有些岩石埋藏较深，被深厚的表层所覆盖，而岩石的挖掘和运输都较困难，故成本较高。

（二）根据不同的土质选用不同的机械设备配置。一般来说，机械选型应该考虑以下几个方面：

能够满足施工设计的质量要求。不会损坏已完成的工序和降低其质量。生产效率高，能按期完成工作量机械使用运转费低，施工成本低。操作简单，维修方便，工作可靠性好。能满足使用安全，污染小。

（三）加强现场施工管理，提高工作效率。采用科学合理的施工方案是提高效率降低成本的重要因素之一，施工队伍应该采用流水施工，以保证施工质量和足够的施工作业面，对于挖掘机配自卸车的数量及推土机配自行式铲运车的数量建议用排队论来确定，避免出现等装车或者无车可装的情况。推土机单独送土时，应采用槽中送土或者多台推土机并排送土的方式，以减少土的散落。

（四）控制工期：工期的长短影响到人工工资，机械的利用，工地的日常开支等一系列的方面，因而也决定了总成本，控制工期就是要找到最佳工期的天数，如果为了缩短工期而加班加点，疲劳作业，反而为增加额外成本，得不偿失。所以控制工期就是把工期控制在最优工期内。

四、施工过程的成本控制策略

（一）根据气候、天气及水文地质条件合理安排施工时间

由于土石方工程露天性的特点，受气候及水文地质的影响较大。有些地区上半年和下半年降雨量相差较大，对一个工期半年的工程在上半年开工还是下半年开工情况完全不同。同一地区的不同标段也有黏性土和砂性土之分，黏性土对施工道路影响较大，受降雨影响大，路况较差，而砂性土则往往雨后即可施工。

施工企业在开工前应该先了解当地的气候变化规律及水文地质特点，黏性土类施工项目尽量避开雨季，以免因路况差延长施工周期，增加不必要的人工费、机械费等成本开支。

（二）优化施工组织设计

对合理、科学的施工方案进行应用是对施工成本进行降低的主要因素，作为施工队伍，要通过流水施工方式的应用对施工作业面以及质量进行保证，并在施工活动开展前对施工流程进行设计，在对不同工序间隔、持续时间进行计算的基础上实现不同施工班组生产效率的最大程度发挥，在对施工班组赶工、窝工现象进行减少的基础上实现施工成本的控制。

（三）合理设计运距及运输车的成本

运输成本一般按照下列公式进行计算：运费成本 = 车辆折旧费 + 车辆维修费 + 燃油费 + 人工工资 + 其他成本。

另外，做土石方必须考虑运距及运输车的成本。一般来说，7 ~ 8 公里运距先看路况，如果是水泥路，则可合理压缩运费，如果是土路，势必会延长运输时间，并且增加一部分运输成本。超出 7 ~ 8 公里，重点看运距，运距越长，成本越高。管理人员应该根据工程具体的运输距离严格控制运输成本，以防成本超预算。

（四）严格控制挖掘机作业成本

挖掘机每方土方的成本价大概是 1.8 元，爆破后的石方每方 2.2 元，渣石每方 2.0 元。要控制挖掘机作业成本，先要通过市场调研确定挖掘机所用柴油的市场保底价，根据价格调研结果编制挖掘机预算，再按照预算选择新购或租用挖掘机设备。

（五）根据石方类型选择最佳爆破方式

石方爆破前，爆破技术人员必须进行实地踏勘，结合业主对工程施工安全、施工质量、施工进度以及爆破成本的要求，选择合适的爆破方案。爆破成本与爆破的孔距、孔深，以及炸药的单耗、排距、单孔装药量有密切的关系。要控制爆破成本，就必须严格控制这几

项爆破参数。目前常用爆破方案可分为如下几种:

1. 深孔台阶微差松动爆破

待爆破山体工程量大,爆破后的石料要运至周边填料区,采用深孔台阶微差松动爆破,可改善爆破后石料的粒径级配提高装运效率和满足填方要求;爆破震动较小,对附近民宅和其他建造物造成的危害较小;机械化程度高,施工效率高,工程施工进度易控制。但这套爆破方案相对硐室爆破次数多,起爆频繁,对机械设备要求较高。在具体施工中,为了控制爆破成本,要求爆破孔距至少为 3.0m,每孔孔深至少达到 10m,每孔炸药装药量不得超过 4.5kg,装药量过少达不到爆破要求,装药量过多就会增加炸药成本,因此必须严加控制。

2. 硐室爆破

爆破山体规模较大,采用硐室爆破能在较短时间内爆破较大的土石方量,爆破次数少,需要的机械设备较少,成本较低。但采用硐室爆破,爆破危害效应大,对附近的建构筑物将造成很大影响甚至是毁坏。同时,硐室爆破后石料粒径级配不合理,大块率高,影响铲装效率和不能满足填方要求。

3. 浅孔爆破

浅孔爆破所需要的钻孔设备比较简单,适应性强,爆破后石料的粒径级配合理,大块率较低。但浅孔爆破生产效率低,工人劳动强度大,机械化程度较低,较难满足大方量土石方平场的工期要求。另外,炸药装药量及炸药单耗的控制是爆破成本控制的关键所在。浅孔爆破通常要求孔距要达到 80 ~ 120cm,孔深 88 ~ 488cm,炸药装药量应设计为 0.12 ~ 1.80kg/ 孔,炸药单耗必须控制在 0.3g/m,才能实现成本最低的要求。

第六章　土石坝工程

第一节　土石坝技术现状与发展趋势

土石坝是一种既古老而又富有生命力的坝型，以其就地取材经济性好、散粒结构适应变形能力强、结构简便机械化作业施工效率高、碳足迹少节能环保等优势，成为河谷陡峻、覆盖层深厚、地震多发且土石料丰富的我国西部水能资源富集区水电开发的首选坝型。目前，我国已规划和建设中的坝高大于200m的土石坝已不下数十座，坝高大于300m的土石坝也有数座，超高土石坝的建设将对设计、施工及运行管理技术带来新的挑战。

一、土石坝施工技术发展现状

土石坝施工技术的发展与土石坝设计理论、土石坝施工机械（具）、施工管理理论的发展密切相关。早期土石坝的施工，一直沿用经验性土石坝设计、原始的人力组织及简易工具的施工方式。工业革命尤其是振动碾压设备的出现，带来了土石坝施工技术的革命性进步，使土石坝施工技术得到了迅猛的发展，也使得碾压式土石坝、面板堆石坝的发展成为主流。世界上石坝发展的高峰出现在20世纪60、70年代。这与振动碾的发明、生产、投放市场、开始使用等发展历程相一致；也与固结理论、击实原理、有效应力原理等的形成，以及运输方式、原位测试、地基防渗、施工工艺、水文学等应用密不可分。尤其是计算机网络技术、信息传输技术、全球卫星定位系统的发展，使得当代土石坝施工技术的发展产生了质的飞跃。

（一）土石坝综合施工技术

土石坝（碾压式土石坝、面板堆石坝）典型的施工流程都包括有：坝肩开挖与处理、施工导截流、坝基开挖与处理、料场复勘、料场开采规划、开采和加工、道路规划与设备选型、坝面作业规划、质量检测、变形观测等，形成了通用的综合施工技术。

1. 施工导流及高围堰快速施工技术

高围堰方案可大为减少导流隧道的规模、数量，缩短施工准备工期。其快速施工决定

70

了能否在一个水文枯水期内完成从截流、深覆盖防渗墙施工到围堰加高、汛期挡水的工作，包含了截流时机的选择、防渗墙的施工、高围堰结构形式及施工资源配置、施工快速组织等。目前的高围堰相当于一座中型土石坝，如糯扎渡围堰高 84m，江坪河围堰高 83.4m，长河坝围堰高 53.5m。在结构形式上，糯扎渡及江坪河都采用土工膜斜墙防渗，长河坝采用土工膜心墙防渗，土工膜采用机械化、标准化连接，快速检测以利于快速施工。

当高围堰施工经济性较差，过水风险可接受时，堆石坝采用土石过水围堰也是一种较好的选择方案。土石过水围堰挡水与过水标准、围堰结构与过流防护形式、消能保护等是土石过水围堰应重点考虑的关键因素。

2. 深覆盖层防渗墙及帷幕的地基处理

我国西部地区河流较多分布着深厚覆盖层，优先选用土石坝坝型可充分发挥其散粒结构适应变形能力强的特点。深厚覆盖层混凝土防渗墙施工设备除常用的冲击钻外，冲击反循环钻、抓斗挖槽机、液压铣槽机等先进设备得到推广应用。采用先进的清孔工艺、墙段接头技术，发展了纯钻法、钻抓法、纯抓法、铣抓法等造孔、出渣、泥浆处理以及拔管连接、双反弧边接、平板式接头等墙段连接工艺。深厚覆盖层上墙下幕防渗处理方法，充分发挥了两种方法的优势，使地基处理深度得到延伸。预灌浓浆和高压喷射灌浆也成为解决复杂地层漏浆塌孔的有力措施。深孔帷幕灌浆技术、深厚覆盖层振冲技术都在深覆盖层地基处理中得到了应用。

目前，154m 防渗墙、190～201m 深孔帷幕都是在原常规施工机具基础上加以改进达到的。国内旁多大坝防渗墙 154m，试验段已达到 201m 深度；下坂地大坝防渗帷幕孔 150m，秀山隘口水库防渗帷幕 190～201m。

3. 合理的料源规划及土石方平衡

大型土石坝更注重料源规划和利用。科学合理规划料场、减少植被破坏，充分利用其他建筑物弃渣料及中转回采，并合理使用和分区规划含水率、含砾量、黏粒含量等物理力学指标不同的料场，使开采、运输更加安全、均衡、经济、合理。

防渗土料的拓展研究，已取得了许多工程的经验。多成因的砾石土料、土状、碎块状全风化或部分强风化土料的应用都具有工程实践。堆石料多元化应用研究方面，建筑物开挖料利用、河滩砂砾石料利用等已有许多建造工程经验。

土石坝筑坝材料的用量很大，一般是混凝土重力坝的 4～6 倍，少则数百万方，多则上千万甚至上亿米。料场的合理规划与使用，也是土石坝施工经济性的重要保证。土石方平衡研究方面也在设计层面进行了相关研究，施工过程中全工程范围内的土石方平衡还有待进一步协调。

4. 配套成龙的施工机械设备

施工机械的配套选型已从经验选型走向科学选型。以计算技术为基础的层次结构模型和配套评价指标体系正逐步得到应用。主导机械与辅助机械相互配套更加合理。国内的施工机械多选用挖掘机或装载机挖装、自卸汽车运输、推土机平料、振动碾压的机械化一条龙施工方式，也有工程采用皮带机运输砾石土料。

5. 广泛采用大型、重型设备

高土石坝施工具有坝体体积庞大、底部横向宽度长、一枯度汛填筑强度大、料场初期出料能力低的特点。选择重型、大型设备可在最短时间内完成施工节点任务，能以较低的费用获得最大生产率，以最好的质量、较快地完成工程建设，为提前蓄水发电奠定基础。

我国现普遍使用20t、26t的单钢轮振动碾。目前，陕西中大机械集团、三一集团都研制成功了32t单钢轮振动碾压设备，已有工程成功运用案例。有的工程对冲击碾压设备进行了碾压试验研究，如洪家渡、江坪河面板堆石坝堆石体冲击碾压，瀑布沟也进行了砾石土心墙的冲击碾压试验。

重型振动设备的使用，提高了各种坝料的压实度，加快了填筑速度，使得工期更短，施工效率更高。

6. 注重机械设备的维修与保养

机械化施工的优点是充分发挥了机械的效率；而机械设备的完好率是效率保证的前提，定期检修、及时修理又是设备完好率的保证。注重设备管理，定期进厂检修、设置流动服务车、自动化检测设备、充分的备件（一般达设备原值的30%），可确保施工机械完好率和施工机械日利用时间。

7. 科学的循环流水作业

流水作业是一种科学的施工组织方法。土石坝填筑施工按照流水作业组织施工，从料场规划到坝面作业，以钻孔、爆破、挖运以及铺料、洒水、碾压、待检等工序分区进行作业场地规划，使整个施工作业形成循环流水作业线，使得整体效率发挥最佳。

8. 基于GPS的数字化大坝系统

以糯扎渡、长河坝水电站大坝工程为代表的基于GPS的数字化大坝填筑监控系统，按设定的参数对施工设备安装卫星定位芯片，全程、全天候监控其施工对应的材料种类与重量、行驶的位置与速度，以及碾压轨迹、遍数、状态等，控制大坝施工进度与质量，从而为大坝工程验收、安全鉴定和施工期、运行期安全评价提供强大的信息服务平台。

9. 快速试验手段与质量检测

鉴于坑检法在压实度、含水率等指标检测方面存在的诸多问题，多个工程对不同的检测方法进行了探索实践。三点击实法、最大干密度法、红外线含水率测试、附加质量法、瑞雷波法与车载压实度仪等方法都在实际应用中得到了不断的改进。

在心墙砾石土控制与检测方面，探索了以细料为主、全料复核为理念的质量控制标准及以三点击实现场快速检测为主、全料室内平行复核为辅的检测方法。

糯扎渡水电站工程研发了直径 600mm 的击实仪；长河坝水电站工程为满足最大粒径 150mm 砾石土压实度要求，研发了直径 800mm 的超大型击实仪，用于碾压试验阶段全料压实度检验和复合填筑体细料压实度检验成果。击实仪的全自动升级改造和最大干密度法及三点击实法应用软件的开发也为快速检测提供了支撑。

10. 特殊气候条件下土石坝施工

对在多雨季节土料场的防排水及作业面遮盖防水做了相关工作；对严寒负温条件下的心墙土料冬季施工技术也进行了相关研究。严寒条件下注重大体积土料的保温储备和小体积土料的暖棚保温。加强特殊气候条件下的相关研究，可有效利用施工时间，施工进度得到保障。

（二）碾压式土石坝施工技术

1. 防渗材料选择与拓展

防渗体是碾压式土石坝的重要结构，防渗材料选择、工艺试验及其施工是碾压式土石坝关键的施工技术。

（1）防渗土料。防渗土料目前已有不同土料在采取相应措施后得到应用的实例，包括砾石土、风化土料、分散性土、膨胀性土、红黏土、黄土类土以及团粒结构类土等。砾石土采用超径石剔出、不同 P5 含土掺配、含水率调整等措施；风化土料采用"薄层重碾"措施；分散性土采用石灰或水泥改性并做好反滤等措施；膨胀性土采用非膨胀性土在临界压力值附近约束使其保持压强等措施；黄土类土采用增大压实功能措施；红黏土多数含水量偏大，除进行调整外，可不把含水量、干密度作为主要指标；团粒结构类土干密度、含水率差别较大，可混掺使用等。

（2）沥青混凝土施工。根据配合比碾压试验及生产性试验采用相应的配合比进行施工；对于酸性骨料的应用和热施工工艺、厚层碾压施工等已有研究应用；沥青混凝土面板坡面卸料、摊铺及碾压机械化流水施工工艺研究也取得进展。

（3）土工合成材料施工。碾压式土石坝中已广泛应用土工膜防渗（心墙、斜墙、面板）、土工织物反滤、排水及土工织物防震抗震等。

2. 土料的含水量调整

土料在最优含水率状态下，可达到最佳的压实效果。当土料含水率低于最优含水率时，采用料场蓄水入渗、堆场加水畦灌、坝面喷雾洒水等方法加以改善；当土料固有含水率偏湿时，可采用深沟排水、分季分期开挖、堆土牛、翻晒、掺灰、红外线或热风干燥等措施加以改善。

3. 砾石土砾石级配及含量的调整

砾石土因其具有较好的抗变形能力和抗渗性能常被作为高心墙堆石坝的必选材料。砾石土级配调整包括超径石剔出（条筛、给料筛）、砾石掺配（平铺立采掺合法、机械掺配法）。在黏性土中掺入一定比例的砾石以改善土的抗变形能力，在粗粒含量较高的宽级配土料中掺入一定比例细粒含量多的土料以改善土的抗渗性能。

当砾石含量与含水率都与设计指标不符时，可考虑同一工序掺砾、加水一并解决。

4. 不同结合部位的质量控制

陡窄河谷地形条件下的碾压式土石坝，岸坡对坝体、堆石体对心墙都会因为变形差异产生拱效应，施工中需加强心墙与岸坡混凝土接触带高塑性黏土施工质量，加强心墙与反滤料、反滤料与反滤料、反滤料与过渡料、过渡料与堆石料结合部的施工质量。如，贴坡混凝土盖板基层泥浆喷涂设备、双料界限摊铺设备可有效提高结合面质量，减少因"弱面"存在而导致的心墙破坏。

（三）混凝土面板堆石坝施工技术

1. 堆石体变形协调及沉降控制

面板堆石坝尤其是高面板堆石坝，因堆石体变形过大、与刚性面板变形不协调以及面板应力集中、面板受压面积削弱、受压钢筋混凝土屈服破坏等原因，经常出现结构裂缝、面板脱空、面板挤压破坏和严重渗漏等问题。为使堆石体的弹性模量及变形性能与刚性的混凝土面板相接近，主要采取以下技术措施：

（1）提高堆石体压实标准和压实质量可减小堆石体变形等对面板的影响。目前，堆石体碾压已尝试采用重型振动碾、冲击振动碾进行；垫层料压实受挤压边墙、翻模固坡等技术对物料侧限影响和设备临边限制，压实度还有待提高。

（2）分区填筑的主堆石体尽量选用硬岩石料或砂卵石料，并充分压实。面板坝以坝体临时断面挡水度汛已被经常采用，先期面板施工后的后期堆石体填筑（如三期填筑抬高后侧），应使薄弱结合部及蓄水后坝体最大主应力垂直，以利于面板、堆石体受力变形协调。

（3）采用超载预压或留出一定时段，使得堆石体充分沉降变形后再进行混凝土面板施工，可减少面板施工后的堆石体变形。一般先期面板施工坝体超高不小于10m（水布垭水电站超高采用24m、三板溪水电站超高25m），沉降期一般选择3～6个月。

（4）用干硬性堆石混凝土对陡峻岩坡快速补齐，可实现快速施工，也减少了堆石体与岩坡弹模及变形性能差异。

2. 垫层料施工技术

目前，垫层料施工主要有斜坡碾压、挤压式边墙（切槽）、预制边墙、翻模固坡等技术。

挤压式边墙已为许多工程所采用，水布垭工程采用沿面板垂直缝切槽 10cm，回填小区料，以改善对面板约束。而斜坡碾压优点是密实度有保证，但需要超填、削坡、浪费材料及人工；挤压式边墙及翻模固坡技术是近年来发展起来的垫层料施工新技术，具有工序少、速度快、节约材料的优点，并能及时形成抵御冲刷的坡面用以防洪度汛；另外，也有在垫层料中掺入一定的水泥、石灰及粉煤灰等，以使其变形性能与面板更为接近。

3. 趾板混凝土及混凝土面板施工技术

目前，混凝土趾板及面板混凝土施工的主要技术有：掺用微膨胀剂、引气剂、掺粉煤灰、聚丙纤维、钢纤维等，优化配合比，改善混凝土抗裂及施工性能。趾板混凝土不设永久缝，两序施工，后浇块掺微膨胀剂；趾板上填筑粉细土，利于裂缝愈合；临近坝体混凝土建筑物与面板连接缝采用高趾墙进行连接。设置面板加厚区、可变形的垂直压性缝和改善钢筋受力的箍筋方式。趾板与覆盖层防渗墙的柔性连接。混凝土面板无轨滑模施工。收面压光机械化施工。土工织物覆盖、洒水养护或涂表面养护剂的养护和保护。利用帕斯卡堵漏剂进行裂缝缺陷处理技术，国内已有水布垭大坝成功应用的实例。

4. 止水系统施工技术

动态稳定的止水系统是混凝土面板堆石坝防渗体系的重要结构。止水系统施工方面主要技术有：

铜止水成型机铜带辊压成型工艺；异型接头模制成型工艺；面板分缝止水嵌缝材料"GB""SR"及机械化施工工艺；表层粉煤灰、粉细土等自愈结构；HDPE 土工膜的应用。泰安抽水蓄能电站和溧阳抽水蓄能电站采用了 HDPE 土工膜库底防渗。

5. 施工期安全监测及分析

根据面板堆石坝的变形特性和沉降机理，结合堆石面板坝沉降过程明显的阶段性和各时期沉降规律的差异性，采用预测模型建立并分析堆石面板坝沉降历时关系曲线。根据拟合曲线，确定堆石体沉降基本稳定时段及选择面板施工时段。

目前，超长水平位移（500m 级）检测技术、光栅测温渗流检测技术、光纤陀螺位移检测技术等新仪器、新工艺与普遍采用的引张线位移计、固定式测斜仪、渗压计、量水堰等先进的联合监测技术得到应用。

二、土石坝施工技术未来发展趋势

（一）目前在建和规划设计中的高土石坝

土石坝以其能就地取材，主要材料运输距离短；坝体散粒体结构适应变形性能强，对地基要求低；施工程序简便，利于机械快速施工等优点，成为未来坝工发展的优势坝型。

1. 在建及规划中的高土石坝特点

（1）工程项目多集中于金沙江、大渡河、澜沧江、怒江、黄河上游以及新疆、西藏、青海等偏远地区，相对经济发展水平低，环境差。

（2）项目多处于高原、高寒、高蒸发、缺氧地区，平均海拔3500m，空气中含氧量是平原地区的50%，施工期短，生产效率受到影响。

（3）项目多位于欧亚大陆板块与印度板块相交处的青藏高原，受板块移动影响，地震、坍塌、泥石流等地质灾害频发，生态环境脆弱。

（4）项目所在流域山高沟深、河流湍急、岸坡陡峻、河谷狭窄、覆盖层深厚。虽修建土石坝所需的冰碛土、冲积土、坡积土、堆石体、砂砾石等建筑材料丰富，但由于形成原因不同，物理力学指标差异很大，极不均匀。

（二）土石坝施工技术发展的未来

1. 科学的施工整体规划及水流控制

（1）我国未来高土石坝多建在西部崇山峻岭区域，这些区域内河流湍急、两岸陡峻、流量相对变小、河床库容少、临时围堰或永久大坝所形成的水库洪水期水位容易陡涨陡落；给高围堰挡水导流、水库初期蓄水、导流及泄水建筑物过流的时机选择带来了挑战。土石坝施工在导流规划及水流控制的基础上，如何正确选定整体施工进度、施工强度，并以此进行土石方平衡、资源配置、料场、渣场规划及施工道路布置、辅助生产系统布置等仍有广阔的发展空间。深覆盖层上的高土石坝坝基防渗体系工程量大、技术难题多，且底部断面和第一个枯期要求达到挡水度汛高程所面临的填筑工程量巨大，而大坝中、后期断面缩小，填筑强度相应减少。这一特点与大坝料源开采面前小后大、开采强度前低后高形成矛盾；因此，在变形协调条件下开展高堆石坝施工总进度和合理资源配置研究具有重要意义。

（2）作为高土石坝主体部分的土工膜高土石围堰可能会成为其临时挡水建筑物的首选。快速截流，加快防渗墙施工速度，设计方便施工的围堰防渗结构，高围堰快速施工将成为发展方向。当一个枯水期不能实现围堰施工时，过流保护下的防渗墙度汛或过水围堰度汛也将成为今后的选择。

（3）高土石坝一般都会遇到泄水建筑物布置较为困难的问题，如何将导流建筑物改造成为永久泄水建筑物的组成部分仍需不断进行尝试和研究。

2. 合理的料源规划及土石方平衡

（1）"凡料皆可用"的理念将更加深入贯彻到工程管理中，更加精细、精准的管理及制备工艺将使坝区各种料得到充分利用。

（2）大坝心墙料从底到顶各项指标始终如一的历史将有所改变，有限元计算结果可使心墙在不同的受力环境下分阶段采用不同的抗渗、抗剪等指标。

（3）工程各建筑物的施工进度将基本遵循总体土石方平衡的成果进行控制。整个工程的弃料和弃料场占地将大为减少。

3.高土石坝安全快速施工技术

（1）料场是大坝的粮仓，勘测技术的进步，使得土料场不同类、不同含水量的土料在平面、立面、时间、储存等方面更为精确，坡面控制更趋安全，出现因前期勘测原因产生变更的概率小。

（2）作为大坝防渗体系重要组成部分和关键结合点的基础垫层、灌浆廊道、刺墙、贴坡和防浪墙等辅助混凝土结构，防裂防渗要求高。其施工多占据关键线路；因而其施工工艺、进度、质量及出现裂缝后的处理措施至关重要。

（3）施工道路规划与运输机械配置是高土石坝机械化快速施工的重要保证。施工运输方式规划（皮带洞、输料竖井）、施工道路的规划、成龙配套的机械化流水作业、机械设备的维修与保养、上坝道路规划、跨心墙技术、长交通隧道的通风排烟、长下坡路段的安全避险等尚需不断优化。

（4）心墙填筑进度是大坝整体进度的控制项目，心墙料制备、堆存技术将是心墙均衡、快速填筑的重要保证。采用图像处理技术快速获取砾石土相关颗粒的图形分布曲线，即时确定掺配比例仍需进行应用研究。

（5）分区填筑、快速施工的坝面施工将更为精细，流水作业效率将更高效。土工格栅等加筋结构、钉结护面板、坝顶缓坡等高土石坝抗震结构会广泛应用。

（6）级配精良的面板坝垫层料生产系统，垫层料摊铺、振实、砂浆保护一体施工技术将得到发展应用。

（7）混凝土面板坝面施工系统的不断改进，包括铜止水机压成型、热熔焊接、护具保护、钢筋网片自动化焊接、钢筋整体运输安装、混凝土防雨、防晒、防蒸发、溜送系统面板滑模改进等；高效、可靠的新型坝面止水结构、新型的止水材料的应用；新型纵缝充填材料的研究，高分子材料的进一步应用，等等。

4.坝体协调变形与施工控制技术

为有效控制高土石坝心墙与堆石体因相互间变形性能差异产生的变形不协调。施工中需：

（1）对高堆石坝施工期进行分期、分区施工的有限元分析，要研究分期填筑高差、填筑超高、填筑上升速度与心墙体、堆石体沉降变形的关系，以指导和控制大坝心墙上升速度，减少心墙拱效应。

（2）结合堆石坝不同分区坝料力学性能试验和现场施工期坝体沉降等监测成果，以大坝沉降观测数据为依据，建立大坝沉降预测变形模型，预测大坝堆石体及心墙体沉降变形趋势，实现施工期变形和施工质量的快速反演，以期对现场施工起到一定的指导作用。

（3）在面板坝应力控制、裂缝防治方面仍有很大技术发展空间。如通过控制堆石体沉降降低面板不均匀应力；通过增加河床段面板顶部厚度，采取合理的分缝结构，改善面板柔度和面板应力分布。

5. 施工质量检测与控制及安全监测与分析

（1）心墙料的含水率、压实度快速检测及堆石体快速、非破损性的实时密度检测需要与仪器生产厂家一起攻关。

（2）心墙料上坝前含水率采用时域反射法 TDR、驻波比法 SWR 以及碾压后含水率采用微波、红外线快速检测需深入研究、推广应用。

（3）建立大坝变形、沉降、渗流等安全监测布置的三维可视化模型（实体或透明），安全监测动态信息的可视化管理和监测点观测值的统计分析有待进一步发展；施工期沉降、变形、渗流观测的方法和适应高堆石坝的监测仪器及优化监测项目，基于高精度的 GPS 安全监测技术、基于光纤、光栅传感技术的应用等有待进一步研究。

6. 节能减排绿色施工技术

（1）大孔径、宽孔距、耦合装药混装炸药车爆破技术，可有效减少钻爆孔数量，提高炸药爆破效能，加快施工效率和施工效益，是一种具有本质安全的施工技术。

（2）运输车辆的混合动力化与天然气、工业乙醇运输车辆改造将成为选择项目；具有适合土石坝坝料运输特性的节能燃油添加剂和不同性能轮胎成为可能。

（3）高海拔寒冷地区脆弱的生态环境、抗干扰能力低、系统结构易发生变化、功能极易被破坏，植物养护、乔木生长比较困难；因而，工程施工需在加强生态环境保护和环境绿化工作方面做一些积极探索。

（4）爆破震动、施工和道路扬尘以及辅助生产系统的能源消耗、水循环利用、污水排放将得到更好的控制。

（5）对施工影响区域的地质灾害采用工程措施进行处理及防治，工程开挖、弃渣及临时堆渣等施工需采取合理可靠的技术措施，防止形成新的地质灾害。

7. 信息化施工辅助决策支持系统

（1）建立基于GIS、GPS、BIM等技术的高土石坝施工信息平台，如集成数字大坝模型、基于GIS的土石坝碾压质量监控与评价系统与基于GPS的土石坝碾压参数控制系统、大坝质量检测数据自动录入系统。

（2）基于排队论、粒子群算法的仿真模型，赋予动态权重系数的时间——费用目标为评价函数，进行机械设备配置方案优化。

（3）建立施工全过程动态模拟及生产调度指挥辅助系统，包括开挖子系统、交通运输子系统、填筑子系统、土石方调配子系统，通过时间、产量变量值的设置，实现作业时段完成的工程量、工程形象的预判，以此来进行施工资源的

（4）建立基于"互联网+"的智能施工系统。如，施工作业可视化、图像自动识别处理、车辆自动识别与计量、远程故障诊断、流动快速检测车、流动维修服务车等集成技术的施工信息管理系统。

第二节　土石坝施工技术

一、土石坝的类型及优缺点

（一）土石坝的类型

截至目前，我国水利水电工程当中对于土石坝的应用已经达到9/10，大部分水利水电工程都需要开展土石坝工程。根据不同的标准对于土石坝也有不同的划分。

首先，由坝体材料来划分，爆破石料、石渣和卵石堆石坝是不同的土石坝建筑材料，其中土石坝建造材料主要由沙砾和土组成，另外，由石料和沙砾土壤组成的混合土石坝也是土石坝的一种形式。

然后，根据施工方式的不同，土石坝又分别分为充填式、碾压式、爆破堆石、水中填土等多种不同土石坝。其中，不同的区域环境需要使用对应的土石坝施工方式，在我国土石坝建设工程当中，碾压式的土石坝是目前应用的较广泛的一种土石坝施工。

最后，根据土石坝建筑的高度不同，其分别分为低坝（高度<30m的土石坝）、中坝（高度在30～70m之间的土石坝）、高坝（大于70m的土石坝）3种。

（二）土石坝的优缺点

土石坝的优点主要表现在其施工所用材料可就地获取，这能极大地节省钢材、水泥和木材等的使用量，节约了各项材料运输费用，进而有效控制了工程的投入成本。并且，土石坝结构相对比较简单，因而后期开展维护工作也比较容易。这类坝体所采用的大多都是散粒结构，这样能够更好地适应变形问题对坝体的要求，且其工序之简便也给组合机械的快速施工提供了便利。

这类施工的不足之处在于在暴发洪水灾害时，土石坝的顶端很难起到有效溢洪，因而，在开展施工时还应对溢洪道的设置问题加以充分考虑。由于其建筑材料使用的是黏性土料，因而这一工程极易受到外部气候环境变化的影响。此外，这类工程中的散粒结构还非常容易出现整体或局部沉陷问题。

二、土石坝施工过程

（一）筑坝材料的选择

土石坝建设施工之前需要做好选址工作，堤坝选址需要综合考虑堤坝质量需求、建设区域的空间环境等等因素，为了保证建设过程顺利开展，准备筑坝所用的砂石材料时应保证土料高于保准储量，一般来说在标准储量的2倍左右最好。材料储存的场地必须科学合理，正式施工之间需要对泥土材料的黏性、防渗材料的含水量等等参数进行测量，必须保证堤坝建设工程的防渗系数满足相关设计施工要求。此外，为了保证堤坝的强度，土料的含水量、压实材料的质量、过滤料及反滤料的强度必须符合工程规范。总而言之，料场的情况会直接影响到堤坝的质量及施工周期，因此，土石坝建设施工之前相关工作人员必须深入施工现场进行实地勘查，按照施工实际情况制定开采方案，为土石坝建设施工提供材料保障。

（二）土石料开采与加工

土石料的质量直接堤坝的质量。土石料开采之前，施工人员应对料场进行清理，为了便于开采施工，料场的排水设施建设必须完善。为了方便土石料的开采运输，料场至堤坝建设现场的交通建设及布局工作也应预先做好。目前来说，土料开采主要有立采及平采两种方法，当料场的土层较厚或者土层的差异性较高时一般多采用立采的方法，而当料场土层较薄时应选择平采的方法进行施工。土料开采时需要根据料场的实际情况合理选择不同的开采方法，尽可能提高施工效率。石料开采时，经常会发现部分石料的体积过大，难以运输且投入使用，因此需要采用一定的方法对其破碎，目前来说，石料破碎主要有浅孔爆破及机械破碎两种方法。

（三）施工设备的选择及操作

施工设备必须满足现场施工要求，相关单位在购置机械设备时，必须保证设备性能良好、质量合格。施工过程中，现场操作人员必须严格按照设备使用说明进行操作，部分设备可能需要与其他设备配套使用，这一类设备的型号必须匹配，最后设备的选择还需要考虑到工程造价问题，总而言之，就是在施工条件允许的情况下选择质量最佳、施工效率最高的设备。

（四）填筑及压实过程

清基工作完成之后可以开展填筑、压实过程，填筑压实施工过程如下所示：

1. 铺土

铺土时，为了方便后期的平涂工作，必须保证土料铺填均匀，一般情况下都是沿着堤坝的轴线方向进行铺土工作。铺土过程中必然会存在许多直径较大的土块或者石块，施工人员应将土块击碎，将石块剔除。汽车在反滤层经过时，应避免防渗体掺入反滤料的不良现象发生。

2. 平土

平土工作在铺土完成之后进行，平土过程中，平土层的厚度可以采用拉线的形式进行确定。平土施工有人工以及机械两种方式。机械施工方式具有十分明显的优势，它的速度较快，不容易受到阴雨天气的影响，推土机是平土施工最常见的机械设备，不仅推土效果好，还能够在一定程度上控制堤坝坡度。

3. 压实

想要保证堤坝的安全稳定，压实工作必不可少。土石坝施工过程中，常见的压实设备为碾压机，碾压过程中，必须做到以下几点：碾压机前进方向与堤坝轴线平行；为了防止出现剪切破坏，碾压次数需要严格控制，禁止出现过压或漏压等不良现象；压实过程需要分段，段与段之间的搭接长度应低于50cm。

4. 心墙反滤料施工

砂壳与心墙的上升问题是心墙施工过程中需要重点关注的问题之一。心墙与砂壳上升速度应平衡，二者上升速度不一致容易影响土石坝建设施工的质量及速度，对于土石坝建设施工十分不利。反滤料及防渗体土料填压时一般采取土砂平起施工法进行，平起施工时反滤料与土料的填筑顺序不同，平起施工方法不同。在修筑塑性斜墙的时候，可能会出现砂壳修筑高度与施工设计要求不符的现象，此时必须再次填筑斜墙土料，施工过程中。砂壳可能会存在一些缺陷，导致砂壳不均匀沉陷致使斜墙出现裂缝严重影响施工质量，为土石坝的安全埋下隐患，因此施工过程需要注意。

5. 施工组织

土石坝施工过程中包括质量检查、平仓、压实等等工艺程序，涉及的机械设备、工艺程序、施工人员比较繁多，但由于堤坝本身的特殊性，土石坝施工的作业面积比较狭窄，为了保证工程正常开展，合理的施工组织设计就十分有必要。土石坝施工过程中大多选择流水作业的方式进行施工，流水作业时，现场施工人员需要将坝面进行分段，分段工作必须结合设计施工工序开展，分段完成后可以进行梯次施工。相同工段的施工任务必须一次性完成，为了提高土石坝施工的效率，各工段施工过程中需要配备专业的机械，现场施工人员必须拥有较高的专业水平，能够应对施工过程中可能会发生的突发事件，尽可能降低故障影响，以保证土石坝建设施工高质高效。

第三节　混凝土面板堆石坝施工技术

一、混凝土面板堆石坝的发展历程

第一阶段，早期的混凝土面板堆石坝的特点是以抛填堆石为主，这个时期的坝体相对较低，一般高度 ≤100m，而且这些坝体的质量水平较低，面板不但容易出现渗漏和裂缝现象，还极易发生变形现象。

第二阶段，实际上是从抛填堆石到碾压堆石的一个过渡阶段，这个时期混凝土面板堆石坝基本没有得到发展，处于一个停滞状态。

第三阶段，一直到了 20 世纪 60 年代中期，碾压堆石最终取代了抛填堆石才正式进入这个阶段，而且随着出现了先进的薄层碾压施工技术等不断的发展和进步，更多数量的混凝土面板堆石坝和更高的坝体不断出现，这个阶段的堆石坝仍然是当今水利水电工程建设的主流坝型。

美国是世界上最早使用混凝土面板堆石坝技术的国家，开始堆石坝使用木质面板来防渗漏，经过了一百多年的发展，目前的堆石坝其面板基本都是利用混凝土来构筑，而且混凝土面板具有几个优势特点，施工工期短，造价低，性能好。所以，这也是混凝土面板堆石坝得到推广的重要原因。目前世界上最高的堆石坝已达 200m，而且目前掌握了 150m 级面板堆石坝的成熟技术，200 级面板堆石坝的构筑技术尚待进一步的提高和改善。

二、混凝土面板堆石坝垫层与面板的施工

垫层为堆石体坡面上的最上游部分，采用级配良好、石质新鲜的碎石料填筑。垫层须与其他堆石体平起施工，要求垫层坡面必须平整密实，要控制坡面偏离设计坡面线的距离，有利于面板应力分布，以避免面板厚薄不均。垫层采用水平铺填、水平碾压。由于振动碾不能行走在上游坡的边缘上，此区域往往不能被压实到设计要求，需要在上游坡面上再沿坡面进行碾压与平整。碾压与平整后，必须防止人与机械使坡面遭受破坏。在垫层坡面上用振动碾压时，还要避免使坡面石料被振松滚落。有的面板坝利用垫层临时挡水。挡水前，先对垫层上游面采用低压喷射混凝土护面，以提高垫层的阻水性和抗冲刷性。但这层混凝土护面需在浇筑面板之前予以清除，再喷涂沥青乳剂，然后才可以浇筑面板混凝土，以减少这层护面混凝土对面板的约束，不致妨碍面板在垫层上的滑移。

（一）混凝土面板的分缝止水

混凝土面板为适应堆石体的变形、温度、应力变化以及施工等方面的要求，一般设置

的永久伸缩缝有垂直缝、周边缝、底座伸缩缝；临时缝有水平施工缝。

垂直缝从面板顶到底布置。垂直分缝在面板中部受压区的间距，大于两岸受拉区的分缝间距。

同一块面板如果分期施工，在水平施工缝中一般不设止水，面板中的纵向钢筋应穿过施工缝而连成整体

（二）混凝土面板施工

混凝土防渗面板包括主面板及混凝土底座。面板混凝土应满足设计和施工对强度、抗侵蚀、抗冻及温度控制的要求。

底座的基坑开挖、处理、锚筋及灌浆等项目，应按设计及有关规范要求进行，并在坝体填筑前施工。

面板施工，对于中低坝级，一般是在堆石体填筑全部结束后进行，这主要是考虑到施工期产生沉陷的影响，避免面板产生较大的沉陷与位移，以减少面板开裂的可能性。对于高坝或需拦洪度汛等情况，面板也可分期施工。为加快施工进度，保证面板的体型和设计厚度，面板混凝土浇筑大都采用钢制滑动模板。滑模由坝顶卷扬机牵引。滑动模板轨道固定的方法有：在面板下的垫层、堆石体上预埋混凝土锚块、现浇混凝土条带、直接在垫层喷混凝土护面上打设锚筋等。轨道的作用是固定模板位置，使滑动模板及钢筋网运输台车能在其上滑行。

面板钢筋可采用钢筋网分片绑扎，由运输台车运至现场安装；也可现场直接绑扎或焊接。

施工中应控制入槽混凝土的坍落度在 3 ~ 6cm，振捣器应在滑模前 50cm 处振捣。

混凝土由混凝土搅拌车运输，溜槽输送混凝土入仓。

溜槽搁置在面板钢筋网上，溜槽内安置缓冲挡板，以控制混凝土离析。溜槽之间用挂钩搭接，并固定在钢筋上，随着混凝土不断地上升，溜槽从下向上逐节拆除。

滑动模板从底部开始直到坝顶连续浇筑混凝土，边浇筑、边振捣、边滑行。

面板的浇筑次序通常是先浇中央部位的条块，然后分别向左右两侧相间地继续浇筑。当一侧面板在浇筑时，另一侧相应的条块可同时安装滑模轨道、设置止水片、绑扎钢筋、安装观测设备、电缆及溜槽等各项准备工作。面板养护是避免发生裂缝的重要措施，包括保温、保湿两项内容。对已浇筑的面板一般采用草袋进行保温，加强洒水养护和表面保护。

（三）土石坝防渗加固技术

土石坝防渗处理的基本原则是"上截下排"。即在上游迎水面阻截渗水；下游背水面设排水和导渗，使渗水及时排出。

1. 上游截渗法

（1）黏土斜墙法。黏土斜墙法是直接在上游坡面和坝端岸坡修建贴坡黏土斜墙，这种方法主要适用于均质土坝坝体因施工质量问题造成严重渗漏；坝端岸坡岩石节理发育、裂隙较多，或岸坡存在溶洞，产生绕坝渗。

（2）抛土和放淤法。这两种方法用于黏土铺盖、黏土斜墙等局部破坏的抢护和加固时堵截绕坝渗漏和接触渗漏。当水库不能放空时，可用船只装运黏土均匀倒入水中，抛土形成一个防渗层封堵渗漏部位。也可在坝顶输送泥浆淤积一层防渗层。

（3）灌浆法。当均质土坝或心墙坝施工质量不好，坝体坝基渗漏严重，可采用灌浆法处理。从坝顶采钻孔，分段灌浆，形成一道灌浆帷幕，阻断渗漏通道。这种方法不用放空水库，可根据实际情况选用黏土、水泥、化学材料等浆液灌浆防渗漏。

（4）防渗墙法。混凝土防渗墙法适用于坝体、坝基、绕坝和接触渗漏处理。这种方法比灌浆法更可靠。

（5）截水墙（槽）法。根据截水墙的材料，可将其分为黏土截水墙、混凝土截水墙、砂浆板桩以及泥浆截水槽等方法。这类方法适用于土坝坝身质量较好，坝基渗漏严重，岸坡有覆盖层、风化层或砂卵石层透水严重的情况。

2. 下游排水导渗法

（1）导渗沟法。在坝背水坡及其坡脚处开挖导渗沟，排走背水坡表面土体中的渗水。根据反滤沟内所填反滤料的不同，反滤导渗沟可分为两种：在导渗沟内铺设土工织物，其上回填一般的透水料称为土工织物导渗沟；在导渗沟内填砂石料，称为砂石导渗沟。

（2）贴坡排水法。当坝身透水性较强，在高水位下浸泡时间长久，导致背水坡面渗流出逸点以下土体软化，开挖反滤导渗沟难以形成时，可在背水坡作贴坡反滤导渗。在抢护前，先将渗水边坡的杂草、杂物及松软的表土清除干净；然后，按要求铺设反滤料后表面覆盖压坡体，顶部应高出渗流的逸出点。根据使用反滤料的不同，贴坡反滤导渗可分为两种：土工织物反滤层、砂石反滤层。

（3）排渗沟法。对于因坝基渗漏而造成坝后长期积水，使坝基湿软，承载力下降，坝体浸或由于坝基面有不太厚的弱透水层，坝后产生渗透破坏，而水库又不能降低水在上游无法进行防渗处理时，则可在下游坝基设置排渗沟，及时排渗，以减少排渗沟分为明沟和暗沟两种。

三、混凝土面板堆石坝施工新技术

（一）石料爆破开采施工技术

石料爆破开采技术主要有两种，乳化炸药混装车和硐室爆破。

1. 乳化炸药混装车

它是一种设备，主要功能是制药和装药，这里说的药包括多种，既有化学药物也有机械药物。主要使用方法是将指定的炸药，通过科学合理的方式放在指定的运输器械当中，然后利用现代化技术使其发生爆破作业的现象。在我国的三峡水利工程当中，这项技术就得以运用，实践证明它可以完成较高的爆破率、较高质量的爆破要求，并且其成本较低，容易实践，最重要的是，它实现了绿色经济的宗旨，很大程度上减少了爆破带来的污染问题。

2. 硐室爆破

这种爆破方式建立在固定的条件之下，譬如说料场由于种种原因导致其开采能力下降，所以不得不改变原有的施工方案，这种情况就需要依靠硐室爆破。采用硐室爆破的过程中，需要格外加一下辅助性的措施，这些措施主要是为了让供料的速度更快一些。结合有关资料，我们可以发现，如果想用硐室爆破的方法进行混凝土面板堆石坝的材料开采，应该遵循下列条件：料场的地形并不平坦，无法满足传统方式开采的需要，并且周边可利用的环境较差，相关的机械设备难以执行计划中的工作；所选材料的位置处于下游，并且质量不高，在处理的过程中也要注重石料的选择，在做出适当的剔除之后，也可以将其适用于主堆石区；石料开采区域没有充沛的电力条件和先进的机械设备，但是这个区域却拥有大量可利用的劳动力和丰富的石料资源，此时就不得不趋利避害，做出有效开采。

（二）挤压式混凝土边墙施工技术

混凝土面板堆石坝最主要的防渗体结构就是混凝土面板，混凝土面板需要一个强有力而又质地均匀的支撑面来支撑它，这个支撑面还要按照要求确保面板的厚度适宜，从而降低混凝土的超浇量。遇到强降雨天气，垫层坡面会因为雨水的冲刷侵蚀，遇到洪水，垫层坡面可能会因参与临时挡水而被水浪淘涮，危及坝坡甚至整个大坝的安全，为了避免这类现象的发生，就可以采用挤压式混凝土边墙。

挤压式边墙是混凝土面板堆石坝施工中的一项新技术。它是设置在面板与垫层料之间，替代了传统的固坡砂浆；简化了上游坝面的垫层料超填、机械配合人工削坡、斜坡碾压、固坡砂浆等施工工序；减少了施工干扰，以水平碾压代替了斜坡碾压，提高了施工安全性，并保证了垫层碾压质量，加快了施工进度；汛期可以较好地抵抗水流的淘刷，有利于安全度汛；渗透性能与垫层料接近，强度与固坡砂浆相同，易满足设计要求，适应沉降变形；几何尺寸调整方便，边坡易控，缺陷好处理，施工质量保障率高，且整个上游坝面平整美观。因而，在国内已有越来越多的工程采用了这项技术。

（三）混凝土面板防裂技术

混凝土面板防裂技术是一项系统性工程，也是各项任务当中的重中之重，并且它与施工过程中的每一个环节都有着密不可分的关系。合理的施工工艺和审慎的工程质量管理是混凝土面板防裂技术的重点所在。笔者认为，在众多防裂技术当中，主要应当注意以下几点：

1.合理选用外加剂

外加剂是一项辅助性材料的统称，对它的选择一定要建立在具体实践经验的基础之上。根据有关资料得知，引气剂是外加剂当中不容忽视的一种，它的掺加是极其必要的，不仅仅是为了降低施工的难度，更是借助引气减水作用增强混凝土抗冻能力，通过改善混凝土内部间隙组织结构，从而使其具有一定程度的抗裂能力，提高耐久性。

2.实现综合温控

由于混凝土面板处于露天的环境之中，所以难免受到自然条件的干扰。譬如说在夏季高温天气，面板遭受烈日暴晒就会出现干缩龟裂痕，这时就要最好遮阳措施；遇到冬季寒冷天气时，要利用蒸汽将温度提高，避免冻伤破坏。混凝土面板的厚度是一定的，它对水化热的消散是没有太大影响的，然而混凝土面板承受不住大幅度的温度变化产生的拉应力，所以在采取具体措施时要注意温度控制问题，温差控制在 ±15℃内较为适宜。

3.做好面板的养护

常说混凝土工程"三分建七分养"，混凝土面板也是需要养护的，由于它有自身独特的性质，所以对它的养护方法也要格外注意。一般来说，可以采用覆盖养护、滴灌养护法或覆盖＋滴灌综合养护法等，直至蓄水时才可以停止。据调查发现，很多工程当中，就是因为没有对面板做好养护工作，导致面板出现裂缝的状况，后期极难修补拯救。

（四）现代管理技术

在混凝土面板堆石坝施工管理过程当中，应进行全方位的监控。除了建立健全传统的施工管理、监督控制体系，还可以借助 GPRS 移动信息技术、GPS 定位技术和视频监视技术，对工程建设的每一个环节进行及时的定位和追踪。此外，在监控的同时还应安装相应的报警系统，一旦出现问题，报警系统可以通过视频信息传递给相关负责部门。这样，不仅会减少纰漏、提高质量，还会给人身安全提供切实的保障。目前，该项技术已经在三峡大坝的二期工程当中受到重视。按照信息自动化应用技术的发展趋势，它将会出现在更多工程当中，从而得到广泛应用。

四、混凝土面板堆石坝施工质量控制

（一）加强水利工程施工质量控制的必要性

水利工程建设施工具有以下特点：施工规模大、资金投入大、技术要求高、工作量大、质量管理难度大等。目前，水利工程项目建设数量越来越多，规模越来越大，现有的技术水平已经很难满足水利工程的发展需求。因此，水利建设普遍存在质量责任意识缺乏、施工管理水平低等现象，导致工程质量得不到有效保障，甚至带来许多质量安全事故。不仅影响水利工程经济效益的实现，而且损害人民群众的生命财产安全。在这种情况下，各参建单位必须高度重视水利工程施工质量管理，尤其是重要工程的质量控制。

（二）混凝土面板堆石坝施工质量控制要点

1. 大坝填筑碾压质量控制

根据坝体分区，坝体填筑材料可以分为以下几种：垫层料、过渡料、主堆石料、次堆石料和特殊垫层料等。不同分区在技术参数和相关指标的要求上也存在一定差异，如填料级配、渗透系数、粒径、孔隙率以及填筑厚度和碾压遍数等，在混凝土面板堆石坝施工过程中，必须严格遵循设计要求和施工标准开展作业，控制好施工质量，具体的质量控制要点如下：对于垫层料、过渡料以及主堆石料来说，采取平起施工的方式最为合适，控制好相邻填筑层之间的高差，确保其不超出碾压层厚度。在填筑施工阶段，应当按照主堆石料 - 过渡料 - 垫层料的顺序进行填筑。同时，施工人员还要采取后退法的方式对垫层料、过渡料进行卸料，采取进占法的方式对主堆石料、次堆石料进行卸料，以免出现颗粒分离现象。在平仓过程中，推土机施工要配合人工操作，并且沿着平行坝的轴线方向进行平料，防止出现不同分区填料混杂的状况。在碾压过程中，振动碾要采取直线行车往返错距法，沿着平行坝的轴线方向进行碾压，并做好碾压前的洒水工作。在混凝土面板堆石坝施工过程中，碾压施工有时会出现一些质量问题，如填筑区平起上升不同时、摊铺不均匀、碾压密实度不够、填筑过厚等，造成这些质量问题的原因是多方面的，包括施工操作缺乏规范性、施工区布置缺乏合理性、填筑区过窄、填料各项参数不达标等，施工单位必须重视碾压施工质量管理，采取合理有效的措施解决这些质量问题，以免对整体工程质量造成不利影响。

2. 趾板施工质量控制

（1）趾板基础

坝体和基岩连接的关键部位就是趾板。在趾板施工过程中，加强趾板基础开挖质量控制非常必要。趾板基础施工属于隐蔽工程，一旦没有做好质量管理工作，很容易产生基础移位、尺寸不达标、超挖以及欠挖等现象，影响工程质量。因此，施工人员需要认真对待趾板基础施工，把握施工细节。在趾板基础施工阶段，如果遇到不良地基，需要根据实际情况制定合理可行的处理方案，一旦地基处理得不好，后期很容易产生混凝土裂缝问题。例如，当施工区域出现破损带、断层以及软弱夹层时，通常要利用混凝土对其进行置换；当出现超挖问题时，需要对其进行回填，回填材料使用强度较低的混凝土。

（2）趾板混凝土

趾板混凝土施工涉及钢筋、模板以及止水带等多个工序，任何工序都不可马虎。严格控制趾板混凝土施工质量，以免产生钢筋露筋、止水带位置偏移、止水带变形破损、接缝处不平整等问题；加强混凝土振捣质量控制，防止出现漏振、过振现象；加强混凝土浇筑质量控制，处理好施工缝；加强混凝土养护质量控制，尽可能消除趾板混凝土裂缝；严格按照设计要求和施工工序进行模板安装，以免出现蜂窝、麻面以及连接部位变形扭曲等问题。

3.混凝土面板施工质量控制

（1）混凝土的振捣和收面

在面板混凝土浇筑过程中，应当保证振捣有序、分层清晰、不漏振和不过振。对于靠近止水处、侧膜部位的混凝土，尽可能使用小直径振捣棒；控制好振捣棒的插入深度和插入间距，确保振捣充分；振捣位置既不能紧靠模板，也不能沿着坡面伸入滑模底部，以免出现跑模和漂模现象，对钢筋的握裹效果造成影响。第一次人工木模收面需要在滑膜提升后立即进行，以免对面板的平整度造成影响。二次收面在混凝土初凝之前进行，以此减少混凝土干缩裂缝。在确定滑膜和收面平台之间的距离时，需要对混凝土初凝时间、滑膜提升速度等因素进行充分考虑。

（2）滑模提升

滑膜提升速度要适应混凝土浇筑强度以及脱模时间，不能太快也不能太慢，要做到稳定、匀速提升。通常来说，1.5～2.5m/h是较为合适的滑膜提升速度。如果滑膜提升速度过快，容易产生鼓包、流淌等问题；如果滑膜提升速度过慢，可能会拉裂混凝土表面。

（3）面板养护

混凝土面板属于大面薄壁结构，当外界环境因素，如温度、湿度等发生变化时，混凝土很容易出现收缩现象，进而导致裂缝产生。因此，要想有效减少混凝土面板裂缝现象，必须对混凝土面板及时进行有效的养护，控制好温湿度。在混凝土浇筑过程中，有时会出现恶劣天气，包括高温、暴雨、日晒以及气温大幅度变化等，导致混凝土面板的表面温度迅速降低，此时拉应力就会产生，造成面板裂缝。因此，当混凝土面板二次抹面结束后，需要利用塑料薄膜等材料对其进行覆盖，做到保温保湿。当混凝土表面能够经受人工踩踏时，还要考虑到气候因素，在混凝土上覆盖稻草、麻袋等材料，并将塑料花管设置在面板顶部，对混凝土面板进行长时间流水养护，从而降低面板裂缝出现频率。

（4）特殊天气的质量控制措施

由于面板混凝土浇筑质量在很大程度上受到环境因素影响，因此，在施工过程中必须根据实际情况，制定针对特殊天气的面板混凝土质量控制措施。在进行面板混凝土浇筑时，如果遇到暴雨天气，当坝坡面出现流水现象时，需要马上停工，使用塑料布对仓面进行覆盖，将仓内积水及时排出，以免雨水对面板造成冲蚀；如果雨量不大，且坝坡面上没有流水现象，可以继续进行施工。值得注意的是，在降雨天气进行混凝土运输时，需要使用防雨布对其进行覆盖。并且利用棉纱布对仓内两侧的止水部位进行堵塞，凿断水平方向上的乳化沥青，便于雨水向边墙垫层中渗入，以免仓面混凝土受到冲刷，影响混凝土浇筑质量。

4. 止水片施工质量控制

固定好止水片，使其在整体上形成封闭的止水带，确保止水带两侧、底部位置等严密振捣，禁止在止水片上直接倒入混凝土。在止水片施工过程中，必须确保其位置的正确性。当面板混凝土浇筑施工完成后，由于施工时间不同，一些止水片可能会因长期裸露而造成损坏，难以对其进行修复，因此对于这些止水片，施工人员应当进行重点保护。止水片是利用模具一次性压制成型的，接头数量较少，当止水片较长时，最好在工作面附近进行加工，并将托架设置在加工出口位置，以免出现止水片扭曲现象。控制好止水片焊接搭接长度，确保其在 20mm 及以上。在进行混凝土浇筑时，止水片周边的混凝土振捣质量必须进行重点控制，防止止水片底部出现水泡、气泡等现象，对止水效果造成影响。

第七章　混凝土坝工程

第一节　模板与钢筋混凝土

一、模板工程施工

（一）模板工程的主要内容分析

1.市场经济条件下，我国的经济制度也在不断改进完善，而水利水电技术水平也在不断提高，在这样的情况下，水利工程建设项目也越来越多。而我国水利工程数量和规模的不断提高对于工程的质量也提出了更高的要求。其中水利水电模板工程中，对于技术的功能性要求也越来越高，特别是在科技不断发展创新的过程中，通过新技术的应用来提高工程施工的经济效益也有着非常好的表现效果，同时也是提高工程施工质量的重要途径。

在水利工程建设过程中，模板建设工程占据着中流砥柱的地位。在混凝土施工环节中，模板起到关键的作用，其是混凝土施工中必不可少的施工工具。为了提升工程质量，必须做好混凝土建设施工工作，做好模板的选择工作，针对混凝土的施工要求，做好模板的选择，以此优化混凝土的施工质量，保障施工进度，实现施工进程中整体成本的控制。

2.从目前的情况来看，模板施工也存在着费用成本偏高的问题，但是相比混凝土施工也依然有着一定的差距。在对混凝土工程施工进行分析中我们也可以看出，目前解决模板施工的成本问题，可以更好地提高工程的整体经济效益。并且对于提高工程的施工效率以及施工质量也都有着非常重要的作用。因此在针对施工模板的整体解构、材料、设备以及各项技术的分析中我们也可以看出，在保证节省原材料的同时，工程的施工进度也能够最大限度地提升，但也只有在满足上述要求的情况下，也才可以更好地做好工程施工建设的成本控制。

模板系统是一个比较复杂的系统，它里面的各个组成体系是密切联系的，模板作为其中重要的一部分扮演着非常重要的角色。通过对水利工程水电模板施工技术的分析，可以得知模板系统不具备长久性，模板与所浇筑的混凝土之间是配对关系，混凝土的成型必须要用到模板，模板的表面质量、尺寸大小、类型等都关联到混凝土的整体质量。

（二）模板工程施工工艺技术分析

模板施工的质量对整个水利工程的施工质量都是十分重要的，模板施工的质量高就可以很好的提升混凝土结构的质量，从而使得整个水利工程的施工质量也得到了提升，因此为了让施工的效果得到更好的展现，在相关的施工工艺和技术方面一定要不断地创新和完善，才能保证我国水利水电工程建设事业的健康发展。

1. 模板要求和设计

第一，模板要求。在混凝土施工工程中，工作人员应该保证混凝土结构的整体稳定性，因此，需要对浇筑结构构件的大小和形状等进行明确。模板的应用主要是为了提升工程的安全性，因此，其耐磨程度也同样需要达到工程的整体标准。不仅如此，模板的外观也需要符合建筑的要求，表面不能出现明显的接缝和连接，还要具有光滑性。一般来说，模板材料还需要具有一定的耐潮性和耐磨性，在阴雨天气也不会出现变形或者是裂缝的现象。第二，模板设计。对于设计工作来说，工作人员应该对具体的工程施工地的实际情况进行分析和研究，依照现实的需要制定科学合理的设计方案。通常情况下，可以直接分为模板配置，绘制分布图和明确装拆模三个方面。每一个环节都需要工作人员加强重视。对各项数据都进行精准地计算，保证装拆方法具有一定的科学性。

2. 模板材料的分类

从现如今的混凝土施工工程中可以看出，模板的形状常见的有两种，第一种是平面模板，另外一种是曲面模板。有些施工人员会将平面模板叫作侧面模板。模板的主要作用就是用来垂直平面。其用途比较广泛，不仅可以用到廊道中还可以用到隧洞中。一般情况下，模板所应用到的材料不同，除了木模板之外，钢模板和塑料模板也比较常见。另外，按照模板的受力情况来看，模板可以有承重模板和侧面模板。对于前者来说，其主要是用来承受混凝土材料的整体重量，并且负荷垂直的荷载。后者则承受新浇筑混凝土的重力。模板支撑有多种不同的类型，包括简支模板、悬臂模板以及半悬臂模板等不同的类型。一些建筑的特殊部位所应用到的模板形式也存在着一定的差异。有些模板可以作为重复使用的材料来进行使用，但是有些模板则是不可重复使用。一般情况下，固定式的模板主要应用到建筑结构的特殊部位。如果是拆移式的模板就可以进行拆散移动。在实际的混凝土浇筑的过程中，模板面应该和混凝土面进行贴近。

3. 模板安装

安装模板之前，要熟练掌握设计图纸的关键点，着重关注建筑的结构形式和具体的大小尺寸，同时还要根据施工现场的具体情况制定施工程序，更好地保证其与钢筋绑扎和混凝土浇筑的协调和配合，防止不同工种之间发生干扰现象在模板安装的过程中应该着重关注以下几方面：

（1）模板在施工现场应用以后，要对其防伪和大小进行及时的校正，为了更好地保证其准确性，在进行校正时要校正两次，这样才能使模板的大小符合施工的要求。

（2）模板的各个结合点之间应该抱着个结合和支撑的稳定性和可靠性，特别是使用振捣器捣固的位置更要严格控制，这样才能更好地确保振捣的质量，尽量减少裂缝的出现。另一方面，为了能够更好地模板拆模过程中的负面影响，模板安装应该更加简便快捷，在加固连接时尽量减少圆钉的使用量。

（3）凡属承重的梁板结构，跨度大于 4m 以上时，由于地基的沉陷和支撑结构的压缩变形，跨中应预留起拱高度．每米增高 3mm，两边逐渐减少，至两端同原设计高程等高。

（4）为了能够更好地防止拆模施工时建筑物受到外力强大的冲击，在安装模板时撑柱的下面应该设置好垫块，支撑物不能直接放在地面上而是应该将其安装在垫板上面，增大其受力面积，这样可以很好地防止模板出现沉降的现象。

4. 模板拆卸

模板拆卸工作应注意以下事项：

（1）在拆除模板时一定要注意施工的原则和规范，在拆模时要根据模板结构的具体情况成块将其卸掉，首先应该松掉螺栓等连接件，然后用专业的工具将模板松掉，或者是将木楔放到混凝土施工中预留的缝隙当中，然后再用工具进行相应的处理，使模板和混凝土能够逐渐分离，但是需要注意的是不能用锤子直接敲击，这样可以有效防止强烈的震动损坏模板。

（2）拆卸拱形模板时，应先将支柱下的木楔缓慢放松，使拱架徐徐下降，避免新拱因模板突然大幅度下沉而担负全部自重，并应从跨中点向两端同时对称拆卸。拆卸跨度较大的拱模时，则需从拱顶中部分段分期向两端对称拆卸。

（3）高空拆卸模板时，不得将模板自高处摔下，而应用绳索吊卸，以防砸坏模板或发生事故。

（4）对于大体积混凝土，为了防止拆模后混凝土表面温度骤然下降而产生表面裂缝，应考虑外界温度的变化而确定拆模时间，并应避免早、晚或夜间拆模。

（三）模板工程施工技术在水利工程施工中的具体应用

1. 模板工程施工技术之钢筋材料质量检验的应用

在该项水利工程项目的施工过程中，有效地应用了模板工程施工技术。其中，钢筋材料在工程施工质量方面发挥着极大的作用，同时，钢筋材料应用技术同样是模板工程施工技术应用方面关键的技术形式，因而对于施工全过程的作用是不容小觑的。在这种情况下，模板工程施工技术的应用，需要施工工作人员在钢筋材料进入施工现场以前，深入地了解并全面检验材料所具备的合格证书。与此同时，检验的时候，工作人员还应当在钢筋材料中提取检验，在结果与水利工程项目施工标准要求相吻合的情况下才能够确定开展模板工程的技术施工。然而，一旦存在质量不过关的施工材料，则要同厂家协商，进而将模板施工停止。这样一来，模板工程施工技术在水利施工中的应用质量就可以不断提升，同时也为水利工程整体施工质量提供了有力的保障。

2. 模板工程施工技术之钢筋连接的应用

钢筋连接也是水利施工模板工程施工技术的主要应用途径，而且对施工的开展具有不可替代的作用。其中，对于钢筋的连接，通常可以划分成机械连接形式、焊接形式与绑扎搭接形式。在实际连接的过程中，一定要深入了解各方式与方法，积极地针对拟出具有针对性的实施规划。基于此，模板工程施工技术实际应用的过程中，施工工作人员同样需要高度重视机械连接类型以及焊接的类型，甚至是接头质量也要给予一定的重视。而且在完成施工作业以后，施工工作人员需要开展全面且严格地检查，尽可能确保模板工程施工技术的施工质量。除此之外，连接钢筋接头的时候，需要将接头设置于受力不大的位置，以保证巩固效果的增强，使得钢筋连接更加稳定与可靠。基于此，模板工程施工技术应用的过程中，施工工作人员最好不要再某一根钢筋上设置过多的接头，尽可能提高模板施工技术使用的质量，为后期施工作业奠定坚实的基础。

3. 模板工程施工技术之混凝土施工的应用

现阶段，水利工程项目的建设速度随之加快，并且开始运用多种新技术与施工材料。而混凝土施工技术也是模板工程技术应用的重要形式之一，对于工程项目的施工十分重要。所以，为了进一步增强模板施工技术的应用效果，与社会经济发展需求相适应，要高度重视混凝土施工技术的作用，以保证充分发挥施工材料的优势。其中，对现代化学物质与添加剂的使用，一定程度上增强了巩固施工质量效果。而混凝土凝固过程中，运用全新技术在减少凝固时间的同时，还能够降低变形的概率，进而为后期施工提供必要的条件。

另外，模板工程施工技术应用过程中，混凝土技术也是其中不可缺少的部分，特别是灌浆技术，能够使模板施工质量不断提高。然而，在灌浆施工技术应用方面，因材料黏性明显，所以，施工工作人员必须要深入了解裂缝宽度，通过"可壁"方式，使得橡胶管道收缩压力充分发挥，以促进混凝土灌浆施工作业正常开展，实现混凝土施工质量的提高。除此之外，施工工作人员对自然呼吸方式予以合理地运用，以免灌浆内部存在空气而对混凝土灌浆施工技术的应用带来不利影响。

4. 模板工程施工技术之模板拆除的应用

水利工程项目施工中，模板工程施工技术的应用也更加广泛，对于水利施工十分重要。在水利工程施工技术发展的过程中，特别是模板施工技术，一定要保证模板拆除与支架的堆放是分开的，同时要及时开展清理工作。而在拆除的时候，则应当充分考虑施工作业实际情况，将模板拆除并进行连接作业，尽可能规避大面积掉落情况的出现，降低经济损失。基于此，水利工程模板拆除的时候，需要及时清理拆除部位，注重其维护工作的开展，进一步增强模板施工技术应用质量，为水利事业的可持续发展奠定坚实的基础。

二、钢筋混凝土施工

（一）钢筋混凝土施工技术

钢筋在结构中发挥着承重作用，与混凝土材料配合使用，承载效果更加明显。材料性能发挥与施工工艺选择有很大的联系，需要根据所修筑的结构位置来判断材料配合形式，这样的环境下所进行的工程建设计划才更贴近实际情况，能够避免发生质量隐患问题。地下结构中所使用的钢筋材料是以钢筋笼形式来进行的，投放到指定位置后浇筑混凝土浆料，凝固后与钢筋笼形成一个整体，这样加固效果更加明显。钢筋混凝土施工技术主要是指在施工过程中恰当地运用钢筋材料和混凝土材料来构建建筑物的主体结构。对于水利工程项目来说，采用钢筋和混凝土材料构建其大坝、地基等大型主体结构更是极为重要的一种基本形式。具体来说，钢筋材料主要是采用优质的钢材制作而成的一种便于绑扎或者编制钢筋笼的材料，是比较简单的一类施工材料。但是混凝土材料就比较复杂了，其不仅需要多种建筑施工原材料进行配置，且对水泥、骨料等关键原材料的配置比例要求较高。只有原材料的配合比满足相应要求才能够在最大程度上保障其混凝土材料的质量和效果，都和其配置的比例存在着密切的联系。对于具体的钢筋混凝土施工技术而言，其主要就是首先采用钢筋材料构建一定的主体框架，然后在这一框架之内填充混凝土材料，等待混凝土完全凝固之后就形成了较为坚固的钢筋混凝土结构，进而作为建筑工程项目的主体结构来发挥应用的支撑作用。对于水利工程项目来说也是如此，其钢筋混凝土结构不仅起到了支撑作用，还必须具备较强的防渗效果。

（二）水利工程施工中钢筋混凝土施工技术应用的优势

采用钢筋混凝土形式来对水利工程结构进行加固，更高效合理，能够达到建设标准，该技术具有诸多优点，例如施工过程简单方便管理控制，结构的承载能力强。具体的技术优势为以下几点。

首先是材料来源广泛，能够满足工程的建设使用需求。混凝土材料中的骨料成本低廉，在配合阶段也可以将一些再利用废弃物应用在其中，既能够提升混合材料质量，同时也能促进环保工作高效开展。其中常用的是粉煤灰与矿渣，通过加工再次投入到使用中，大大降低了水利工程的建设成本。钢筋混凝土施工材料的选择，取材比较简单。材料的选取大部分都可以在当地进行，比如混凝土材料中的砂、石等都是水利工程项目周围广泛存在的一些施工材料，这些优势是以往一些水利工程主体施工技术所不具备的。其次是混凝土与钢筋能够相互保障，在钢筋外层的混凝土材料，投入使用后混凝土材料能够将钢筋包裹在内，这样继续使用就不会出现安全隐患问题，可以避免钢筋材料受潮湿气体侵袭而出现腐蚀现象。单一的混凝土结构承载能力并不强，而应用钢筋材料后，两种材料配合使用后能够提升结构承载合理性，投入使用后也不会出现不稳定的情况。采用钢筋材料在混凝土外部构建一定的保护层来形成钢筋混凝土结构，对于水利工程项目而言还具备较好的整体性作用。这种整体性对水利工程项目极为重要，能够在较大程度上保障水利工程的稳定性和强度。对结构使用年限的控制更方便进行，在设计阶段结合使用中的承载需求，计算出最合理的检修间隔时间，这样工程使用中基础设施出现磨损也能及时发现，采取维修技术来解决，避免发生质量隐患问题，对水利工程的使用性能提升也起到了促进作用。因为钢筋混凝土施工技术的使用，就决定着在水利工程项目能够在较大程度上具备较好的耐久性，进而尽可能延长水利工程项目的使用年限，促使其更多地发挥价值和作用。第四，在水利工程项目施工中合理地运用钢筋混凝土施工技术还能够在较大程度上发挥节约成本的作用和效果，这一点也是当前水利工程项目中混凝土施工技术应用最为重要的一个优势体现，这对水利工程项目的建设单位来说极为关键。尤其是相对于水利工程项目较为庞大的投入资金来说更是如此，主要体现在较大程度上减小建筑物体积、加快施工速度，缩短水利工程项目工期，进而减少资金的投入。第五，在水利工程项目中合理地应用钢筋混凝土施工技术还具备着极好的适应性，尤其是对于水利工程项目这种大面积施工项目而言，采用混凝土进行大面积的浇筑能够发挥极好的效果和价值。另外采用大量混凝土浇筑机械设备的使用，能够在较大程度上提升水利工程施工的效率，与以往的一些手工施工作业相比，具有较好的适应性和优势。

（三）钢筋混凝土施工质量控制措施

1. 水利工程钢筋混凝土材料质量控制

首先，为保证钢筋混凝土施工质量，可进行原材料重复计量检验。如对于混凝土拌和设备，可在每班作业前进行零点校正。其次，在水泥基渗透结晶型防水材料应用过程中，应依据设计比例将原材料、水分均匀拌和，保证防水效果。最后，在新型灌浆材料应用过程中，采用"壁可"工艺，以 0.30MPa 压力进行自动灌浆，避免灌浆裂缝出现。

2. 水利工程钢筋混凝土施工模板质量控制

首先，为保证钢筋混凝土模板刚度、强度与设计要求一致，可在竖向模板、内倾模板设置环节，进行内部撑杆和外部栏杆的合理设置。其次，在保证混凝土模板支撑模块充足支撑面积、支撑强度的基础上，可在支撑板模块进行垫层的增设。若模板施工区域存在预埋件，则需要依据预埋件位置合理调整模板安装工艺。最后，在混凝土强度与设计要求相符且无表面伤害后，可利用专业拆模工具，分批次进行模板拆除。

3. 水利工程钢筋混凝土施工钢筋质量控制

水利工程与国计民生息息相关，因此，在水利工程钢筋混凝土施工阶段，在保证钢筋规格、数量与施工要求相符的基础上，应严格依据施工规定，对钢筋质量合格证、出厂证等证件进行复核。在确定钢筋质量无误之后，可以现场检测报告的形式进行验收确认。在钢筋入仓之后，可依据入库规定，选择地势较高、地势高低起伏不到的区域进行钢筋存放，同时为避免空气湿度过大导致钢筋锈蚀，可在钢筋存储区域内进行排水沟的合理设置，并在钢筋存放地层设置 20.0cm 以上的枕木或堆放架。在钢筋绑扎阶段，应尽量降低同一钢筋接头数量，并选择钢筋受力较小位置作为钢筋受力接头。若 φ28.0mm 受拉钢筋、φ34.00 受拉钢筋同时应用，则应避免绑扎搭接接头设置。

第二节　混凝土坝的施工技术

一、混凝土浇筑施工工艺

混凝土浇筑是保证混凝土工程质量的最重要环节。混凝土浇筑刘筑前的准备工作，混凝土浇筑及养护等。

（一）施工准备

浇筑前的准备作业包括基础面的处理、施工缝处理、立模、钢筋和全面检查与验收等。对于土基，应将预留的保护层挖除，并清除杂物；然后铺碎石再压实。对于砂砾石地基，应先清除有机质杂物和泥土，平整后浇筑 -200mm 厚的 C15 混凝土，以防漏浆。于岩基，必须首先对基础面的松动、软弱、尖角和反坡部分用高压水冲洗岩面上的油污、泥土和杂物。岩面不得有积水，且保持湿润状态。浇筑前一般先铺浇一层 10 ~ 30mm 厚的砂浆，以保证基础与滑好结合。如遇地下水时，应作好排水沟和集水井，将水排走。

（二）施工缝处理

施工缝是指浇筑块之间临时的水平和垂直结合缝，即新老混凝土之面。对需要接缝处理的纵缝面，只需冲洗干净可不凿毛，但须进行接缝平缝的处理，必须将老混凝土面的软弱乳皮清除干净，形成石子半露而清洁表面，以利新老混凝土接合。高压水冲毛。高压水冲毛技术是一项高效、经济而又能保证质处理技术，其冲毛压力为 20 ~ 50MPa，冲毛时间以收仓后 247 ~ 36h 为宜，掌握开始冲毛的时间是施工的关键，过早将会浪费混凝土，并造成石子松动。

过迟却又难以达到清除乳皮的目的，可根据水泥的品种、混凝土的强度等级和外界气温等进行选择。风砂枪喷毛。用粗砂和水装入密封的砂箱，再通过压缩空气将水、砂混合后，经喷射枪喷向混凝土面，使之形成麻面，最后再用水清洗冲出的污物。一般在混凝土浇筑后 24 ~ 48h 内进行。钢刷机刷毛。这是一种专门的机械刷毛方式，类似街道清扫机，其旋转的扫帚是钢丝刷，其质量和工效高。人工或风镐凿毛。对坚硬混凝土面可采用人工或风镐凿除乳皮，施工质量好，但工效较低。风镐是利用空气压缩机提供的风压力驱动震冲钻头，震动力作用于混凝土面层，凿除乳皮；人工则是用铁锤和钢钎敲击。

（三）振捣

振捣是指对卸人浇筑仓内的混凝土拌合物进行振动捣实的工序。振捣按其工作方式分为插入振捣、表面振捣、外部振捣 3 种，常用的为插入式振捣。插入式振捣器工作部分长度与铺料厚度比为 1 ∶（0.8 ~ 1），应按一定顺序间距。间距为振动影响半径的 1.5 倍，插入下层混凝土 5cm，每点振捣时间约 15 ~ 25s。以振捣器周围见水泥浆为准，振捣时间过短，得不到密实；振捣时间过长，粗骨料下沉影响质量的均匀性。

（四）混凝土养护

混凝土浇筑完毕后，为使其有良好的硬化条件，在一定的时间内，对外露面保持适当的温度和足够的湿度所采取的相应措施。养护时间一般从浇筑完毕后 12 ~ 18h 开始在炎热干燥天气情况下还应提前进行。持续养护 14 ~ 28h，具体要求根据当地气候条件、水泥品种和结构部位的重要性而定。在常温下，混凝土的养护方法通常是在垂直面定时洒水或自动喷水，水平面用水或潮湿的麻袋、草袋、木屑及湿沙等物覆盖。还可在混凝土表面，喷涂一层高分子化学溶液养护剂，阻止混凝土表面水分的蒸发，该层养护剂在相邻层浇筑以前用水冲洗掉，有时也能在以后自行老化脱落。在寒冷地区的严寒季节，为防止混凝土表层冻害，应在温度不低于 5℃下养护 5 ~ 7d，采取的保温措施有暖棚法、表面喷涂一定厚度的水泥珍珠岩、表面覆盖聚乙烯气垫膜和延缓拆模时间等。

二、混凝土温度控制

国内通常把结构厚度大于 1m 的称为大体积混凝土。大体积混凝土承受的荷载巨大，结构整体性要求高，如大型设备基础、高层建筑基础底板等。一般要求混凝土整体浇筑，不留施工缝。在混凝土浇筑早期，受水泥水化热的影响，产生较大的温度应力，易产生有害的温度裂缝。虽然混凝土大坝坝体施工速度快，但与常态混凝土大坝一样，混凝土坝也需要采取严格的温度控制措施，以确保坝体内的最高温度和断面上温度变化梯度不超过设计值，避免由于温度变化和混凝土体积收缩而在坝面和坝体内部出现裂缝，影响大坝的防渗性能和耐久性，为此，需要对混凝土大坝内部的温度场及其发展变化过程有很好的了解。施工过程仿真分析需要知道坝体内的实际温度场，无论是出于直接采用还是标定程序的目的，而各种温控措施的效果也只有通过坝体内的实际温度场来反映。另外，通过监测大坝内部混凝土最高温度，可以动态调整施工进度；通过监测温度上升的速度，可以判断异常的混凝土配合比，以便在混凝土初凝前采取补救措施；通过监测断面上温度变化梯度，可以调整上下游坝面和仓面养护措施，避免产生裂缝。所以，及时和准确地获得坝体内的实际温度场是混凝土大坝施工进度和质量控制的重要前提。

（一）温度控制标准

混凝土块体的温度应力、抗裂能力、约束条件，是影响混凝土发生裂缝的主要原因。而温度应力的大小与各类温差的大小和约束条件有关，因此温度控制就是要根据混凝土的抗裂能力和约束条件，确定一般不致发生温度裂缝的各类允许温差，此允许温差即为相应条件下的温度控制标准。

（二）温度控制措施

温度控制的具体措施通常从混凝土的减热和散热两方面入手。所谓减热就是减少混凝土内部的发热量，如通过降低混凝土的抖来降低入仓浇筑温度；或者通过减少混凝土的水化热温升来降低混频的最高温度；所谓散热就是采取各种散热措施，如增加混凝土的散热面温升期采取人工冷却降低其最高温升。

（三）坍落度检测和控制

混凝土出拌和机以后，需经运输才能到达仓内，不同环境条件和不同运输工具对于混凝土的和易性产生不同的影响。由于水泥水化作用的进行，水分的蒸发以及砂浆损失等原因，会使混凝土坍落度降低。如果坍落度降低过多，超出了所用振捣器性能范围，则不可能获得振捣密实的混凝土。因此，仓面应进行混凝土坍落度检测，每班至少 2 次，并根据检测结果，调整出机口坍落度，为坍落度损失预留余地。

（四）混凝土初凝质量检控

在混凝土振捣后，上层混凝土覆盖前，混凝土的性能也在不断发生变化。如果混凝土已经初凝，则会影响与上层混凝土的结合。因此，检查已浇混凝土的状况，判断其是否初凝，从而决定上层混凝土是否允许继续浇筑，是仓面质量控制的重要内容。此外，混凝土温度的检测也是仓面质量控制的项目，在温控要求严格的部位则尤为重要。

（五）混凝土的强度检验

混凝土养护后，应对其抗压强度通过留置试块做强度试验判定。强度检验以抗压强度为主，当混凝土试块强度不符合有关规范规定时，可以从结构中直接钻取混凝土试样或采用非破损检验方法等其他检验方法作为辅助手段进行强度检验。

第三节 碾压混凝土坝的施工技术

一、碾压混凝土

碾压混凝土是碾压混凝土坝施工中的核心材料，至关重要，其质地较硬，属于干硬性贫水泥的混凝土，组成成分复杂多样。因此，在将碾压混凝土运至施工现场的过程中，使用的运输设备必须要与土石坝施工的保持一致，为了方便施工使用，要采用相应的振动碾对其分层碾压，直到压实。被碾压后的碾压混凝土体积相对较小，具有较高的结构强度，且防渗性能良好。除此之外，碾压混凝土坝施工程序更加简单便捷，施工效率高，施工过程中使用的机械设备多，可以为水利工程施工节省时间和人力、物力及财力，大大减少了工程投资成本，受到水利工程施工单位的热烈欢迎。

二、碾压混凝土坝的应用分类

（一）外包常态混凝土碾压混凝土坝（RCD）

采用中心部分为碾压混凝土填筑，外部用常态混凝土（一般为 2 ~ 3m 厚）防渗和保护，形成一种包裹剖面形式，俗称"金包银"。在日本，以建设省组织的混凝土坝专家委员会为中心，从 1974 年以来推进混凝土坝合现化施工的有关研究，其中，RCD（Roller Compacted Dam）工法是研究的重要一项。日本的 RCD 工法的特点是层面间结合较好，坝体的抗渗性和抗冻性高。但由于施工工艺不同，坝内常态混凝土比例过高，使仓面施工互相影响，两种混凝土同时施工，工作干扰大，施工进程易受影响，效率明显下降，无法发挥通仓薄层碾压连续上升施工工艺的优势。由于将一定的常态混凝土加入坝体，整体工程造价上有所提高，一般用于寒冷地区的中高坝。

（二）全碾压混凝土坝（RCC）

全碾压混凝土坝（RCC）采用低水灰比，坍落度为零的水泥混凝土，经振动压路机振动、碾压成型，其结构简单，具有施工机械化强度高，施工方便快捷、缩缝少、水泥用量少、造价低、减少施工环境污染等优点。

RCC 技术 20 世纪 80 年代在我国开始研究，历时 8 年，到 1990 年，我国完成了阶段性研究工作。随着技术的发展，对 100m 以上的碾压混凝土坝进行了大量的研究表明，全断面碾压混凝土坝优于"金包银"形式，已经为坝工界所确认。大量试验研究表明，在非寒冷地区采用二级配富胶凝材料自身直接防渗实现全断面碾压经验是成功的。目前，施工技术和检测方法也逐渐完善。现已建成的普定碾压混凝土拱坝再一次证实我国碾压混凝土筑坝技术已达到国际水平。

三、碾压混凝土的材料

碾压混凝土建筑材料主要包括水泥、活性掺合料、骨料、外加剂及拌合用水。胶凝材料中掺合料所占的重量比，在外部碾压混凝土中不宜超过总胶凝材料的 55%，在内部碾压混凝土中不宜超过总胶凝材料的 65%。

（一）水泥，凡适用于水工混凝土使用的水泥，均可用于碾压混凝土。性质稳定，有较低水化热、教高抗裂性能的水泥较为理想。优选 32.5R 或 42.5R 低热矿渣硅酸盐水泥，以控制坝内温升，有效降低坝体内温度应力。

（二）粉煤灰、火山灰、粒化高炉矿渣等活性掺合料能与水泥化物中的氢氧化钙发生二次水化反应，生成稳定的水化硅酸钙和水化铝酸钙，从而改善混凝土的性能。为适应碾压混凝土连续、快速施工，降低水泥用量，碾压混凝土中均掺入掺合料，一般可达水泥用量的 30% ~ 65%，其中使用较多的是粉煤灰。粉煤灰由于各个火电厂所用的煤及燃烧条件不同，其化学成分及质量等级也不同，对碾压混凝土的性能和质量有较大影响，宜采用 I 级灰或 II 级灰，质量满足 GB1596-91 的规定。在无粉煤灰资源地区或运距太远时，可就近选择技术经济指标合理的其他活性或非活性掺合料，如大朝山水电站碾压混凝土坝采用了当地的凝灰岩粉掺磷矿渣（PT）作为碾压混凝土的掺合料，建造了百米级的碾压混凝土大坝。

（三）砂石骨料，由于适当的石粉（$d \leq 0.16mm$ 的颗粒）含量能显著改善碾压混凝土的和易性、保水性，提高碾压混凝土的密实性、抗渗性和力学指标，且工程实践经验表明，采用人工骨料的碾压混凝土性能较天然骨料为优，因此不少工程均采用人工轧制粗、细骨料。当采用天然砂时，为了提高碾压混凝土的密实度和改善其可碾性，可掺入岩粉来解决。此外，应避免使用对混凝土产生碱骨料危害反应的骨料

（四）外加剂，一般包括木质素磺酸钙、糖蜜复合剂等。碾压混凝土中胶凝材料用量少，混凝土无坍落度，必须掺入减水剂以改善其粘聚性与抗离析性能。为了适应大面积施工的特点，延长初凝时间，减少冷缝，并为改善层面胶结，还必须掺入缓凝剂。为了补偿碾压混凝土后期收缩，提高抗渗抗冻防裂性能，一些工程还掺入适量膨胀剂（Mg0），外加剂的掺量根据设计指标、施工要求和现场试验适量掺入，Mg0 的掺入量应控制在胶凝材料的 6% 以内。

四、碾压混凝土坝的施工工艺

随着 21 世纪信息化技术的迅猛发展以及改革开放的不断深化，我国综合国力得到了不断的提升，而水利行业作为我国经济发展中的支柱型产业，也在迅猛的发展。碾压混凝

土坝是目前水利工程施工中普遍使用的一种方式,其采用的通仓薄层碾压施工的施工工艺,在施工的过程中采用振动碾逐层压实碾压混凝土,然而,在碾压混凝土压实的过程中,会受到一些客观存在的因素的影响,从而在极大程度上给水利工程施工质量带来负面影响。通过水利工程施工实践结果可以证明,优良的施工工艺可以保障碾压混凝土坝的各个土层之间的紧密结合,从而切实提高水利工程施工质量标准。

(一)碾压混凝土坝施工过程中所使用的外加剂

在使用碾压混凝土坝施工工艺进行施工的过程中,需要对碾压混凝土以科学的配比进行拌合,并根据拌和的实际情况添加适当的外加剂,以此优化碾压混凝土的结构性能,一般情况下,所采用的外加剂的主要成分为引气剂以及高效缓凝减水剂,它们可以在一定程度上提升碾压混凝土的抗冻融循环及抗环境侵蚀的能力。此外,外加剂的使用还可以极大地降低新拌和的混凝土的泌水率,对于冬季施工来说,碾压混凝土坝的这种特性可以大大提升水利工程施工效果,进而保障水利工程建设的有效性和实用性。

(二)做好碾压混凝土施工的动态控制

我国的水利工程施工技术起步较晚,技术水平相对较低,相比于西方发达国家的先进施工水平,还存在一定的差距和不足。但是,碾压混凝土施工的采用很大程度上提高了水利工程施工技术水平,大大缩短了与国外的差距。与一般的混凝土相比,在进行碾压混凝土施工过程中,需要对各个影响施工的因素进行更为严格的控制,所以了保障后续施工活动的顺利执行,要做好对环境因素以及碾压混凝土动态的控制工作。在进行碾压混凝土搅拌的过程中,要将搅拌现场清洁干净,否则其中的杂质会影响其拌和质量,此外,还要对物料称量的精确度、所使用物料的品质,以及砂石中所含的石粉含量、含水率和外加剂的品质、添加量等进行严格控制,以免使碾压混凝土搅拌过程受到污染,从而给碾压混凝土施工带来严重的负面影响。基于此,为了使碾压混凝土拌合物的质量满足相关标准需求,要以发展的眼光看待问题,对拌和过程中的所有各环节进行有效控制,并做好碾压混凝土拌和的动态控制工作,对拌和过程中所需的所有物质材料、机械设备、砂石的纯净度进行严格审查,观察其中是否含有杂质和废料,只有各项指标都符合拌和标准需求,才能正式进入拌和现场进行搅拌。同时,相关人员必须以严谨认真的态度进行工作,及时发现拌和过程中出现的问题,并提出针对性以及科学合理的措施给予解决,保障碾压混凝土拌和的顺利、有效进行,从而保障碾压混凝土施工质量。

五、碾压混凝土的施工特点

(一)碾压混凝土施工的主要特点如下

1.采用 VC 值为 5 ~ 12s 的干贫混凝土。

2. 大量掺加粉煤灰，减少水泥用量。

3. 采用通仓薄层浇筑。

4. 碾压混凝土的温控措施和表面防裂。施工程序总结为：

下层铺（砂）浆→汽车（运输）入仓→（平仓机）平仓→（振动机）压实→切缝处拉线→机械对位→切缝至设计深度→拔出刀片、留铁皮在混凝土中→缝处无振碾压。

（二）原材料控制要点

在满足混凝土设计强度情况下，尽量选用水化热低的水泥，掺入适量粉煤灰，减少水泥熟料用量，各种原材料均由有资质的商家供应，并按照规范要求将原材料送试验室进行检测，不合格产品禁用。

（三）碾压混凝土配合比设计

碾压混凝土的配合比应满足工程设计的各项技术指标，掺合料的参量应综合考虑水泥、掺合料和砂子品质等因素。并通过试验确定，宜取 30% ~ 65%。水胶比应根据设计提出的混凝土强度和耐久性要求确定水胶比，其值宜 < 0.7。砂率应通过试验选取最佳砂率值。使用天然砂石料时，三级配碾压混凝土砂率宜为 28% ~ 32%，二级配宜为 32% ~ 37%，使用人工砂石料时，砂率应增加 3% ~ 6%。单位用水量可根据施工要求的工作度（VC 值），骨料的种类及最大粒径，砂率等选定三级配碾压混凝土，单位用水量宜为 80 ~ 115kg/m^3。

（四）填筑仓面清理：

1. 岩石基岩面。表面清洗干净，无积水，无污染，无风化岩石，无爆破松动岩石，无污泥，无积水，无杂物。地质缺陷（断层、破碎带、裂隙密集带）必须按规范要求处理，大的断层、破碎带等开挖清理后用混凝土塞回填，小的裂隙、孔洞清理后用微膨混凝土回填。

2. 碾压混凝土升程面：表面必须冲毛处理（可在上一升程结束后及时冲毛），以微露粗砂为标准，填筑前，表面冲洗干净，无杂物，无乳皮，无松动集料，无松动骨料。

3. 碾压混凝土碾压层面：表面平整干净，无杂物。

（五）振动碾代替振动器

对混凝土进行压实振动，振动碾在仓面上行走碾压密实，水平运输采用自卸汽车，平仓采用推土机或挖掘机，实现施工机械化，充分提高混凝土的施工强度。坝体上游面、廊道周围、止水周围以及岸坡岩基接触带等部位采用变态混凝土施工技术。变态混凝土是在碾压混凝土拌和物中铺洒一定量的水泥粉煤灰净浆，用变频振捣器振捣密实的混凝土。变态混凝土的使用，进一步简化了施工，加快了进度。

六、碾压混凝土运输质量控制要点

碾压混凝土运输的特点是要有连续性，要求速度快，所以常采用自卸汽车和胶带机，也可用负压溜管转运混凝土入仓。混凝土碾压熟料运输主要使用自卸汽车直接入仓；变态混凝土灰浆采用制浆机制浆，人工在现场按配合比量分层注入灰浆的方法。自卸汽车运输混凝土熟料前一定要清洗干净，在主坝入仓前设置专用洗车平台，使用高压水枪冲洗车轮。为更好保证混凝土拌和物的和易性，拌和物进行二次出料，运输汽车分别用前、后两半部分接料，卸料时也分多次卸料。

七、碾压混凝土温度质量控制要点

（一）雨季施工措施

当降雨量每 6min < 0.3mm 时，碾压混凝土可继续施工，但必须采取如下措施：

1. 拌和楼生产混凝土拌和物的 VC 值应适当增大，一般可采用上限值，如持续时间较长，应把水灰比缩小 0.03 左右，由试验室值班负责人根据仓内情况和质检、仓面总指挥商定，由仓内及质控人员及时通知拌和楼质控人员。

2. 卸料后，应立即平仓和碾压，未碾压的拌和料暴露在雨中的受雨时间不宜超过 10min。

3. 在垫层混凝土靠两岸边做好排水沟，使两岸边坡集水沿排水沟流至仓外，同时做好仓面排水，以免积水浸入碾压混凝土中。

4. 当 6min 内降雨量达到或超过 0.3mm 时暂停施工，暂停通知令由仓面总指挥发布并立即通知拌和楼，同时报告施工管理部。

5. 在 1h 内降雨量超过 3mm 时，不得进行铺筑和碾压施工。已碾压的仓面应采取防雨保护措施。

（二）夏季施工措施

1. 由于碾压混凝土的超干硬性和大面积连续施工特点，碾压施工宜在日平均气温 5 ~ 20℃下施工，当日平均气温达 20 ~ 25℃甚至高于 25℃时，碾压混凝土应采取适当温控措施方可施工。根据气温情况和条件，可采用高效缓凝剂延长初凝时间、冷水拌和、预冷骨料、严格控制出机口混凝土温度、减少碾压混凝土内外温差、加遮阳设施、仓面喷雾、加快施工缩短层间间隔时间等措施，强约束区的温度控制必须从严要求。

2. 从降低混凝土出机口温度、减少运输途中和仓面的温度回升两方面来控制浇筑温度。采取加冷水或加冰等措施以降低拌和楼出机口温度；对混凝土运输设备设置遮阳设施，控制混凝土运输时间和仓面铺筑层的覆盖时间，采用仓面喷雾等措施来减少混凝土温度回升。

3.采用平层铺筑碾压好的条带用彩条布覆盖；采用斜层平推铺筑，可减小仓面面积，缩短直接铺筑允许间隔时间；斜层平推铺筑碾压好的条带坡脚处用湿麻袋覆盖，增湿降温，避免表层失水。

4.VC值适当减小，按下限控制。混凝土入仓温度及有关温控要求按设计要求。

5.混凝土出机口温度、入仓温度及浇筑温度，严格按经监理工程师批准的《碾压混凝土温控措施》执行。

（三）冬季施工措施

当日平均气温低于3℃或最低气温低于-3℃时，碾压混凝土施工可采取在拌和物中添加抗冻剂、预热骨料、热水拌和、覆盖保温等措施进行施工，施工过程中必须保证混凝土不冻结，否则应停工并做好已浇混凝土的过冬保温。

八、碾压混凝土的层面处理

碾压混凝土采用的碾压层厚多为30cm。对于高坝，特别是高100m以上的坝，多数达数百层面，如果处理不好，将会成为坝体的薄弱环节，轻者成为渗漏通道，影响碾压混凝土耐久性，严重时甚至会影响大坝的安全运行。因此，层面结合良好，提高层面抗剪强度已成为高碾压混凝土重力坝的关键。碾压混凝土坝一般有2种层面：一种是正常的间歇面，层面处理采用刷毛或冲毛清除乳皮，露出无浆膜的骨料，再铺厚1～1.5cm砂浆或灰浆，可继续铺料碾压；另一种是连续碾压的临时施工层面，一般不进行处理，但在全断面碾压混凝土坝上游面防渗区，必须铺砂浆或水泥浆，以防止层面漏水。

九、碾压混凝土的养护

碾压混凝土养护像所有水泥混合料一样，要求湿养。用于碾压混凝土的养护程序不同，其结果也不一样。碾压混凝土浇筑后必须进行养护，并采取恰当的防护措施，保证混凝土强度迅速增长，达到设计强度。在施工中应尽量避免不利的早期干缩裂缝和其他有害影响。混凝土初凝后洒（流）水养护，温度低时覆盖混凝土保温被养护。

第八章　堤防与疏浚工程

第一节　堤防工程

高质量的水利工程能够最大化地利用水资源，对于水资源的保护大有裨益。并且社会的不断发展进步，使人们在平时的生产、生活中越来越多地依赖水资源，但是水资源所存在的状态又决定了对其进行管理是难度极大的工作，如果管理过程中产生了任何形式的失误，就极易引起极大的灾害，影响人们的安全稳定生活。现今社会，水利工程的建设数量正在不断增多，且堤防建设是其重要构成，做好这项工作能够更好地抵御洪涝灾害，并且能够很好地分流蓄水，降低洪涝灾害的发生率，对于社会的稳定发展有着十分积极的作用。所以，在今后的工作中，必须给予水利工程建设高度的重视，尤其是其中的堤防渗漏施工工艺，要采取有效措施不断提高工艺水平，这样才能显著提高整体工程质量。

由于水利工程关乎社会的正常有序发展，它的建设施工质量是否良好直接关系着整个水利工程的安全稳定性，因此，对于现代水利工程建设来说要切实做好抗震性和稳定性施工，并做好防渗漏技术的应用。开展这一工作期间，还必须要保证工程整体结构的稳定性，不能因此对结构产生损害，这样才能够最大化利用水资源。在工作过程中，如果在任何部位发现了渗漏问题，必须第一时间制定有效的解决方案，避免危害进一步扩大，这样才能保证工程的经济效益和社会效益，维护人们的生命财产安全，并实现整个社会的长远稳定发展。

一、堤防工程管理

（一）堤防工程管理的重要性

我国地域辽阔、河湖众多、海岸线长，水既为我们提供生存发展的基础，也随时带来严重的洪涝灾害安全威胁。五千年的中华文明历程从一定程度上可以定性为是一个与水息息相关的兴利避害的人类奋斗史。堤防工程作为防洪保安的基础工程措施，历来备受重视。特别是从新中国成立至今，我国进行了大规模的堤防建设，现有堤防总长度已达到 29.4 万 km，为防控洪涝灾害，保障经济社会的发展和稳定创造了坚实的物质基础。然而建设只是管理的开始，管理却是建设的延续。对于防洪减灾系统性任务来说，堤防工程的建设只是其中的一个基础环节。只有始终面对时代发展进程中出现的新情况、新问题，以改革创新的精神，不断探索完善适应时代发展要求的堤防工程管理体制机制，切实加强堤防工程维护、运行管理，才能充分保证和发挥现有的堤防工程在防洪减灾上的应有功能和长久效益。

（二）堤防工程管理现状

我国堤防工程的管理采用的是流域统一管理及行政区域分级管理相互结合的管理体制。根据堤防工程的位置和重要性，可以分为国家级重点管理堤段、省级重点管理堤段以及地方管理堤段。通常来说，省级以上管理堤段多位于大江、大河流域内，其防护范围广，防洪标准高、安全责任重、管理要求严。随着我国经济社会迅猛发展，有着强烈的计划经济时代烙印的堤防管理工作，在新时期新环境下的映衬下，凸显出许多必须加以改革完善的突出问题，主要表现在以下几个方面。

1. 管理体制落后

具体表现在机构臃肿，水行政职能不健全，人员冗杂，管理结构失衡，管理制度虚化，管理渠道不畅，绩效与薪酬脱节，管理效能低下等，严重制约管理工作的有序开展。

2. 堤防工程管护现代化程度低

日常管理方式粗放，基层管理、维护工作体力劳动强度大、效率低、员工工作成就感低，不适应时代发展对水利事业的要求。

3. 基层管理配套设施简陋

基层管理单位大多地处偏远的郊区、野外，除了远离职工家庭、交通不便之外，办公、生活环境简陋甚至破败，不利于一线堤防工程管理干部职工安生安心地工作、影响管理队伍的整体稳定，造成管理范围水事违章事件不能及时发现和管控，不利于工程在使用、运行过程中的保质增值，影响工程的完整性和安全性。

4. 病险堤段整治任重道远

虽然近二十年来国家对于堤防工程加固除险工作高度重视、投入巨大，加强了对于大江大河等重要堤防的整治，成效显著，但是我国仍有很多江河干流重要堤防尚没有得到全面根本整治，原有工程防洪标准低、隐患多，因此，既不能从根本上减轻防洪保安有关部门的工作压力，也影响到相关地区经济社会的快速发展和长治久安。

5. 预算经费不足

堤防工程管理属于公益性事业，其运行维护经费来源一般都是采取预算上报审批制度，由各级政府财政负责。但是各级政府受财政能力所限，很多地区的堤段都不能按照维修养护工作的实际需要拨付。造成很多堤防管理单位只能"量入为出""千方百计保工资""有多少钱做多少事",影响堤防工程管理应有的效果。

(三)堤防工程管理的改革措施

针对我国当前堤防工程管理现状,要对其中存在的问题进行有效解决,确保堤防管理工作的合理有序进行,就需要各级政府及堤防管理部门紧密结合客观实际情况,准确把握社会主义市场经济的内在规律,以堤防管理体制机制改革、创新为统领和重点突破口,切实解决现实工作中存在的问题,形成顺应时代发展要求的防洪减灾管理长效机制。

1. 明确改革总体目标

通过堤防工程管理体制机制改革创新,实现堤防管理部门职能健全、责权明确、规范高效、运转协调的要求,充分发挥水利堤防工程的防洪减灾、生态环保综合效益。

2. 把握改革基本原则

要坚持以人为本的原则。人的因素在制度的运行中起能动性、决定性作用。要牢固树立广大干部职工是堤防管理工作的主体的观念,管理体制机制的改革和创新既需要他们的支持和参与,而且新的体制机制更要能充分调动发挥他们的主观能动性。坚持问题导向的原则。要切实根据工作中存在的问题,全面准确地探求制约堤防管理工作良好开展的根本原因。积极推进的原则。要针对存在的问题,政府及相关主管部门要充分发挥体制机制改革创新的引领主导作用,要在高度重视认真谋划的基础上尽快制定相应工作规划,有计划有步骤地扎实推进。

3. 改革建议及措施

(1)健全职能,完善制度,强化堤管部门能力

应按照"分级管理、分级负责"的原则,通过立法或者政府授权明确划分界定各类堤防管理部门的职责、权限,重点强化堤防专管机构与管理范围、等级对应的水行政管理执法主体资格,同步完善建立相应工作职能履行过程中发生的不作为、滥作为行为的法律、政纪责任追究制度,切实增强堤管部门开展堤防工程管理的责任和能力。既能破解长期困扰堤防工程管理部门在涉河涉水违法、违章事件发生后,因法律权限制约而调查难、处理更难的难题,又有利于提高堤防管理部门管理效能。

(2)多措并举,稳定落实堤防工程建设管理经费来源渠道

加快病险堤段的除险整治进程,发挥政府在水利建设中的主导作用,将重要堤防的除险加固工程项目建设作为国家公共财政投入的重点优先领域。将堤防工程管理有关配套设施、设备的建设和配置纳入到项目前期总体规划,通过病险堤防工程的除险加固工程的实施,不仅从根本上提高堤防工程的防护标准,而且带动基层堤防管理单位办公生活环境的改善及实现管理从体力型、粗放型向科技化、精细化跨越。通过完善水资源有偿使用制度,

合理调整水资源费征收标准，扩大征收范围，以及将有重点防洪任务和水资源严重短缺的城市从城市建设维护税中划出一定比例等方式增加堤防管理经费的来源，并将堤防工程所需的管理和维护经费作为刚性指标，纳入政府财政预算，按期足额拨付，确保堤防管理工作的正常进行。

（3）增强科技含量，提高堤防管理工作的现代化水平

加强管理方法和手段科技创新，加快信息化、数字化堤防建设。实现堤防工程管理从传统的体力型、粗放型向现代的科技型、集约型跨越。必须要推行先进的管理理念，注重新技术、新材料、新工艺、新机具的研究、引进和运用。要在水利堤防工程管理中引入远程监测技术，通过传感设备和终端设备，实现对于工程各项参数的自动检测、自动分析以及风险预测，为管理工作的顺利开展提供相应的参考依据。对于重点堤段以及险工、险段，要利用遥感技术、地理信息系统以及全球定位系统等科技条件建立相应的应急处理信息系统，通过采取自动监测与人工巡查相结合的方式，对自身管辖范围内的堤段进行全面监测，随时掌握水、雨、工情等相关信息，有效掌控堤防工程的安全状态。

（4）完善管理模式，实行管养分离

现有的计划经济体制下形成的工程管理体制，使工程管理人员与维修养护人员职责不分，外部缺乏竞争压力，内部难以形成监督、激励机制，是人浮于事，资金浪费、管理效能低下的根本原因，越来越不能适应时代发展的要求。堤防工程管养分离是社会主义市场经济发展的必然选择和堤防管理部门深化改革的关键。实行管养分离，就是要把维修养护职能从堤防管理机构中剥离出来，实现工程管理机构与维修养护机构和人员分离。通过定岗、定编、定职，落实岗位责任制，实行目标管理，形成精简高效、运转灵活的堤防工程管理机制。通过社会化、市场化运作手段，将维修养护工作采取前期经费预算，过程监督检查，全程合同管理，最终验收结算的方式进行有序管理，最大限度提高养护质量，降低养护成本，实现工程管理工作的专业化、规范化。管养分离制度的实行，既能优化管理队伍，节约管理成本，又能引入竞争机制，提高维修养护人员的责任心、积极性和主动性，有效维护工程的完整，真正实现职能清晰、结构合理、运行有序、管理增效的适应时代发展要求的堤防工程管理体系。

二、规划设计与生态保护

（一）堤防工程建设中生态环境保护的重要性

自 1997 年以来，国家在堤防工程方面的意识不断增强。随着洪水暴发，造成严重的经济损失，社会大众对防洪汛有了全新的意识，开始建设不同类型的防洪工程，但对堤防工程生态设计并没有较多认识。20 世纪 70 年代，国外某些国家已意识到建设堤防工程中生态保护的重要性，将重心都放到生态堤防工程设计上。就我国而言，由于受到各方面因

素影响，堤防工程建设中并没有意识到保护生态环境的重要性，生态堤防工程设计较少。随着社会经济飞速发展，我国不同行业、领域已步入崭新的发展阶段，对水资源的利用大幅度增加，生态环境不断被破坏，国家针对各方面情况，提出了相关的发展战略，社会大众也逐渐意识到保护生态环境的重要性。

简单来说，水利工程建设就是人类通过一定的工程技术措施来实现对水资源的优化调节和利用。由于2/3的水利工程建设都是建立在原有天然河流水道上，这些工程的建设，虽然在一定程度上促进了地区工农业生产的发展，但也造成了地区生态环境原有平衡的一些破坏。在堤防工程建设中，地区原来处于同一网络体系的河流原貌被改变，原有河流走向被改变，重新加固处理了河道，或多或少破坏了河流原有生态环境，河流不具有较好的连续性，原有生态系统平衡受到影响，无法处于平衡状态。在这一背景下，如何规划、增补生态环境保护措施，确保地区生态系统处于平衡状态，更好地使原有水域生态系统充分发挥多样化作用，使所建堤防工程更好地发挥其行洪、行航以及旅游观光等功能，从而更好地为国民经济服务就显得格外重要。

（二）堤防工程的规划设计与生态保护

1. 新时期堤防工程规划与生态保护

在规划堤防工程中，相关人员必须坚持新时期其规划原则，做好堤防工程规划工作，全方位、客观地分析地区堤防工程建设各方面情况，准确把握堤防工程"经济、环境"效益，准确把握地区社会大众在"经济效益、环境效益"方面的客观需求以及二者之间的关系，优化完善经济技术评估指标体系，全面、客观评估堤防工程项目的经济效益、生态环境效益。在此基础上，相关人员必须客观分析多种主客观因素，将建设地区河流、上下游、两岸生物群落处于统一化生态系统中，根据新时期河流生态方面的客观要求，安排专业人员将堤防勘察工作落到实处，严格按照相关规定，全方位仔细测量勘察堤防工程建设地区地质、水文等。对该地区生物群落进行必要的历史以及现状调查，科学规划建设地区堤防工程，为优化设计该地区堤防工程提供有力保障，充分发挥堤防工程多样化功能的同时，避免地区生态系统被破坏，有效保护生态环境。

2. 新时期堤防工程设计与生态保护

（1）堤防工程设计总要求。在设计堤防工程中，设计人员要尽量保留地区河流自然形态，从不同角度入手最大化修复隐患河流，要有保留或者恢复建设地区河湾、浅滩、急流等，有效保护堤防工程建设地区生态环境。设计人员必须坚持"宜宽则宽"的原则，准确把握建设地区堤防间距，坚持"具体问题具体分析"的原则，根据新时期防洪以及生态保护具体要求，科学解决防洪、生态保护二者和土地利用之间存在的问题，根据洪水行洪客观要求，建设地区水文、地质、气候等具体情况，优化设计河槽、河漫滩，准确把握浅滩宽度、植被空间等，确保堤防工程建设地区的生物提供良好的栖息地，使其更好地生长发育，提高河流自净化能力。在此基础上，设计人员要结合各方面情况科学选择堤型，要符合该地区堤防工程渗透以及滑动稳定方面的客观要求，要符合当下生态保护、恢复方面的客观要求，最大化利用当地各类材料以及缓坡，确保堤防工程建设地区植被拥有良好的生长环境，促进其健康生长，确保河流具有较好的侧向联通性，有效保护堤防工程建设地区生态。

（2）河流断面与护岸防护工程设计。在设计河流断面的过程中，设计人员要准确把握自然河道特点，结合其横、纵断面多样化特点，要尊重河道周围生物、植被生长规律，科学设计断面，利用非规则断面，有效防止河床平坦化，确保浅滩、深潭二者相间。在设计岸坡防护工程过程中，设计人员必须按照新时期生态建设要求，坚持"人与自然"和谐相处的原则，优化设计岸坡防护工程，使其和附近自然景观有机融合，提高堤防工程安全性、稳定性基础上，避免生态、景观作用下的多样化护岸形式被破坏。如果建设地区的岸坡防护结构复杂化、特殊化，在设计过程中，设计人员要尽可能采用那些反滤性好，属于垫层结构的堆石，多层次优化利用多孔类型的混凝土构件，也可以利用该地区多样化柔性结构，尽量减少施工材料方面的成本，不要将硬质类型的不透水材料应用其中。比如，浆砌块、混凝土，确保周围植被健康生长，营造良好的栖息以及繁殖范围，促使堤防工程建设地区的鱼类、昆虫、两栖类动物健康成长，确保该地区生态系统平衡，促使堤防工程既有浓浓的生态气息，符合时代发展的客观要求。需要注意的是：在设计河流断面过程中，设计者需要优化利用生态学、生物学等理论，有效解决建设地区河道存在的问题。

（3）水域景观与堤型设计。在设计水域景观的，设计人员要尽可能保留天然景观原貌，要将"人与自然和谐相处"理念落到实处，注重自然规律，优化人工建造工程，使其和堤防工程建设地区的自然环境有机融合，处于统一的网络结构体系中，优化生物栖息地建设，有效保护生物多样性。在设计堤型过程中，设计人员必须客观分析建设地区河段具体情况，优化设计堤型。如果堤防工程建设地区河段周围都是房屋建筑，设计人员可以将当地人文元素融合其中，促使设计的堤防工程符合地区发展要求的同时，具有浓浓的地方气息。如果属于老防洪堤，设计人员要尽可能保留原堤防工程，避免其被破坏，对其进行合理化的加固设计，将植被合理设计到堤顶、墙前，使其符合新时期生态保护设计客观要求，促使建设地区堤防、河段、山体处于统一网络体系中，提高堤防工程建设质量的同时，使其更具特色。

（三）生态堤防工程的应用

在社会市场经济背景下，生态堤防工程日渐增多，其建设规模不断扩大。以"水利西进工程"为例，在生态堤防设计中，设计者综合分析主客观影响因素，根据建设地区各方面情况，科学加固地区存在问题的堤防工程，根据堤防地区环境特征、人文风俗等。优化利用多样化的措施，多角度巧妙利用该地区各方面优势，种植多样化的植被，加固堤防工程，提高其防洪安全性能等基础上，促使该城区向西部进一步推进，大约有 6km，促使该堤防工程具有鲜明的生态性特征，有效解决了该地区用水方面的问题，利于促进地区经济协调发展。以"广州生物岛"为例，这也具有鲜明的生态性特征。在生态设计中，观鸟平台断面作用下景观区已成为独立的小岛，种植了大量的植被，为小鸟提供了良好的栖息环境。在超级断面堤防生态设计中，草皮护坡被建立在堤顶、第二平台间，一二级平台间也有一定的混凝土植被护面，促使该地区水边景观更具特色，利于该地区生态系统处于平衡状态，具有较好的"经济、社会、生态"效益。此外，生态堤防工程已成为新时期一道亮丽的风景线，加快了地区经济发展步伐，但在生态规划设计中，设计人员必须坚持相关原则，尽可能不要改动地区河段土方，种植适宜植被的基础上加固护坡，构建合理的附属设施为人们提供多样化的人文活动，比如，亲水台，有效保护河流生态链，促使人与自然和谐相处，充分展现新时期的"以人为本"理念，促进建设的生态堤防工程具有多样化作用。

三、堤防工施工技术

（一）堤防工程施工中的特点

水利堤防工程施工中的特点主要包含了两个方面：其一就是水利堤防工程的作用。在水利堤防发展的过程中，正确的处理水流问题以及各种运行维修矛盾关系，都需要依靠自然条件，充分使用工程技术解决这些问题，也积累了很多水利工程方面的经验。仔细研究水利堤防问题，对生态环境的发展意义重大。并且，水利堤防护的类别较多，根据水利堤防级别的不同所承受的压力也是不一样的。一般级别较高的，都需要进行维护，以免洪涝灾害的侵袭，级别不高的，则只需要保证防护设施美观即可，同时，也可以成为城市绿化建设的一部分。

（二）坝体填筑的施工技术

施工人员在进行水利堤防工程的建设中，首先进行坝体的填筑，坝体的填筑是水利工程防护的重要环节，同时还需要将施工中施工作业的方式以及施工作业的工作时间的间隔来进行施工作业的选择，施工人员还需要就施工中施工坝体填筑面积的大小来适宜选择施工强度，以及结合施工材料对施工中施工工序进行划分。在施工过程汇总施工人员需要严格控制好施工的有效作业时间。尽量避免在施工中温度对施工质量的影响，因此施工人员应尽量将施工的时间安排在春秋两季进行，严格控制好施工的作业顺序以及施工流水作业的时间长短。

一旦出现地面起伏不平的情况，就需要我们充分按照水平分层，从低往高逐层的进行填筑工作，在进行机械施工的时候，分段作业面不能够少于100m，在作业面上一定要按照分层统一的原则，进行谱图和碾压工作，这里能够在一定程度上避免界沟的形成，同时上下层的分段接缝要错开。如果出现筑堤于软土堤基上的情况，就需要设计断面同步，同时要进行分层填筑，不能够先筑堤身再进行压载工作。最后，在对堤身全段面完成填筑后，要作整坡压实和削坡处理，并铺填平整堤防两侧护堤地面的坑洼处。

（三）堤防工程预应力锚固施工技术要点

在水利堤防工程当中，预应力的锚固技术当中包括了预应力岩锚和混凝土的预应力拉锚，预应力锚固技术可以传递拉应力，可以按照设计中方向、大小以及锚固深度，对基岩或者是建筑物预先施工加主动的预应力，其适应面十分的广泛，可以加强和补强原有的建筑，同时还可以达到加固以及改善受力条件的目的的，从而为水利工程带来极大的经济效益。

（四）堤防工程铺料作业的技术要点

要按照设计要求将土料铺到规定的部位，严禁将沙砾或其他透水料混杂到黏性土料中，上堤土料中的杂质要及时进行清除。铺料一定要均匀、平整，且每层的铺料厚度与土块直径的限制尺寸都要通过现场试验来确定。土料或者砾质土都可采用进占法或者后退法进行卸料，沙砾料要采用后退法卸料。同时，在材料的拌和、运输与仓面作业中，应配置一些大容量、高效率的机械装备。

在土石坝的施工过程中，可以将诸如红黏土、膨胀土等劣质土料作为防渗土料，而深厚的沙砾石层的基础筑坝中则要建造防渗墙。在混凝土面板堆石坝的施工中，要利用堆石体进行临时的挡水或者过水度汛，并运用混凝土防渗墙技术来处理砂砾石基础，将混凝土的面板趾板和防渗墙相连接，形成完整的防渗体系。

（五）堤防工程压实作业的技术要点

在堤防工程压实施工前，要先做碾压试验，并确定机具、碾压的遍数、铺土的厚度、含水量以及土块的限制直径等，碾压的行走方向要平行于堤轴线，如果是分段碾压，要在各段设立相应的标志，防止漏压、欠压和过压现象，且相邻的作业面要有一定的搭接碾压宽度。如果是拖拉机带碾磙患者振动碾压实作业，要采用进退错距法进行，如果是铲运机联合作压实机械作业，要采用轨迹排压法进行压实。在碾压时一定要控制好土料的含水率。如果压实沙砾料，还要洒填筑方量 20%～40% 的水。

混凝土坝的碾压要采用低于 5sVc 值的混凝土，在保证混凝土强度的前提下改善层面的结合质量，并使用诸如可重复灌浆的预制混凝土组合块诱导缝造缝技术、升程连续浇筑混凝土碾压土坝等先进技术。

（六）护岸护坡工程施工的技术要点

1. 坡式护岸

（1）下层的护脚是护岸工程的根基，一定要非常的稳定才能够确保水利工程的质量，在实际的施工过程中，通常情况都是以护脚为先，护脚工程中的建筑材料通常都要求必须要能够抵御水流的冲刷以及推移质的磨损，这样更好地适应河床的变形。

（2）在进行材料的选择时，一定要选择较为坚硬、密实，同时能够承受住水流冲刷以及波浪冲击和地下水外渗的侵蚀。在这其中，常见的坡式护岸工程结构形式有干砌石护坡、浆砌石护坡以及灌砌石护坡等。砌石护坡需按设计要求进行削坡，并铺好垫层或者反滤层。

2. 坝式护岸

施工人员在进行堤坝的建筑的时候，为了防止施工地对水流以及波浪等对堤坝进行过渡的冲刷，以此这种施工方式广泛适用于护岸的施工。而且这种施工方式由有丁坝以及顺坝等设计方式组成，各种施工方式在原理上是类似的，只是适用的对象不同。一般，丁坝适用于河床本身较为开阔的地段，而且水流较缓的河段，这种防护模式是一种间断性的防护，同时防护的时间间隔不均匀。

3. 土工合成材料

（1）垂直铺膜：在进行堤坝的铺设的时候。施工人员需要就堤坝的防水能力以及大坝的透水性等进行测试，测试完成之后需要进行垂直铺膜，并且严格控制好铺膜的深度，良好的铺膜可以降低在建筑中的百分之六十到百分之九十的水分。

（2）对于冰上的沉排设计：在冬天的时候，到了冰封季节，施工人员就进行石笼的铺设，等到温度变得暖和之后，石笼就会上浮，因此施工人员在进行石笼的沉降的时候需要将石笼沉降到固定的位置，这种施工方式在东北等北方地区较为实用。

（3）模袋混凝土：这种施工技术广泛适用于江河湖海等堤岸防护。

（4）三维植草土工网：这种施工技术广泛适用于背水坡的建筑设计，这种设计方式在使用的时候可以有效保护坡体，同时这种施工方式还能够有效保护施工环境。

（七）水利堤防工程防渗漏施工技术

1. 塑性混凝土成墙技术

在堤防坝体、墙体浅层渗漏初期，塑性混凝土成墙技术防渗作用良好。该技术是使用钻机在渗漏位置展开钻孔操作，同时对孔洞的深度及孔径进行把控，禁止出现超钻或者少钻的情况发生。在孔洞各项要求均达标后便可灌注水泥砂浆，在灌注施工中施工人员需要做好灌浆压力和灌浆量进行严格控制，在孔口位置有浆液冒出后便可停止灌注施工，在混凝土凝固后会形成防渗墙，从而解决堤防渗漏问题。混凝土防渗墙包括深厚型和浅薄型两种，深厚型防渗墙的深度值介于 18m ~ 32m 之间，厚度值介于 55cm ~ 75cm 之间，适用于深度值较大的险要地段；浅薄型防渗墙的深度值介于 12m ~ 22m 之间，厚度值介于 8cm ~ 24cm 之间，在堤防防渗漏施工中比较常用，施工单位需要根据水利工程实际情况对混凝土防渗墙的类型进行合理选用。

2.冲击成槽法成墙技术

冲击成槽法成墙技术施工中使用的重要设备为冲击钻，施工人员使用其对需要加固的位置进行冲击操作，在冲击作用下结构表面会形成孔洞，施工人员需要对冲击次数进行严格把控，避免出现孔洞过大的情况，在孔洞与规定要求一致后便可灌入适量的混凝土，待混凝土同原来结构结合在一起，即可实现加固和防渗的目标。

3.多头深拌施工技术

多头深拌施工技术是一种全新的防渗技术，被广泛应用至深层混凝土搅拌施工中。在坝体水泥砂浆喷射施工中，多头深拌施工技术可使土体与水泥砂浆更好的结合在一起，形成复合地基，在水泥砂浆凝固后会形成一定厚度的防渗墙，进而将水利工程投入使用后堤防出现渗漏的可能进行降低。

4.帷幕灌浆技术

帷幕灌浆技术在水利工程堤防渗漏施工中的应用频率较高，在施工前需要做好现场勘察工作，在综合分析勘察结果和规定要求后确定水泥浆液配比，确保其具有较高的流动性与胶凝性；在浆液配置完成后便可使用相关设备将其压入岩层裂缝之中，浆液凝固后岩层的稳定性以及强度便会明显提升，进而降低渗漏问题出现的概率。帷幕灌浆技术分为孔口封闭灌浆、纯压式灌浆和 GIN 灌浆，施工单位需要根据水利工程堤防所在位置的地形情况和其他要求帷幕灌浆技术进行慎重选择，进而充分发挥帷幕灌浆技术的优势。

5.高压喷射防渗墙施工技术

高压喷射防渗墙施工技术依靠高压浆液凝固反应实现提升堤防防渗性能的目标，具有施工简便、适用范围广以及施工时间较短的特点。在施工时，需要做好钻孔工作，孔洞达标后合理置入灌浆管，借助高压灌浆机将水泥浆液喷射到堤防的土层结构上，在冲击作用下原有土层会被破坏，浆液会与土壤充分接触，经搅拌后会形成一定厚度的防渗墙，进而提升堤防结构的强度及稳定性，保障后期可安全投入使用。高压喷射防渗墙施工技术的喷射方式包括旋喷、定向喷和摆动喷。旋喷方式在地基加固中比较常用，可最大限度的提升地基抗剪及抗变形的性能，可降低地基变形概率；定向喷和摆动喷在地基防渗施工中比较常用，可提升边坡稳定性。

6. 劈裂灌浆防渗施工技术

劈裂灌浆防渗施工技术借助浆液压力在堤防结构表面劈裂出适当大小的裂缝，将水泥浆液灌注至裂缝中，待水泥浆液凝固后会形成防渗帷幕，从而提升堤防防渗漏性能，杜绝渗漏问题。该技术具有实际操作比较简单和成本低的特点，并且可同时对坝体孔洞和坝体内部裂缝进行消除，可有效提升坝体应力状态。为了充分发挥此项技术的作用，在应用过程中需要将堤坝轴线作为主要参考，合理布设孔洞，对灌浆量进行严格把控。

7. 垂直铺塑防渗施工技术

垂直铺塑防渗施工技术主要指对坝体或者坝基进行开槽处理，需要把控防渗槽的深度小于14m，宽度在15 ~ 25cm。然后根据实际情况在槽中对防渗塑膜进行合理铺设，铺设后使用相应物料进行回填处理，在回填料固结后会形成塑膜复合型防渗帷幕，提升堤防防渗性能。应用该技术形成的防渗体无接缝，整体性、连续性以及适应性较强。

四、施工质量管理

（一）施工人员的质量控制意识和技术能力

在水利堤防工程的实际施工过程当中，施工人员是其中的主体，施工人员的施工专业技术与质量控制意识在很大程度上决定了整个工程的质量，所以说，要想对水利堤防工程进行施工质量管理，其首要条件是需要对施工人员的专业技术和质量控制意识进行培训。首先，需要结合水利堤防工程的整体施工性质和主要施工流程，来对施工人员进行岗前教育，针对施工人员所在岗位的不同，采取不同的岗位培训模式和施工技术培训方式，在另外一个方面，需要根据施工人员所在岗位的不同，配合相应的薪酬制度和奖惩制度，充分调动施工人员的工作积极性和质量控制意识，保证工程建设施工工作能够更好地完成。另外，管理人员需要对项目部人员进行相应的管理，首先需要明确各个岗位施工人员的主要责任和任务，保证施工人员在各自的工作岗位上能够发挥出最大的作用，而相应的技术人员也需要做好技术交底工作，保证施工人员能够按照规定的施工设计图来完成相应的施工内容。

（二）完善质量保证体系

质量保证体系是整个工程建设当中的重要组成体系，通过完善项目组织机构，确定项目的管理目标和质量管理目标，结合整个项目的实际情况，做好地方工程的施工质量管理准备工作，其主要内容包括这样几个方面：首先是遵照相关的技术规范和标准，结合地方工程的实际作用，来对工程施工质量检查方法进行确定，并且保证检查方法的科学合理性，对于项目部来说，需要根据施工的实际需求，设置施工部门、材料部门、质监部门和安全控制部门，并且对各个部门进行细致分工，保证工程施工的顺利进行。在另外一个方面，需要按照施工合同和施工规范来进行施工，在施工质量保证体系成功建立的基础上，保证这套质量保证体系能够顺利地投入使用，以此来发挥出其应有的效果。

（三）对施工过程进行控制

水利堤防工程的施工过程是整个工程建设中最为重要的部分，其中涉及多个方面的内容，比如施工工序和填筑质量控制等，针对这样几个方面，需要进行不同角度的质量控制。

对于施工工序的质量控制来说，需要对其中施工新工艺、新技术和新材料的施工工序进行质量控制，一般情况下，对于这些施工工序来说，可能在实际操作的过程中并不成熟，同时实际操作难度较大，针对这样的现象，需要对其中每道工序的质量进行严格监督，能保证每个工作内容和环节能够得到全面仔细的控制和监督。另外，在对施工工序的操作进行监督的过程中，需要监督人员根据施工的主要内容，来进行定期检查，对其中的重点部分和关键部分，需要建立跟踪调查机制，保证对其总体施工质量的全面掌握，在前一道施工工序验收合格之后，才能进行下一道的工序施工。

在对填筑质量进行控制的过程中，需要重点注意的是，无论是堤基还是堤面，都需要按照相关的施工标准来对其质量进行监督检验，对于其中表面含有树根或者草皮能不符合填筑料要求的杂物，需要进行彻底的清除，或者进行压实处理，保证堤面处于无积水、均匀压实的状态，在进行此项处理之后，才能进行下一步的填筑工作。在对堤身进行填筑的过程中，首先需要对上堤的土料质量进行全面检查，在保证其符合相关设计要求的基础上，来进行下一步的填筑工作，为了保证堤身的整体质量，严禁采用细沙等密度较小的材料作为填筑材料，在另外一个方面，需要对堤身的压实度进行严格控制，一般情况下，需要保证堤身的压实度高于92%，如果压实度没有达到相应的标准要求，需要进行重新压实。最后是对堤身的外形要求，在填筑完成之后，其压实度能够满足相应设计要求的情况下，需要采用施工机械对坝体进行整形，使堤防工程整体外观呈现出整齐与合理，并且需要保证施工中"五线"的明显程度能够达到设计需求。

（四）对水利堤防工程的施工材料和施工机械进行严格质量控制

工程施工材料是工程施工中较为重要的一部分，施工材料的整体质量直接关系到水利堤防工程的整体施工建设质量，另外，在实际的堤防建设施工过程中，由于其规模较大，施工难度相应也较大，在部分施工环节需要特定的施工机械来辅助施工，以此来达到预期的施工效果，在这样的情况下，水利堤防工程施工材料和施工机械的质量控制就成为施工质量控制中的主要部分。

对于施工材料的质量控制来说，首先需要根据相关的施工设计图，来对施工材料的种类和标准进行确定，并且对其性能进行严格的核实，保证其能够与工程设计要求相符合；在对施工材料进行采购的过程中，一方面需要保证施工材料的质量，在另外一个方面需要注意对其成本进行控制，在对材料市场进行统一观察之后，选择价格合理、质量过关的厂家进行供货。在对施工材料进行购进完成之后，需要注意对施工材料的存放，施工材料在保存的时候需要工作人员按照材料的种类进行分类排放，并且设置特定的台账来对材料的使用时间和数量进行记录。最后，无论哪种施工材料，在进场使用之前，都需要进行质量检查，对于使用数量较多的施工材料，需要对其进行抽检，以此来在最大限度上保证水利堤防工程的整体质量。

施工机械设备同样也是施工中所必需的物质条件，施工机械设备的质量和使用情况，于施工质量和施工进度有着较大的联系，在对施工机械设备进行选择的过程中，要根据水利堤防施工的实际需求来进行选择，并且根据实际情况来对施工机械设备的运行参数进行调整。另外，需要结合施工的设计要求和施工现场条件，来对施工设备进行选择，为了保证施工机械设备能够发挥出最大的作用，在对其使用的过程中，需要将施工设计图与施工机械设备的使用相互结合；最后，在实际施工的过程中，需要注意对施工机械设备进行保养和维修，保证施工机械设备能够以良好的状态投入到施工当中，并且需要根据施工的主要进度，来对施工机械设备的使用时间进行调整，在最大限度上提高施工机械设备的利用率。

五、堤防工程安全管理

（一）水利堤防工程建设安全管理工作开展原则

水利堤防工程建筑施工时，一定要严格按照工程施工安全管理准则规范。在施工过程中，施工管理人员和工作人员都要认识到施工安全工作的重要性，管理员自身加强安全管理意识，工作人员要完善安全施工技术，强化监督官办理部门的安全管理监督工作，从根本上减少水利堤防工程安全隐患的产生，促进水利堤防工程的稳定运行。水利堤防工程建设具备的安全管理工作原则，是基于安全管理标准制定的，要结合水利工程实际事情现状，利用安全管理工作原则来指导水利堤防工程施工工作，提升水利工程施工质量和施工效率。水利堤防工程安全管理工作贯穿于工程建设的始终，是针对工程建设的各个环节进行有效的监督和质量预防措施。针对水利堤防工程施工进行安全管理，能够对施工建设过程中发生的安全事故起到一定的风险预防作用，在施工过程中，水利堤防工程施工人员一定要提升安全工作意识，认识到安全管理工作的重要性，加强水利堤防工程的安全管理工作，首先要做好前期的预防和应急预案制定工作。

水利堤防工程施工要加强施工人员的安全教育工作，从施工管理人员开始加强安全技能培训，提升整体施工人员的安全管理素质，完善前期的工程安全管理预防工作。要针对施工人员加强安全管理教育培训工作，增强施工人员在工作中的自我保护意识，让施工人员能够在处理安全隐患时更加得心应手，避免在施工过程中出现违规操作，导致发生安全事故，影响工程施工。要加强水利堤坝工程施工的安全监督检查工作，尤其是一些危险性的施工材料，要加强监督管理，在工作中制定出科学有效的监督管理措施。

水利施工安全管理工作要贯彻到工程施工建设的全部施工环节，针对不同的施工现场要求来制订不同的安全管理方案。在日常工作中，要加强建筑施工的安全监督工作，定期检查施工过程中使用的危险性建筑材料。要专门配置安全管理专业人员，详细分析施工现场的安全隐患，做好预防准备工作。

（二）水利堤防工程安全管理工作开展措施

1. 加强安全监督

水利工程的堤防工程安全管理工作，主要有定期检查和不定期检查两种工作方式，还要针对施工现场的建筑材料和建筑设备进行重点监控，存在安全风险的建筑区域也要安排专业的监督管理人员定期检查。对于重点监控的设备和区域要有一定的连续性，在工作中能够做好详细的监督记录，避免安全隐患的存在。在施工过程中，施工人员要切实提升自我保护意识，在工作中积极学习安全管理知识，提升安全事故应对解决的能力，按照工程施工规范严格施工管理，减少施工现场安全事故的发生率。安全管理工作人员要重视安全管理工作，加强施工人员的安全意识培养工作，在施工过程中结合安全管理意识，促进安全管理工作的科学落实。水利堤防工程的安全管理工作，是针对水利堤防工程施工过程中的各个施工环节，加强监督和预防工作，把安全管理工作和工程建设工作相结合，制定出符合施工需求的安全管理方案，从而落实到各个施工环节。

2. 提升工程技术领域关键技术应用

水利堤防工程建设中的堤防崩岸预防处理技术，深层覆盖堤坝的地基渗流控制技术，以及水利堤防工程建设的监测技术等都属于工程建设的关键技术。在工程建设的实际施工过程汇总，一定要建立起完善的防渗体系和防渗效果监测机制，使用先进的施工材料和施工技范，更加有理论依据。并且这些制度还会对施工人员和管理人员形成良好的约束，在这种约束下，每个人员都会各司其职。

3. 落实施工合同

水利工程施工合同有很多，每种施工合同中都包括对施工各方人员的权利限制和义务规定以及权益保障，所以也要将其作为施工的重要管理事项。对合同落实状况进行管理，包括合同制定前以及制定中和制定后的管理，要确保合同在每一个管理阶段中，都能保持合法合理以及可靠，能成为各方人员对水利工程进行建设的参考文件。

4. 监督工程质量

水利工程施工最重要的是质量控制，不仅对施工过程的质量控制，最关键的是能保证施工后整体工程的质量。所以要对施工现场建立完备的质量控制体系，控制对象从材料质量到施工技术落实情况以及施工质量竣工检查等，在控制过程中，还要做好相关的质量控制分析报告，制作和分析相关的质量控制图表。管理人员更要履行好管理者的职责，对重要的施工点进行旁站监督，看施工人员是否按照相关规范施工，看施工技术的落实状况，最后还要监督质量验收环节，防止施工企业与验收人员暗地操作，故意隐瞒施工质量问题。总之，加强对工程质量的监督力度，施工管理的总质量才会得到提升。

六、安全综合评价方法

（一）堤防工程安全评价原则

在进行堤防工程安全评价时，堤防安全可定义为：堤防现状能够满足现行标准的要求。要确定堤防现状是否能满足现行标准的要求，首先必须明确堤防工程级别，不同级别的堤防工程所对应的安全要求是不同的。由于堤防多是不同历史时期的产物，在运行一定时间后，防护区防护对象会发生改变，往往与建堤之初或除险加固时有一定差异，在安全评价时，堤防工程级别应根据防护对象现状或规划的防洪（潮）标准确定。

堤防安全评价周期应根据工程级别、类型、历史或保护区经济社会发展状况等来确定，一般每 5 ~ 15a 进行一次，原则上新建堤防竣工验收后 5a 内作首次安全评价，"老堤"原则上 6 ~ 15a 一次；当出现较大洪水、发现严重隐患的堤防应及时进行安全评价。由于堤防工程与水库大坝不同，一般长度较长，不同堤段的运行条件和安全状况差别较大，在一些情况下，其安全评价是针对出险堤段或安全存在问题的堤段进行，因此，为便于实施和操作，安全评价对象可以是堤防整体，也可以是局部堤段。堤防安全评价应划分评价单元，宜以独立核算的水管单位管辖的全部堤防或局部堤段进行评价。评价范围应包括堤防本身、堤岸（坡）防护工程，有交叉建筑物（构筑物）的还应根据其与堤防接合部的特点进行专项论证。此外，在进行安全评价时，应选择有代表性的典型断面进行分析。

（二）堤防工程安全评价内容

《堤防工程设计规范》规定："堤防安全评价应包括现状调查分析、现场检测和复核计算工作"。其中，对于复核计算工作内容，要求"复核堤顶高度、堤坡的抗滑稳定、堤身堤基渗透稳定、堤岸的稳定及穿堤建筑物安全等"。因此，堤防工程安全评价内容应包括：工程质量评价、运行管理评价、防洪安全复核、渗流安全复核、结构安全复核、工程安全综合评价等。考虑到堤防工程一般都有交叉建筑物，交叉建筑物（尤其是穿堤建筑物）所处位置往往是其薄弱环节，运行中容易出现问题。在进行堤防工程安全评价时，不能只对堤本身的安全进行评价，而应将交叉建筑物的安全评价纳入其综合评价结论当中。就交叉建筑物而言，穿堤建筑物如水闸、泵站目前已有相应的安全评价标准，在安全评价时可直接采用进行安全评价；对于跨堤建筑物，一般可不进行工程安全复核，主要评价其对堤防工程防洪安全的影响。

堤防工程安全评价要收集工程设计、施工、管理以及与安全评价相关的社会经济、水文、气象、地形、地质等资料，其中工程现状材料参数取值对安全评价结论影响很大。由于堤防工程一般较长，要进行大范围的、全面的测量、勘察、试验或质量检测工作投入很大，为便于实施，在进行评价时，对出现过影响工程安全现象、质量存疑或资料不齐全的堤段，应进行补充测量、勘察、试验或质量检测等复查工作，复查时布置适量的地质钻孔，查明堤身、堤基情况。补充勘察、质量检测应遵循下列要求：应与工程安全评价内容相协调；宜在非汛期进行；应选择在能较好地反映工程实际安全状态的部位进行；宜采用无损检测方法，如必须采用破损检测，应在检测结束后及时予以修复。

（三）堤防工程质量评价

堤防工程质量评价主要是通过现场安全检查，辅以必要的手段，对现状工程质量与设计要求进行对比，评价现状工程质量。工程质量评价可采用下列方法。现场巡视检查。通过直观检查或辅以简单测量、测试，复核堤防各部分的体形尺寸、外部质量以及运行情况等是否达到了现行标准的要求。历史资料分析。对有资料的堤防通过工程施工期的质量控制、质量检测、监理、验收报告以及运行期管理记录（包括安全监测）等档案资料进行复查和统计分析；对缺乏资料的堤防，通过走访收集资料，并与有关标准相对照，评价工程的施工质量。勘探、试验检查。根据需要对堤身或堤基进行补充勘探、试验或原位测试检查，取得参数，并据此进行评价。

堤防工程质量评价包括堤基处理质量评价、堤身工程质量评价、混凝土结构质量评价、砌石结构质量评价等内容。堤基质量评价应根据堤基特性和土层结构，复查堤基处理方法的可靠性和处理效果等，重点复查含有"老口门"、古河道、地震断裂带的堤基以及软弱堤基、透水堤基处理的工程质量是否达到有关标准要求。堤身工程质量评价的复查重点是填料压实度或相对密度合格率，填料的性质和强度、变形及防渗、排水性能是否满足规范要求，防渗体和反滤排水体是否可靠，堤坡是否稳定。混凝土结构质量评价的重点是混凝土结构的整体性、耐久性以及基础处理的可靠性，对已发现的裂缝、剥蚀、漏水等问题需进行调查、检测，并分析其对堤防稳定性、耐久性以及整体安全的影响。砌石结构质量评价的重点是砌石结构的整体性以及基础处理的可靠性，对已发现的倾斜、裂缝、砂浆脱落、石块松散、浆砌石漏水等问题需进行调查、检测，并分析其对堤防稳定性、耐久性以及整体安全的影响。

综合堤基处理质量、堤身工程质量、混凝土结构质量、砌石结构质量等的评价结论，可将堤防工程质量分为三类。

第一，实际工程质量均达到现行标准和设计要求，且工程运行中未暴露出质量问题，工程质量评价为优良；第二，实际工程质量大部分达到现行标准和设计要求，或工程运行中已暴露出某些质量缺陷，但尚不影响工程安全，工程质量评价为合格；第三，实际工程质量大部分未达到现行标准和设计要求，或工程运行中已暴露出严重质量问题，影响工程安全，工程质量评价为不合格。

（四）堤防工程运行管理评价

运行管理评价的目的是为安全评价提供堤防工程的运行、管理及性状等基础资料，作为堤防工程安全综合评价及分类的依据之一。运行管理评价重点是考评运行管理有关制度的制定、落实以及已发现问题的处理情况，评价应涵盖工程整个运行期，重点评价工程现状。堤防工程运行管理评价包括以下内容。堤防工程是否明确管理体制、机构设置和人员编制，是否明确工程管理和保护范围，管理部门是否按要求进行管理。工程是否按审定的防洪规程合理运用，各项设施和设备是否完备，是否制定了应急预案，各项规章、制度或计划（或文件）是否齐全并落实。堤防工程是否得到完好的维护，并处于完整的可运行状态。工程观测项目和设施是否合理，观测是否得到有效实施，观测资料是否整编分析。白蚁（害堤动物）防治工作是否有效实施，工程是否达到无蚁害（无害堤动物）堤坝标准并通过达标验收。管理单位是否收集并妥善保存堤防相关的工程资料和运行管理资料。

根据以上几方面的评价结论，可将堤防工程运行管理分为三类：堤防工程维护良好，运行管理正常，运行管理评价为好；堤防工程维护尚可，运行管理基本正常，运行管理要求的大部分内容已按相关要求做到，运行管理评价为较好；运行管理要求的大部分内容未按相关要求做到，或运行管理存在严重影响堤防安全的缺陷，运行管理评价为差。

（五）堤防工程安全复核

堤防工程安全复核包括：防洪安全复核、渗流安全复核、结构安全复核、交叉建筑物安全影响复核，评价结果分为 A、B、C 三级，其中 A 级为安全可靠；B 级为基本安全，但有缺陷；C 级为不安全。

1. 防洪安全复核

防洪安全复核应根据堤防工程原设计洪（潮）水位和堤防工程建成后的洪（潮）水情变化、堤防工程所在河段的河道演变情况进行设计洪（潮）水面线复核，并考虑堤防工程保护范围内经济社会发展情况，评价堤防工程现状防洪能力是否满足现行有关标准要求。防洪安全复核应明确给出以下结论：（1）原堤防工程设计防洪标准和堤防级别是否需要修改；（2）堤防的实际防洪能力是否满足国家现行标准的要求。堤防工程安全评价时，如论证得出堤防工程防洪标准和堤防级别与原设计不同，则需要按照修改后的现状防洪标准和级别来进行安全评价。通过计算复核，堤防防洪安全一般存在两种情况，一种是堤防实际防洪能力能够满足国家现行标准的要求，另一种是堤防的实际防洪能力不能够满足国家现行标准的要求。在进行堤防工程防洪安全复核时，我们可采用分级来界定不同情况下对应的堤防防洪安全状况，分级原则如下：

（1）堤顶高程均满足标准要求，防洪安全定为 A 级；

（2）堤顶高程不满足标准要求，但欠高不大于 0.3m，防洪安全定为 B 级；

（3）不满足 A 级和 B 级条件的，防洪安全定为 C 级。

选择欠高在 0.3m 以内作为 B 级的设定标准，是基于堤防的安全加高值来考虑的。根据有关规定，堤顶高程应按设计洪水位或设计潮水位加堤顶超高确定，堤顶超高由设计波浪爬高、设计风壅水面高度和安全加高值三部分组成，其中设计洪（潮）水位加设计波浪爬高和设计风壅水面高度是设计洪（潮）水实际到达的高度，安全加高值只是一种安全储备。当堤防按不允许越浪设计时，1～5 级堤防的最小安全加高值为 0.5m；当堤防按允许越浪设计时，1～5 级堤防的最小安全加高值为 0.3m。当局部堤段堤顶高程欠高在 0.3m 以内时，不论按允许越浪或不允许越浪设计，1～5 级堤防的堤顶（防浪墙顶）高程均高于设计洪（潮）水实际到达的高度，可认为是基本安全的，只是安全储备较小或没有安全储备。由于堤防工程不同于水库，其水头相对较低，失事影响相对更小，堤顶高程不满足标准要求时，补救及抢险也相对更加容易，因此，可考虑将堤顶高程不满足标准要求但欠高在 0.3m 以内的堤防工程防洪安全定为 B 级。

2. 渗流安全复核

渗流安全复核应分析堤防当前实际渗流状态和已有渗流控制设施能否满足现行有关标准安全要求。渗流安全复核包括以下内容：

（1）复核工程的防渗与反滤排水设施是否完善，设计、施工是否满足现行有关标准要求；

（2）针对工程运行中发生过的异常渗流现象进行分析，判断是否影响工程安全；

（3）分析工程现状条件下各防渗和反滤排水设施的工作状态，并预测在不利设计工况运行时的渗流安全性。

渗流安全复核方法主要有：现场检查法、监测资料分析法、计算分析法等。现场检查法对工程现场进行检查，当发生以下现象时可认为堤防的渗流状态不安全或存在严重渗流隐患：

（1）堤身、堤基及穿堤建筑物周边的渗流量在相同条件下不断增大、渗漏水出现浑浊或可疑物质、出水位置升高或移动等；

（2）堤身临背水坡湿软、塌陷、出水，堤脚严重冒水翻砂、松软隆起或塌陷，外江出现漏水漩涡、铺盖产生严重塌坑或裂缝等；

（3）堤身与穿堤建筑物结合部严重漏水，渗漏水浑浊等。监测资料分析法是根据渗透压力、渗流量及其变化规律，判断堤防渗流的安危程度。计算分析法则根据工程现状的具体情况、地质条件和渗透参数等，按现行有关标准进行复核计算，当有监测资料时，应与监测资料比较分析，判断堤防渗流的安全状况。

渗流安全复核的分级原则如下：

（1）渗透坡降和覆盖层盖重满足相关标准的要求，且运行中无渗流异常现象的，其渗流安全定为 A 级；

（2）渗透坡降和覆盖层盖重满足相关标准的要求，运行中存在局部渗流异常现象但不影响堤防安全的，其渗流安全定为 B 级；

（3）渗透坡降和覆盖层盖重不满足相关标准的要求，或工程已出现严重渗流异常现象的，其渗流安全定为 C 级。

3. 结构安全复核

结构安全复核应分析现状堤防，能否满足现行有关标准的结构安全性要求，复核重点应为运行中曾出现或可能出现结构失稳的险工、险段。结构安全评价应得出如下明确结论：

（1）堤防的结构安全是否满足标准要求；

（2）堤防是否存在危及安全的变形和隐患。结构安全复核应选取典型断面进行，复核计算与现场检查、补充勘查、试验检测和监测资料分析相结合，其中计算参数按堤防现状选定。

土堤结构安全复核主要包括：堤顶宽度和堤身坡度；临背水堤坡稳定性；堤坡、堤脚的抗冲稳定性。

防洪墙结构安全复核主要包括：墙体强度；墙体变形和稳定性。

堤岸防护工程结构安全复核主要包括：防护体强度；防护体抗冲稳定性。

结构安全评价分级原则如下：结构安全均满足标准要求，且未发现危及安全的变形和隐患的，其结构安全定为 A 级；结构安全不满足标准要求，但抗滑、抗倾覆稳定安全系数能满足工程级别降低一级的相应要求，同时未发现危及安全的变形和隐患，其结构安全定为 B 级；不满足 A 级和 B 级条件的，其结构安全定为 C 级。

4. 交叉建筑物安全影响复核

交叉建筑物安全影响复核目的是评价交叉建筑物（构筑物）对堤防安全的影响，作为堤防安全综合评价及分类的依据之一。交叉建筑物分为穿堤建筑物和跨堤建筑物，穿堤建筑物包括涵、闸、泵站、管道等，跨堤建筑物包括桥梁、渡槽、管道、线缆等。对穿堤的各类建筑物应按现状进行验算和复核，确保满足下列要求：满足防洪要求；运用状况良好；结构强度满足要求；周边填土的厚度和密实度满足设计要求；分段的接头和止水良好；外周与土堤接触部能满足渗透稳定要求。

交叉建筑物安全影响评价分级原则如下：交叉建筑物安全性满足相关标准要求，未发现异常现象，其安全影响评定为 A 级；交叉建筑物安全性满足相关标准要求，与堤身结合部存在局部缺陷，但不影响堤防安全，交叉建筑物安全影响评定为 B 级；交叉建筑物安全性不满足相关标准要求，或与堤身结合部存在安全隐患，影响堤防安全，交叉建筑物安全影响评定为 C 级。

（六）堤防工程安全综合评价结论

堤防工程安全综合评价是依据工程质量、运行管理、防洪安全、结构安全、渗流安全、交叉建筑物安全影响评价结果进行综合分析，评定堤防工程安全类别。堤防工程安全综合评价可对堤防工程总体评价分类，也可分堤段或分桩号进行。堤防工程安全综合评价结果分为三类：一类堤防安全可靠，能按设计正常运行；二类堤防基本安全，应在加强监控下运行，并及时对局部缺陷进行处理；三类堤防不安全，属病险堤防，应尽早除险加固。对评定为二、三类的堤防，应提出加固处理建议，其中三类堤防在未除险加固前，必须采取相应的应急措施，确保工程安全运用。

堤防工程安全综合评价分类原则如下：防洪安全、结构安全、渗流安全、交叉建筑物安全影响评价均达到 A 级的，为一类堤防；防洪安全、结构安全、渗流安全、交叉建筑物安全影响评价均达到 A 级和 B 级的，为二类堤防；防洪安全、结构安全、渗流安全、交叉建筑物安全影响评价中有一项以上（含一项）是 C 级的，为三类堤防；防洪安全、结构安全、渗流安全、交叉建筑物安全影响评价中有一至二项是 B 级（不含防洪安全），其余均达到 A 级，同时堤防工程质量优良且运行管理好的，可升为一类堤防，但要限期将 B 级升级。

第二节　疏浚工程

一、对环境的影响

由于疏浚工程的主要对象为沉积在水底的泥沙，疏浚工程及疏浚活动将对环境造成一定的影响，因此，研究和分析疏浚工程对环境的影响因素及程度，对于保护环境具有十分重要的意义。

绝大多数的疏浚工程都将增加施工现场的水深，改变河流或海岸的地形地貌及生物栖息地，对当地的水动力条件也有着一定程度的影响，从而改变污染物的迁移运动规律，对环境的影响往往是长期的。而疏浚活动本身也会对环境带来一定的影响，相对而言，其短期影响往往更加明显，如疏浚引起水体悬浮泥沙浓度急剧增加并释放各种污染成分，不同的疏浚工程对环境的影响程度不同，影响方式在疏浚施工的不同阶段表现形式不同，本书从疏浚工程主要阶段、疏浚船舶类型等方面分析了疏浚工程对环境的主要影响，为设计和制定疏浚施工方案、减小疏浚对环境的不利影响提供参考。

（一）不同疏浚阶段对环境的影响分析

对于不同的疏浚项目，往往根据疏浚目的、泥沙特性、水文环境以及施工条件等各方面的因素而采用不同的施工工艺和设备，疏浚作业的过程也各不相同，通常来说，均包含水下泥沙挖掘、疏浚泥沙垂向提升、泥沙水平输送和处置等主要环节或阶段，最简单的疏浚流程，不同阶段的施工作业将对环境产生不同的影响。

1. 水下泥沙挖掘

该步骤的主要目的是将待疏浚泥沙从原位置移除，采用挖斗、铲斗、铰刀、耙头等工具进行挖掘，在上述装置的挤压、切削作用下，床面泥沙凝聚力被破坏并发生移位，部分泥沙被疏浚设备输送至其他地方待进一步处理，部分泥沙散落在疏浚点附近，部分泥沙悬浮至水体中。

在挖掘泥沙的过程中，对环境的影响包括：

（1）增加悬浮泥沙浓度，在疏浚设备的旋转切削作用下部分泥沙进入悬浮状态，悬浮泥沙浓度取决于底泥基本特性、疏浚设备的类型、挖掘能量、垂向提升方法及其他施工参数；

（2）释放污染物，悬浮在水体中的污染泥沙将通过解吸作用向水体中释放污染物，释放强度及速率受悬浮泥沙浓度、泥沙本底吸附值、水体物理化学环境、吸附动力学特性；

（3）疏浚残留泥沙若含有污染物则将成为新的污染源。

2. 疏浚泥沙垂向提升

疏浚过程的第二个关键环节是将挖取的泥沙提升至水面，可采用机械方法或水力方法，与采用的疏浚船舶相关。当采用机械式挖泥船时，疏浚泥沙被置于泥斗之中被提升至水面，而采用水力式挖泥船时，通常采用吸泥管吸取疏浚泥沙，在离心泵作用下，泥水混合物被吸入吸泥管并通过排泥管线输送至目的地。

挖取的泥沙在提升过程中对环境的影响包括：

（1）若采用开敞式挖泥斗进行机械输送，提升过程中将不可避免与水体接触，在水体的稀释和冲刷作用下，水体悬浮泥沙浓度将增大，悬浮泥沙浓度受挖泥斗类型及容量、提升速度等因素影响；

（2）而采用水力输送时，其主要影响因素为吸泥管的吸入能力，若吸入能力不足以输送全部的挖掘泥沙，则将生成大量的疏浚残留污染环境；

（3）若采用耙吸式挖泥船或泥驳装载泥水混合物时，溢流将使得水体中的悬浮泥沙和污染物的浓度增加。

3. 疏浚泥沙水平输送

从床面挖取并提升至水面的泥沙需运输到目的地进行进一步处置或处理，其水平输送方式包括耙吸式挖泥船输送、泥驳运输和水力管线输送，一般而言，机械疏浚采用泥驳运输，水力式挖泥船采用管线输送，耙吸式挖泥船可直接用船舶输送。相比其他阶段而言，疏浚泥沙的水平输送对环境的影响较为微小，其主要风险来自于疏浚泥沙泄漏。

4.疏浚泥沙处置

疏浚泥沙被输送至目的地后，根据疏浚目的、泥沙特性及可利用程度进行进一步处置，包括吹填陆域、岸滩养护、海上弃置、陆上弃置、隔离弃置等。

疏浚泥沙处置是疏浚工程的最后阶段，处置位置不同，其对环境的影响不同：

（1）若采用水下处置，在水动力作用下，细颗粒泥沙将不同程度的向四周扩散和运动；

（2）若采用陆上处置，如吹填陆域、岸滩养护，其主要污染主要来自于泥水分离过程中的余水排放和溢流；

（3）此外，如若没有采取相应的保护措施，陆上处理疏浚泥沙也将可能对处置点附近地下水水质带来负面影响。

（二）不同类型疏浚船舶对环境的影响分析

随着疏浚市场的蓬勃发展和科学技术的飞速进步，为了满足不同工程的施工要求，各船舶公司研制了不同类型的疏浚船舶投入使用，在工程中较为常见的挖泥船可分为机械式和水力式两大类。机械式挖泥船主要运用挖掘机具进行水下挖掘，利用机具本身进行垂向提升以达到疏浚目的，主要包括抓斗挖泥船、铲斗挖泥船和链斗挖泥船等；水力式挖泥船则利用机械旋转切割水下土层，将泥沙与水混合形成一定浓度的泥浆，通过输泥管道输送上岸，包括吸扬式挖泥船、绞吸式挖泥船和耙吸式挖泥船等。

二、施工技术应用

（一）环保疏浚工程的注意事项

港口航道疏浚工程在施工过程中，会对周围的生态环境造成严重破坏，要想减少港口航道疏浚工程对生态环境的破坏，就需要在港口航道疏浚工程施工中融入相应的环保理念，并对环保理念下的港口航道疏浚工程进行更为深入的分析，从而对周围的生态环境形成良好的保护，以减少污染的发生。

1.严格控制施工精度

（1）施工中要防止造成污染底泥扩散和泄漏，尽量减少扰动河道底部污染底泥的次数。

（2）严格控制施工质量和提高施工精准度，一般情况下水域污染底泥会有10 ~ 50cm的沉淀，而且厚度很少超过1m，相对来说不是很厚，对施工精度要求较高。

在施工过程中要根据污染底泥分布的情况先进行污染底泥疏挖，在减免超挖的情况下进行污染底泥的清除，争取做到污染底泥先冲填在冲填区的底部，未污染的疏浚弃土覆盖在污染底泥的上层，以减少污泥的处理方式，最大限度地保护环境,因此施工要求相当严格。

2.尽量减少对环境的污染

港口航道疏浚工程因挖泥船绞刀、抓斗等对河道底泥搅动，加大了河道污染底泥的分散。如果不能用合理的方法处理这些污染物，就会继续使污染物扩散，严重恶化水质，后果不堪设想。无机悬浮物在航道常规疏浚中是最主要的污染源，它会给生存在水域中的各类生物造成不利影响，可能使水生生物生态体系遭受破坏。此外，如果疏浚弃土不及时、科学地处理，会给附近地下水造成威胁。所以港口航道疏浚工程要选用科学的方法处理弃土，使环境被污染的风险降到最低。

3.安全有效地处理污染物

清除出来的污染物要运用合理的技术处理,排泥场排放尾水泥浆浓度要严格控制在1%以内,避免对生态环境和周围地下水产生危害。

4.加强水质监测，杜绝船舶排放垃圾

施工过程中必须杜绝任何船舶进入区域排放垃圾和污水。此外要对水质进行专业监测，密切观察水质情况，敏感水域要加强监测，掌控水域的水质情况。还要对回水浓度、泥浆浓度等进行专业的监测。

（二）生态环保在港口航道疏浚工程中的作用

1.制定有效合适的港口航道疏浚方案

在工程中仔细察看、调查河道可能出现的污染情况，根据分析调查结果，可以更加合理地安排施工组织设计方案。依据分析调查结果对污染物进行测算，据此合理规划疏浚工程施工方案，科学合理地划分疏浚工作的施工区域，选择合适的疏浚工艺，根据方案制定相应的工作制度，选用合适的专业机械设施，确保港口航道疏浚工程正常进行。

2.选择合适的疏浚时间

为避免对港口底栖生物的生存环境造成影响，要选择合理的季节和时间进行施工。另外沿海地区海水水流速度在涨潮和退潮时是不一样的，在这期间悬浮物很难沉下来，这也是要考虑的因素之一。

3.选择科学方法处理污泥

吹填余水和堆积的污泥必须采用科学的方法。在疏浚吹填过程中，应当增大排泥场面积以延长自然沉淀时间，排泥场内要增加纵横隔埂，以对施工余水进行有效掌控。污泥处理方式主要有生物性修整、集中处理、可回收利用和封闭堆放等。设计堆放污泥的场地时要充分考虑悬浮固体含油量、细微污染物的分布、污泥含量和利用价值。

4. 弃土的用途和处理

在港口疏浚工程中被废弃的泥土通过相应的处理，是完全可以再利用的。要尽量挖掘其再利用价值，将没用的弃土变成可回收利用的再生能源。那些在疏浚工程清理出来的弃土属于非污染原生土，里面含有化肥缺少的微量元素和许多的有机元素，是一种很好的农业有机肥。将其填充到农田中，既能把这些弃土处理掉，减少了疏浚工程的成本和费用，也可使被填充的土地更加肥沃。

（三）疏浚工程施工技术的应用

1. 围堰施工

在航道疏浚过程中，可将挖出的泥土用于修建围堰，用于围堰的泥土应是具有一定稳定性的人工填土，且不能使用任何的杂质土或淤泥，以确保围堰的稳定性。

2. 挖槽施工

在挖槽施工时，可通过在临近区域进行重复挖槽的方法，降低漏挖的可能；在施工过程中应边挖掘、边测量，同时根据测量所得数据绘制出新的断面图；在挖槽过程中，随时对挖掘方位进行调整，一边调整一边进行重复挖掘，且将重复挖掘宽度控制在 5cm，避免出现漏挖现象；对于挖槽的深度，一般会通过试挖进行初步判断，根据试挖效果对土层强度进行初步了解，再将收集到的数据和资料进行深入分析，并结合挖槽的要求合理设置设备的使用位置及方式。

挖槽施工的准备工作内容如下：

（1）根据相关的经济情况和环保要求，严格按照招标文件中的规定进行施工；根据施工当地的经济条件以及社会辅助及时调整施工规划，保证航道疏浚工程区域之间的相关水利工程能融合成一个整体，以确保航道建设工程的质量。

（2）对于航道疏浚工程的内河航道施工而言，由于施工设备的特殊性，可采用挖泥船和附属船舶同时施工。设备质量和性能会直接影响着航道疏浚工程的施工质量，故在施工过程中需严格遵守相关要求来选择设备，在保证施工所用设备的先进性以及满足施工要求的同时，尽可能节约成本。

（3）一般工程放样工作需在水下进行，相对而言难度较大，因此，可利用 GPS、DSH 等探测仪器进行作业，尽可能降低误差，同时为了保证放样工作的有效性，应选择比较适合的天气进行作业。

3. 泥土处理

（1）吹填法。吹填法主要是指利用泥泵将挖掘出的泥土运输到填土区中，以便进行综合管理，同时还能避免泥土回流到航道内造成水源污染和航道阻塞现象。在采用吹填法处理泥土时，首先要选择适合的泥土场地，在没有接力泵的情况下就近吹填时，按照排泥管线的长度和挖泥船的扬程长短，选择合理容量和数量的泥土场地；其次尽量选择荒地和废坑等地方作为泥场，并在其四周构筑沟渠，确保其起到有效排水作用。

（2）边抛法。在对泥土进行处理时，可使用长悬臂架将泥土排放到内航道的一侧，针对泥土中颗粒较大的沙质土可起到良好的去除效果。由于泥土被抛出的距离直接受到长悬臂架长度的影响，因此，这种处理方法在一定程度上无法缩短抛泥的工作时间，对工作效率的提升也有一定的限制。通过泥泵吸取出来的泥浆被排放到泥舱两侧的溢流口中，并排入水中，这样可以有效筛选粗颗粒泥土，减少泥沙在河底的沉积。

（3）水下抛泥法。航道疏浚过程中，由于部分航道内的土质较差，挖掘后无法对泥土进行利用，这时应选用水下抛泥法对泥土进行处理。具体是指将航道所挖出的泥土直接填抛在合适的区域内，但并不是所有的河道都适合该处理方式，故在选择水下抛泥法时应注意以下几点内容：水下抛泥区面积足够大，方便抛泥船只正常行驶；下抛泥区距离挖槽区域距离不能过远，避免增加施工成本；施工区域内的水流速度一定要小，且河道的容量要大，避免出现泥土回淤现象。

4. 航道维护技术

（1）航道浅滩的维护。在维护航道浅滩时，充分利用挖泥船，在挖泥船进行作业过程中，注意对过往船只的避让，保证航道的安全运行；对于挖泥船所产生的泥土，应及时进行处理，确保施工不会受到泥土堆积的影响。

（2）航道筑坝的维护。航道疏浚工程的维护要想通过筑坝工程来实现，应对筑坝工程施工进行详细规划和设计。一般可通过不同类型的筑坝工程来实现对航道维护的目的，比如锁坝、丁坝、导堤等，甚至可以结合多种工程一起施工，以发挥出最佳的维护效果。

（3）周围生态环境及施工设备的维护。在工疏浚程施工过程中，航道虽然对航道面积起到扩充作用，方便船只运行，但这一过程中消耗大量能源，不仅增加了施工成本，而且对周围生态环境造成一定程度的破坏，故在施工过程中应注重对周围生态环境的保护，具体做法为：做好施工前调研工作。结合当地环境特点，制定完善的保护计划等，最大限度减小巷道疏浚工程对周围生态环境所造成的影响。

另外，对于施工设备的维护，应在实际施工中根据地区条件，选择适宜的设备进行施工，这是一种对设备进行直接保护的措施。同时在选择设备的过程中，应根据不同的排距选择适应的设备进行施工，比如对于排间距在4000m以内的可使用绞吸船。

三、合同管理

（一）疏浚工程管理实施现状

现阶段，我国疏浚工程合同管理实施依旧存在一些问题，这对疏浚企业的工作以及将来的发展带来了很大的负面影响，其主要是对疏浚工程合同的认识和重视不足以及疏浚工程合同的执行力度不足这两个方面，下面就对此展开分析。

1. 对疏浚工程的认识和重视不足

目前，各个疏浚企业绝大多数是根据合同管理要求对疏浚工程合同展开严格的检查，其目的就是通过这些严格的流程以及对疏浚工程合同的认真评审来消除自身在履行合同约定可能出现的问题，还有业主能力不足以及相关的不稳定因素。不过，从实际情况来看，相关的单位对合同的认识并不够深刻，其对于疏浚工程合同的重视程度也不足。这主要体现在疏浚工程合同的管理员只不过将合同单纯地交给执行人，其并没有将疏浚工程合同的内容和签约状况对执行人进行细致的交代。还有就是执行人展开正常的施工管理，其并没有认真组织学习合同的内容。

2. 疏浚工程的执行力度不足

疏浚工程合同对于双方的合作十分重要，其是维持双方合作的关键纽带，双方都需要根据合同的规定完成相关事务。不过，在实际情况中，双方并不能认真按照合同的要求办事，不仅如此，还出现了行动拖延等情况，这就让双方违背了合同的要求。疏浚行业还时常出现无法及时的完工以及工程款无法及时付清等情况，这也导致疏浚合同不被重视，其管理也只不过是表明形式。

（二）疏浚工程管理实施要点

要想提升疏浚工程合同管理水平，还是需要抓住其实施过程中的关键点，企业可以通过建立合理科学的合同管理体系以及加强疏浚工程合同管理人才的培养来提升企业合同管理的能力。

1. 建立合理的合同管理体系

要想提升企业对疏浚工程合同的有效管理，可以通过建立合理的合同管理体系来实现。这样就可以让疏浚工程合同管理变得更为规范，如此，才能确保合理管理工作更为高效的展开。疏浚工程的开展涉及的单位很多，这就需要各方加强合作，相互紧密地配合，才能保证各项疏浚工程任务顺利完成。因为疏浚工程的参与者十分复杂，所以，合同在签订和履行的每个环节都需要严格管理，如此才能保证各方的利益与疏浚工程的推进。不仅如此，疏浚工程管理是十分专业性的工作，需要专业的人才进行管理，管理人员要能灵活运用专业知识，以及精通疏浚工程各个阶段的业务。

2. 加强疏浚工程管理人才的培养

要想加强疏浚工程合同管理的效率与质量，其根本就在于合同管理人才的培养。加强疏浚工程合同管理工作需要加强培养综合人才，这样的疏浚工程合同管理人员具备较高的管理能力和创新思维，不仅如此，其还要能善于结合时代发展下的新技术对疏浚工程合同管理展开创新，以提升其管理效率。疏浚工程合同信息化管理是通过疏浚工程合同管理人员展开的，管理人员的能力和素养决定着疏浚工程合同管理的质量和效率。需要对疏浚工程合同管理人员进行计算机、软件操作等方面的专业培训，让疏浚工程合同管理人员具备更强的能力，并且能通过数字技术对合同资料进行汇编，这样对疏浚工程合同的储存和管理十分便利。

（三）疏浚工程管理实施风险控制

要想有效地提高疏浚工程合同管理以及风险控制的水平，就需要从我国现阶段疏浚工程合同管理的实际情况出发，对其中存在的风险问题采取针对性的解决措施，这样才能有效地预防疏浚工程合同管理中存在风险的发生，下面从几个角度具体对疏浚工程合同管理实施的要点以及风险控制的方法展开分析。

1. 风险规避

疏浚工程合同管理风险控制的一种常用有效的方法就是对风险进行规避。风险规避这种方法一般常用在风险承受能力不够强的企业。风险规避这种方式是对还没发生的可能性风险问题进行提前的预防，具体来说，其主要有试探风险承担以及拒绝风险承担这两个部分。先从第一点，也就是试探风险承担展开分析，这种形式常用于疏浚工程合同风险的防控中，其需要结合相关的风险评估标准，对企业进行分析，从而得出企业一些可能性的风险问题。然后根据合同的相关规定来对这些风险进行判断，看它们是否在企业疏浚工程合同管理风险承受范围之中。还有一点就是拒绝风险承担，这种形式主要运用在疏浚工程合同管理风险的评估，如果企业没有能力降低合同管理风险，企业可以为了自身的稳定发展，拒绝签订合同，这样就可以对相关的合同管理风险进行规避。

2. 风险承担

疏浚工程合同管理的风险控制还可以通过风险承担的方法加强控制。企业的风险承担方法关键是结合外界的情况，对疏浚工程合同管理可能面临的风险进行控制，将其控制在标准范围之内。在这个过程中，企业的风险承担方法主要是通过两种方法。第一个方法是企业进行担保，企业担保就是指企业当下所掌握的情报和能力不能对可能出现疏浚工程合同管理风险进行有效控制，这时候就可以采取企业担保这种风险防控方法。还有一种就是方法就是风险分散，这种方法就是企业将疏浚工程合同进行拆分，结合当下企业合同管理面临的各种风险问题进行分配，这样就可以有效降低疏浚工程合同的管理风险。企业在经营过程中，通过公司担保以及风险分散这两种风险防控方法，可以有效地降低疏浚工程合同的管理风险，从而达到有效的风险控制。不仅如此，其还能推动企业获得更大的经济效益。

四、分包管理

（一）疏浚工程项目分包存在的风险

一般来说，分包商方面的风险主要有项目履约风险、项目技术风险以及项目管理风险等。

1. 疏浚工程项目履约风险

××疏浚工程项目的分包商通常都是规模较小、资本较少的企业或个人，他们的信誉度比较低，虽然承包商和分包商之间签订了分包合同作为保障，但是在分包商履约质量方面常常得不到有效的保证，这就增加了××疏浚工程项目履约风险。

2. 疏浚工程项目技术风险

由于规模小、资金少，分包商的技术实力相对于承包商来说总是显得比较低，其施工人员的专业素质也比较低，而疏浚工具的操作是专业人才才能顺利实施的，疏浚工具的保养也是专业性很强的方面，这对于项目实施人员的专业素质提出了更高更严格的要求，而素质低的工程实施人员则会带来技术方面的风险，故必须要加强施工人员的专业素质教育和培训。

3. 疏浚工程项目管理风险

为了降低工程实施成本，分包商往往会从人员费用支持方面入手进行人员的精简，这将导致疏浚工程项目的管理人员不足，使得相关管理职责的缺失，这就给疏浚工程项目的各项管理带来比较大的风险。

（二）疏浚工程分包商的管理

如何加强对分包商的管理在疏浚工程项目中显得尤为重要，本书主要从以下几个方面进行阐述：

1. 在合同方面

承包商作为疏浚工程的合同主体，承担着工程建设的责任，分包商与承包商签订合同，但是分包商并不承担疏浚工程项目的建设责任，因此承包商与分包商签订合同并不能使之分担自己的重担，反而要承担一些原本没有的风险。分包商在履行和承包商之间签订的合同过程中，难免会有一些不可控制的突发事件影响分包工程的建设，这就使得分包合同面临着违约的风险，从而导致合同纠纷。之所以会产生这些问题，最主要的一个方面就是疏浚工程项目的分包合同涵盖的方面太广，而且由于疏浚工程项目的实施周期通常都比较长，因此容易导致问题的出现。一般要制定合理的应对措施，避免以上情况的发生：

（1）合同谈判阶段。在合同谈判之前，合同谈判的参与人员应需要相当了解合同所包含的各个方面的内容，特别是对于项目工程分包行为中常见的矛盾，需要有较多的应对经验。因此，在合同谈判的整个过程中必须要保持清醒的头脑，澄清以下几个内容：疏浚工程项目的合同履行范围；出现变更需要时该采取什么样的变更手续；疏浚工程项目合同双方的责任和义务；明确规定发生违约情况时的赔偿事项；采取什么样的支付方式；出现风险的保障措施；出现争执和矛盾时的处理程序。

（2）合同签署阶段。在完成合同谈判的步骤之后，合同双方可以进行下一步的操作，共同签订明确双方权利和义务的工程项目合同。合同文件中除了包含主体规定部分以外，还包括跟合同有关的协议书、承包商的相关资料说明等文件。

（3）合同执行阶段。在签订合同以后，需要对合同的履行情况进行跟踪，确保合同能够在合同期限内能够有效完成，这个跟踪管理的过程是动态发展的过程，目的就是使得合同双方都能够重视合同履行的质量并不断改进自身的行为。

（4）工程的验收和修补。在疏浚工程项目的合同中，必须要明确规定工程完成后的验收程序和发生工程缺陷时的补救方法和程序。当分包商完成工程的分包任务时，可以叫承包商来验收已经完成的分包工程，承包商如果没有正当理由不能够推托和拖延时间。承包商根据分包工程的完成状况进行验收，同时还要约定如果分包工程存在缺陷，分包商需要承担必要的维修责任。因此，承包商和分包商进行合同谈判的时候，必须要明确工程交付的细则，规定分包工程移交的相关责任。

（5）合同变更。由于疏浚工程项目中存在很多的突发因素和状况，有可能会导致合同的履行条件和发生改变，影响整个工程项目合同的履行，因此承包商和分包商之间必须要约定合同变更的相关事项，并将其形成文字写进工程项目的合同当中。

（6）合同支付。在约定合同事项的过程中，合同支付形式也需要明确地写进合同中。不同的工程项目有不同的具体情况，因此其合同支付方式需要区别对待。疏浚工程项目的规模较大，实施过程中涉及的范围较广，因此在工程项目合同中需要对合同支付方式进行细致、明确的规定，只有这样才能够有效地减少因合同支付方式不明而产生的不必要纠纷。

2.进度管理方面

通常情况下，承包合同中设置了比较详细的工程实施进度计划，明确规定要在一定期限内完成工程项目，有些合同中甚至明确规定了工程项目的具体实施节点。在实施疏浚工程项目中，实施过程的进度管理更是重中之重。因此，必须要密切关注分包商的工程实施进度，采取相关策略方案来加强施工进度的管理，确保工程能够在既定的期限内顺利完成。

（1）严格管理资金的发放。分包工程的建设资金必须要严格控制，按照分包工程的实际完成工作量和工程的完成进度来发放资金，使之能够获得正常维持分包工程建设所需的资金。但是，分包商的规模较小，资金较少，通常其本身的硬件设施难以满足合同中规定的生产建设的需要，这就使得分包商难以顺利获得工程预付款。再加上包商工本身的资金实力并不雄厚，因此常常会使得实施工程所需的资金链断裂，影响疏浚工程的整体建设。疏浚工程项目的实施过程中，必须要着眼于大局，时刻关注预付款支付的支付情况，确保以最有效的支付方式来支付预付款项。通过严格控制工程资金的发放与管理，从而为盘活分包商所需的生产建设资金打下坚实的基础。

（2）严格管理合同执行过程。在合同履行过程中，必须要密切关注分包合同的执行情况，定期对这些情况进行分析，及时发现和解决当中存在的问题和矛盾。对于分包商来说，如果遇到建设困难，可以向承包商寻求必要的支援。在每个月的月底，承包商要认真检查分包商在当月的工程完成量，认真审核后才付给相应的工程款项，以避免承包商的利益遭受不合理的损失。

（3）建立合同管理台账。工程项目管理包含的内容比较多也比较复杂，除了要对合同的履行状况进行管理外，还要进行其他一系列的管理，其中一个很关键的环节就是合同的台账管理。合同台账能够直观地反映出工程项目与承包商、承包商与分包商之间的各种人员、设备、费用、成本的使用情况，便于工程项目管理者全面掌握疏浚工程项目的实施进度，从而为实施相关的管理决策和管理操作提供真实可靠的参考和保证，实现有效地对疏浚工程项目进行监督和管理的目标。

（4）加强疏浚工具的信息收集。疏浚工具是疏浚工程中必不可少的工具，在实施××疏浚工程项目的建设中，必须要了解所依靠的疏浚工具的生产能力和效率，同时还要收集其他疏浚工具的相关信息，从中选择更为适合××疏浚工程项目的疏浚工具，从而协助分包商更好地完成工程项目。

（5）加强工程实施进度的监督管理。为了确保疏浚工程项目能够在规定的时间内顺利完成，需要制定有效的奖惩方法，加强与分包商、政府监管部门的联系和沟通，从而确保工程的进度跟上工程实施计划。

3. 在质量管理方面

质量是确保一个企业生存和发展的根本因素，施工质量的好坏和疏浚工程项目的成败息息相关，而且对于承包商的名誉有着重要的影响作用。然而，分包商的规模通常来说相对较小，而且技术和人才资源方面也相对较差，故常常会忽视对工程项目的质量管理方面，因此在质量管理方面面临着巨大的潜在风险。疏浚工程项目中常常会使用超声波水下测深仪作为疏浚的辅助工具，随着近年来的技术不断发展，多波束测深仪也逐步应用在疏浚领域，但是这种工具的成本费用很高，普通的分包商由于资金较少，因此很少配备此种高科技的疏浚辅助工具，这对于疏浚工程项目的建设是不利的，故工程建设质量往往比较低。

在疏浚工程项目的实施过程中，分包商受制于其自身的经营规模较小和运营资金较少的特点，而且由于其本身的技术水平较低，人员的专业素质不高且配置不够科学合理，大多数分包商的长期疏浚工程实施经验相对较少，因此他们在疏浚工程项目的实施中往往都会过于追求工程项目的实施进度，却忽略了工程项目实施的质量。

因此，在疏浚工程项目的建设过程中，必须要对分包商的工程建设工作进行必要的指导和监督，为其施工人员提供有效的相关培训，以进一步提升工程的实施质量。此外，要引入相关的质量管理体系，对疏浚工程项目各个部分的工程实施质量进行检测和研究，分析产生问题和矛盾的原因，并制定相应的改进措施。

4.在安全管理方面

和其他的建设工程有所不同，疏浚工程项目具有劳动强度大的特点，而且施工常常会遇到天气等自然因素的影响。不仅如此，疏浚工程项目常常在水下和沿海实施，因此疏浚工程项目的安全管理是极其重要的。虽然承包商和分包商在分包合同中明确规定了双方在安全管理方面的权利和义务，但是对于疏浚工程项目的安全管理仍然不可忽视，在疏浚工程项目管理中，安全管理是其中一个重点。为此，疏浚工程项目主要通过以下几种措施来实施工程项目的安全管理：

（1）明确承包商和分包商的权利和义务。将承包商和分包商的权利义务明确地写入分包合同中，规定双方在疏浚工程项目实施中的安全管理责任，进一步降低安全风险发生的概率，而一旦发生安全风险，也可根据合同来处理，减少双方之间的纠纷。

（2）做好工程保险。由于疏浚工程项目实施过程中有较大的安全生产风险，因此必须要做好安全保险工作。分包商必须要为其施工人员购买保险，而一旦发生安全事故，则施工人员可以获得一定的经济赔偿作为保障，从而最大限度地减少安全风险带来的伤害。

（3）建立和健全安全管理体系。鉴于疏浚工程项目所面临的安全生产风险较大，工程项目的实施方需要建立和健全安全管理体系，以项目经理作为这个管理体系的领导者，让所有的分包商工程管理人员都加入这个管理体系，形成一个互动的管理体系，实现科学有效的安全管理。

（4）建立和健全安全管理规章。建立和健全各种安全管理规范，例如《水下作业安全生产规范》《安全生产监督管理制度》等，这些制度的建立和执行能有效地降低疏浚工程项目施工过程中安全风险。

五、项目施工管理

（一）项目管理的基本理论

1.项目管理的概念、特点

项目管理就是指运用系统的管理办法和理论，并在项目的组织人员的协调运作下，对项目的整个工作过程进行高效的管理、控制协调以及组织，以达到项目的特定目标的管理办法体系。一般项目具有独特性、多目标性、寿命周期性、一次性和整体性等特点。项目管理知识体系，简称PMBOK，在PMBOK整个知识体系中，项目管理的知识领域一共分为范围管理、时间管理、成本管理、质量管理、人力资源管理、采购管理、沟通管理、综合管理八个方面。对于疏浚工程的项目管理来说也不例外，全部包含了以上的领域内容。

2. 项目管理的一般过程、组织形式和步骤

（1）项目管理的过程一般包括启动过程、规划过程、组织过程、控制过程和完结过程。在疏浚工程的项目管理过程中，这五种过程是前后相接，但是没有明确的时间划分，相互之间会有一些重叠交叉，并且彼此之间也会有一些影响。

（2）项目管理的组织形式。项目管理的组织形式是在项目的周期内为了完成项目的特定目标而临时建立的一种组织形式。目前项目管理的组织形式共分为职能式、项目式和矩阵式三种形式。对于在疏浚工程项目管理组织过程中，为了充分发挥疏浚工程项目组织形式的优点，我们一般采用的是强矩阵的组织形式，有关人员都是全职投入到项目管理当中。

（3）项目管理的步骤。项目管理一般按建立项目组织、制订项目计划、项目的控制和项目后评价四个步骤来进行的，对于疏浚工程项目也用这四个步骤进行管理。

（二）疏浚工程施工项目管理特性与存在问题

1. 疏浚工程施工项目管理的特殊性

（1）疏浚工程的特性。疏浚工程是在水下作业的工程，属于隐蔽工程。因此不同于普通的建筑工程，疏浚工程有自己的特点：第一，疏浚市场的狭隘性。我们国家的疏浚工程市场规模比较小，但是现在的疏浚企业竞争很激烈，因此市场价格比较低，经济效益有限；第二，行业壁垒高。疏浚工程所用的设备昂贵，技术复杂，并且投资周期比较长，因此导致进入行业的门槛比较高；第三，知识密集性。疏浚行业具有水下作业的特点，因此疏浚工程是集技术和知识密集型的行业。

（2）疏浚工程施工项目管理的特殊性。疏浚工程项目管理是项目管理的一种类型，它的管理对象是疏浚工程。在疏浚工程中项目管理贯穿于疏浚工程的始终。并且疏浚工程施工管理实行的是时间、知识和保障三个方面的管理。疏浚工程施工项目管理有非常严格的时间限制和明确的目的，也有自己的特殊性：第一，以疏浚工程为管理对象；第二，在整个疏浚工程中，项目管理贯穿始终；第三，项目的管理是按照疏浚工程每一个阶段的特点和规律来进行规范的管理的；第四，疏浚工程施工管理的团队是实行的项目经理责任制，并且是以创造有助于项目工程顺利进行的好环境为重点的。第五，疏浚工程施工管理实行的是目标管理即项目的每一个阶段都有明确的目标；第六，疏浚工程施工项目管理有自己独特的方法和专用的知识体系。

2. 疏浚工程施工的项目管理的内容

主要包括范围管理和进度管理。

（1）疏浚工程项目施工的范围管理。疏浚工程施工项目范围的管理主要是对疏浚工程施工项目包含什么或者不应该包含什么进行定义。一般包括项目规划、范围的定义、制定工作分解结构、范围的核实和范围控制五个步骤。

（2）疏浚工程项目施工的进度管理。疏浚工程项目施工的进度管理主要是指在规定的合同工期内，以事先敲定的疏浚工程进度计划为根据，检查和分析疏浚工程建设的实际进度的过程。

3. 疏浚工程项目施工的成本管理

施工项目成本管理是一个企业成本管理的核心部分，它是指在项目施工过程中运用技术与管理手段对物化劳动和劳动消耗进行计划、组织和监督。成本管理的内容主要包括制定工程项目成本费用计划、实现成本的动态控制、制定成本责任目标和完善财务审计监督机制。中国疏浚施工项目成本管理突出表现下面几方面的问题：

（1）施工项目的成本管理工作弱化。表现有一些企业以牺牲利润为条件取得工程的承包权；企业没有做到责任和权利相统一的管理，导致一些采购人员拿回扣；企业不重视成本责任目标考核机制，工作人员工作积极性不高。

（2）成本管理缺乏事前预测和过程控制。

（3）对全过程的成本管理重视程度不够。

（4）项目的成本管理方法比较落后，无法实现对成本的有效动态控制。

（5）项目施工的成本管理没有责权利相互结合。导致有功劳大家一起分，有过错没人承担责任的现象出现。

4. 疏浚工程项目施工的质量管理

疏浚工程项目质量的特点一般包括影响因素多、质量的波动大、质量的变异大以及质量隐蔽性等特点，并且人、方法、材料、环境以及机械是影响工程项目质量的五大因素。不可否认的是中国在疏浚工程质量管理方面取得了很大的进步，但是我们也要清醒地认识到存在的问题：

（1）审查分包单位和工程队能力的力度不够，因此导致没有资质或者实力不够的分包单位和工程队浑水摸鱼，参加施工。

（2）对材料和构配件的检测不到位致使不合格的材料被使用或者对合格的材料使用方法不规范，导致出现质量问题。

（3）对工程质量的评定不客观。

（4）为了提高工程质量而使用的改进方案或者方法不科学不合理。

5. 疏浚工程项目施工的人力资源管理

项目人力资源管理是以调动所有项目相关人员的积极性为目的的，在项目承担组织的内部和外部建立有效的工作机制，以实现项目目标。目前疏浚施工项目人力资源管理存在的问题为：

（1）管理人员的水平不高，全员劳动生产率比较低；

（2）中国建筑业的专业技术人员和管理人员比较短缺。

（3）中国国内在疏浚方面的人才比较短缺，并且疏浚企业人才的流失比较严重。

（4）在企业中应用型的人才比较多，但是科研型的人才比较少，导致中国的疏浚行业创新动力不足，生产和管理过程中的科技含量比较低。

（5）组织结构的设置不科学不合理。中国疏浚行业缺乏好的科研能力和快速反应能力，更没有清楚的指挥线和授权系统。

（6）人力资源管理体制的落后和不健全。导致现在疏浚行业机构臃肿，企业竞争力不足。

（三）疏浚工程施工项目管理策略选择

1. 疏浚工程施工项目范围管理策略

（1）明确划分项目的要求。制约项目的条件为范围、时间和成本，这三个条件是相互制约和影响的，其中范围一般会更加影响时间和成本，例如当把一个项目的范围确定的比较大了，那么该项目需要完成的成本和所要耗费的时间必然会比较大。由于现在很多项目的范围、成本和时间都是在开始的时候简单粗略的确定的，导致工作人员无法明确确定项目的完成时间和完成成本。因此为了避免这个问题，我们应该在项目开始的时候首先明确项目最终使用单位的需求。

（2）明确项目范围核实的度量验收方法。在疏浚工程施工设计合同中，没有明确的要求采用什么方法、如何核实验收设计成果范围，那么设计单位就会出现很多难以解决的难题和问题。因此我们必须要在疏浚工程施工设计合同中明确核实范围的方式和方法。施工项目的验收要在监督站监督下由监理公司按照相关的验收标准和协议书中的质量标准来执行。

2. 疏浚工程施工项目进度管理策略

（1）项目进度管理具体任务。在疏浚工程项目实施之前，工作人员必须首先制定一个具有可行性、预见性、前瞻性和科学的进度计划。在制订计划时一定要在对图纸的熟悉的基础上并且尽可能地和实施的条件相互符合。在制定完计划后，按照工程的进度要求配置对应的人力、船舶和输泥管道等机械设备和周转材料。

（2）三级计划进度管理体系的工作流程。首先，制订总控制进度计划。总控制进度计划是管理体系的一级计划，它明确指明了各阶段项目工程的开工和完工时间，并且指明项目的最终进度目标。因此总控制进度计划一经被确定，就成了疏浚工程项目施工的纲领文件，不能轻易修改。其次，制订阶段性工期计划（分部工程计划）。阶段性工期计划也叫作二级计划。它的制订是为了保证有效的落实一级计划，因此阶段性工期计划就是主要安排好项目的某一个阶段或者某个施工单位的工作任务。第三，制订周计划。周计划也叫作三级计划。周计划具有很强的可控性、针对性、操作性和及时性。它主要是将二级计划细化到日常的施工工作中去。

3. 疏浚工程施工项目成本管理策略

（1）事前准备是做好项目成本管理的前提。当施工单位中标疏浚项目后，就要开始着手准备项目的前期工作，主要在以下三个方面开始：

1）制定可行性的施工方案。

2）组织签订合理的分包、供应合同。

3）建立健全项目成本的预算方案。

（2）事中控制是做好项目成本管理的保证。

1）严格按照成本预算进行施工。项目成本预算一经确定不能随意变动。

2）对施工组织设计进行优化设置。工作人员要结合具体的施工过程，不断优化施工组织设计。

3）加强机械设备的养护。因为疏浚工程项目主要是由船舶完成作业的，因此必须加强机械设备的养护工作，以保证机械设备以良好的状态运行，这样不仅仅可以提高工程效率而且还可以很大的降低项目的生产成本。

4）做好合同管理。我们要监督好相关合同从签订到执行的整个过程，并且建立完整的合同档案。

5）加强材料的管理。材料的成本在整个疏浚工程总成本的一半以上，因此加强材料的管理是降低疏浚工程成本的重要因素。

4. 疏浚工程施工项目质量管理策略

（1）强化和优化对分包单位的审查方法和力度。由于现在中国的施工人员的技术水平参差不齐，再加上现在没有具体的审查方法，还不能对他们进行系统的审查，这就导致一些施工现场掺杂了这些人员，使工程质量无法得到保证。因此我们要加强审查施工单位，对分施工单位进行优化选择。

（2）加强对材料的质量管理和控制。加强材料质量控制不仅是提高疏浚项目工程质量的保障还是实现投资、进度控制的前提。

（四）疏浚工程施工项目人力资源管理策略

针对中国现有的疏浚工程施工项目的管理特点，相应的人力资源管理策略如下：

1. 完善人力资源配置计划

人力资源配置计划的好坏将会直接影响疏浚工程项目的实施进度，因此我们应该搞好疏浚工程项目的人力资源配置。即做好以下几个方面：一是分配好角色和职责；二是搞好人员配备的管理计划；三是搞好人才的预测；四是优化配置疏浚项目中的各类专业人员。

2. 多渠道招募人员

当我们完成了疏浚项目人员数量的确定后，就要开始通过多渠道来招募这些相关的人员，对于实现疏浚工程项目人力资源优化配置具有重要作用。

3. 依据岗位对人力资源进行配置和调整

当我们通过多渠道招募到人员后，为了人尽其才我们要根据人员自身的特点和疏浚项目工作的需要把这些人员放到适当的岗位上。然后在通过实习期的磨合和考察后，对一些不符合工作要求的人员重新做一下调整，实现在动态的管理中对人力资源的优化配置。

第九章　水闸、泵站与水电站

第一节　水闸施工技术

水闸由闸室、上游连接段和下游连接段组成，主要修建在河坝和渠道的中心位置，一般是整个水域压力最大的地方，主要作用是控制和调节水位，多建于河道、渠系、水库、湖泊及滨海地区。水闸通过水位的调节可以根据具体情况的需要对水资源进行有效控制，开启闸门，可以宣泄洪水、涝水、弃水或废水，还可以解决下游农作物灌溉的问题；关闭闸门可以拦洪、挡潮或抬高上游水位，以减少下游由于水流入的过多造成水灾，以满足上游取水或通航的需要。水闸有很多种类，有其各自的特点，按闸室的结构形式可分为：开敞式、涵洞式和胸墙式；根据水闸承担的不同任务可以分为：进水闸、节制闸、分洪闸、排水闸、冲沙闸、挡潮闸等。

一、水闸的分类

水闸分为挡潮闸、节制闸、分洪闸、进水闸四类。

（一）挡潮闸

这种闸在防止海水倒灌和促进排涝方面有着重要的作用和影响。同时，挡潮闸的建立有着一定的要求，一般情况下，都建在河流的入海口位置。挡潮闸还需要满足蓄水灌溉的要求和规定，主要是通过提升内部河流的水位来达到的，当设置了通航孔的时候，挡潮闸还可以与其相互配合，在平潮的过程中实现通潮的目的。

（二）节制闸

这种水闸的作用和功能就是能够全面、有效地调节不断变化的水位，同时对水流量加以有效的控制。进入洪水期的时候，节制闸在对水流量进行控制的过程中，对其渠道系统中的建筑进行了充分的应用，在此基础上实现水位调整的目标。进入枯水期，在实现航运和取水功能的过程中，主要应用的方式和手段是提高水位。节制闸的建立也有着相应的规定和要求，主要设立的地点是渠道系统的分水口下游段，在此地点实现支渠对水的引流，主要应用的方式和手段是提高水位。

（三）分洪闸

这种水闸的主要作用是进行排泄和在一定程度上降低洪涝隐患，对分洪闸进行全面、有效的应用，及时、有效排泄相比于下游河道高的洪水，使其流到事前设定的低洼和湖泊位置，防止洪峰出现，为下游河道的安全提供重要的保障。一般情况下，分洪闸安置在河道的一侧。

二、水闸施工工艺

（一）水闸结构在整个水利水电工程中的作用是非常大的，并且是使用频率较高的结构，这个结构的作用就是起到挡水和放水的作用的，并且为了更好地对水闸进行控制，通常人们都会在水利水电工程结构中选择适当的位置来建造一个专门的控制闸室，来对水流进行有效的管控。水闸结构相对其他结构显得十分的复杂，进而施工建造的工序也是非常的繁杂的，想要有效地对施工品质进行保证也是具有一定困难的。项目施工技术水平的高低和施工技术实施的效果对于工程品质的保证都是非常重要的，并且与项目的后期施工效果存在密切的关联。在实际的水闸项目建造中，务必要结合现实情况和施工规范标准来开展各项工作，在进行施工设计的过程中务必要遵从先下后上，先重后轻的原则。详细的来说施工程序最为重要的是做好充分的准备工作，诸如：完善施工计划，采买施工物料和机械设备，安排专人进行施工现场的勘探工作，结合获得的信息制定有效的施工方案。

（二）在正式开展挖掘施工之前，需要对施工现场进行准确的测量，并得到相关部门的准许后方能实施地基结构的挖掘，还需结合实际情况和需要来安设排水系统，联系水闸结构的特点和施工技术的标准规范来实施基坑结构的建造。在基坑结构建造的所有工序中，较为重要的就是底板结构的灌浆，在实施这项操作的过程中务必要控制好施工压力，避免发生混凝土裂缝问题。闸门项目的选址通常都会选择在护坦的地区，在建造的过程中需要保证钢筋物料的质量，预应力要保证适当。在以上工序完成之后，方能进行调试了，在保证各项指标都合格的前提下就可以将围堰进行拆卸了，随后实施框架的安设以及道路表面的平整施工。

三、水闸施工技术的应用

（一）施工前期准备

第一，需要实地勘察工程实际情况，并对止水以及地基项目建设进行重点分析。第二，科学选择施工方案。在实际施工环节，要求根据工程实际情况来合理选择最优方案，并且还需能够对相关技术人员来进行有效协调，对活动方案进行审核，从而确保设计的合理与可行。第三，需要严格会审施工设计图纸，由各个方面来对施工技术的合理性进行论证，并且能够正确掌握施工过程中各类技术质量指标，能够及时整改对水利工程施工不利之处，切实降低安全隐患。第四，还需严格审核施工人员执业情况，保证施工技术人员的素质与数量职业素养与施工要求相符。

1. 开挖工程

水闸施工的首要步骤就是进行开挖，不过因为水利水电工程中的水闸施工周期较长，所以水闸工程断面也相应变大，所以在一定程度上加大了开挖的难度。因此，第一，在开挖前需要合理选择断面，防止断面过大而导致后期施工难度增加，导致浪费不必要的资源，或是防止断面过小而致使水闸强度过小，产生决堤的风险。第二，在实际开挖时，不但要保证开挖深度精准，而且还要避免损害到水闸工程的基部，所以，在实际开挖时务必要切实根据设计尺寸来进行，将实际开挖深度、角度以及具体位置确定下来后才能进行开挖工作，确保不会对断面的稳定性产生影响。第三，应当要不断优化与完善开挖方案，并合理制定排水措施，利用计算来达到挖填平衡的目的。不仅如此，还需要科学规划施工现场的排水系统，有效联系起实际地形与施工现场基坑渗水量以及径流量。此外，在实际开挖时，首先需要将地下水位降低，需要控制水位高度低于开挖面的0.5m以上。其次，在实际开挖时需要重视分层分段来进行。再者，在填筑土方过程中必须要清理干净基坑底部杂物与计税积水，并且将填筑料添加至只其中，并开展厚度在15m以上的密实铺土。此外，需要开展错峰缝搭接，将特定坡度设置于分段区域，再开展密实工作。

2. 基坑排水

水闸的操作并不是通过人工完成的，而是应用无人自动化机械操作系统来实现的，在此条件下，对于防水有着更高的要求。水利工程的建设有着一定的特殊性，主要包括其特殊的位置和特殊的性质，正是因为此特殊性的存在，使得水闸内出现了基坑，同时，这些基坑发挥着重要的作用，使水分储存在重要的部位，所以，施工人员在施工的过程中需要采取措施及时、有效观察基坑的水分，当基坑中有积水的时候，要及时排水。当下，在水利工程中主要应用机械排水。除此之外，要保证排水的质量，最大限度地降低基坑存水对水闸的影响，不断提高基坑水分勘探人员的业务水平和综合素质。

3. 水闸混凝土施工

（1）闸底板、消力池和护坦混凝土施工

施工之前，需要对开挖岩基面进行有效的清理，在此条件下，再进行闸底板混凝土的施工。浇筑过程中，需要用到侧模，侧模的形式主要是组合式钢模，有时候也应用木模的，与此同时，进行加固是非常重要的一项内容，在此过程中，需要用到钢管、杉原木和方木等。在拆模的过程中，需要注意相应的问题。承重侧面模板拆除时需要注意混凝土强度应满足其表面与棱角不会因为模板拆除而受到损伤。在进行墩或者柱等的拆除过程中，也需要满足相应的条件，应该达到 3.50MPa。拆除承重模板和支架的时候，对混凝土有着相应的规定和要求，跨度 < 2m 的悬臂梁，其强度需要达到 70%。

（2）止水措施的应用

在应用止水措施的过程中，需要使用水平橡胶止水片。安装止水片之前，需要详细检查，保证与开展施工的要求相适应，并且保证止水表面的清洁。在进行止水片的安装的过程中，需要使止水片中线和缝中线相重合，并且其误差需要控制在一定的范围之内，要 ≤5mm。同时，在止水片的位置也设置了模板，对此部分的模板需要实施相应的分缝。对于止水缝部位的混凝土浇筑也有着相应的要求。

（3）闸门预埋件的安装

在开展此部分的施工之前需要做好相应的工作：首先对孔口中心线与门槽横向中心线之间的交点进行测放，将其作为预埋件测定中心点，同时把安装控制点测放于底板与门周围闸墙面位置。其次需要对预埋件固定的方式进行慎重选择，在选择的过程中，充分考虑不同位置的预埋件在此基础上进行预埋件固定方式的选择。第三对于尺寸较小或者较大的预埋件的处理方式是有差异的，尺寸较小的预埋件需要直接绑在主筋上，而面积较大的预埋件需要对锚筋进行固定，并且在上部点焊角钢，通过这样的操作来避免预埋件出现位移。第四当预埋件在混凝土侧面的时候，处理面积较小的预埋件，需要事先打孔，然后进行相应的固定。第五在进行施工的过程中，需要采取有效的措施来防止预埋件位移现象的出现，要实现此目标，预埋件需要进行二次浇注，在此过程中，需要对补偿收缩细石混凝土进行充分的应用，并且进行捣固操作。

4.导流施工

由于水闸施工是在水中进行，因此会受自然条件影响较大，尤其是潮汐的影响，在很大程度上制约了整体施工的进行。在赶潮河口建闸的过程中，务必需切实根据施工导流建闸来进行挡潮，以保证整体施工的效率与安全。第一，需要科学选择导流方案。应当要结合具体情况来设计水闸施工的导流方案，通常情况下，采取的是束窄滩地修建围堰导流方案。由于水闸施工地形在很大程度上影响到了施工，且需要仅仅靠在主河道岸边来布置围堰，以确保其稳定与牢固。不过在具体施工过程中，因为岸坡地质稳定性较差，所以容易出现坍塌的问题。要想确保稳定则需要积极优化技术来应对该类问题。在选择围堰时应当要采用具有较强抗冲刷能力、结构简易的浆砌石围堰。在开展基础施工时需要加固好松木桩周边，而且应当采用红黏土来夯实堰外侧，以确保其稳定性。第二，合理采用截流方法。当前我国截流方法较多，且均达到一定的技术标准，成熟的经验为施工提供了良好保证。截流目的主要是为了确保施工的安全与顺利，所以在选择具体方法时，应当要有效总结以往经验，并且还应当要结合现场具体情况，在此基础上对设计方案与截流方法进行调整，提高截流的有效性。此外，还应当要有效利用模型试验与现场试验来做好技术论证工作，科学选择立堵与平堵，尽可能确保合龙以此完成。此外，常常因为冲蚀或压缩等原因而冬至土质河床截流戗堤形成较大的滑移或沉降，因此，需要确保材料准备充足，保证施工得以顺利进行。

四、影响水闸施工质量的因素

水闸工程的施工过程与水闸的质量有很大关系，直接影响着水闸完工后能否正常与安全运行，水闸施工的质量受到诸多因素的影响。

（一）施工前的准备工作

施工前的准备工作是影响水闸施工质量的第一大要素。为保证水闸工程进度，实现安全生产，在水闸工程开始之初，要对水闸的设计方案、施工方案、原材料及质量监督检查等方面内容做好准备工作。

（二）施工技术水平与能力

水闸施工过程中，施工技术人员的施工水平和能力会对施工质量造成影响，因此，要对技术人员进行严格选用。为了对水闸施工的相关技术指标能够很好地掌握与运用，要定期进行严格的培训与考核，以保障水闸的施工质量。

（三）施工材料

水闸施工中所用到的材料要进行严格的采购，因为材料质量的好坏也会影响到水闸工程的质量，所以施工人员一定要对水闸施工过程中的材料进行严格的筛选，还要对采购的材料进行质量抽查，避免水闸施工过程中所使用的材料因选用不规范或材料质量有问题而影响水闸的工程质量。

（四）施工团队

在水闸施工过程中，整个施工团队稳定性和协调性，会影响到水闸的施工质量，因此，要加强对施工团队的完善与管理，为水闸工程的正常、保质施工奠定基础。

五、水闸工程施工质量控制

（一）健全与完善相关的管理制度

应不断健全与完善水闸施工质量管理制度，并且要按照水闸工程质量管理制度进行严格监管，还要严格落实水闸工程质量控制措施。加强管理监督工作，促使施工部门与施工环节能够更好地配合。水闸工程施工相关管理制度的不断完善与落实，提升了质量控制管理制度化、规范化，更能很好地严格落实水闸工程施工质量体制。

（二）加强施工前准备工作

水闸工程施工前，认真细致地做好准备工作，务必确保其可靠、扎实，为水闸施工能够有序开展提供基础保障。首先，要认真审查各种施工图纸，应尽可能地消除可能会出现的安全隐患；其次，要全面审查相关施工工艺方案，对方案存疑的地方要及时进行沟通消除；再次，准备好水闸工程施工中需要用到的材料和施工设备等，还要将物资准备和现场堆放与施工设备管理进行合理安排；最后，加强验收审查及管理工作，这些工作的开展均应具备周密的准备。

（三）控制与把关原材料

原材料的选用会影响到水闸的工程质量，因为原材料的质量会决定后续混凝土的配比及拌和情况，合理的混凝土配置比例可以使混凝土达到最佳的使用状态，进而影响到水闸最终的质量。在实际施工过程中还必须依据现场情况将混凝土配置比例调整为合适的施工配合比。因此，为了确保水闸的工程质量，必须严格控制与把关水闸施工中所用到的原材料的质量。

（四）提高施工人员技术水平与能力

在水闸工程施工前，应对所有施工人员进行相关的职业技能培训。在水闸施工过程中，施工人员也要不断学习、不断提高个人的技术水平与能力，为水闸工程的顺利施工提供保障。另外，要加强施工人员安全责任意识，水闸施工人员在接受职业技能培训前，先接受安全意识方面的培训，让施工人员对水闸施工过程有可能产生的安全隐患有清楚地了解，在水闸施工过程中发生或即将发生相关事故之前有一定的预警，知道如何采取措施自救或他救，规避危险。还要及时设置施工现场安全警示及质量警示标语，从而有效降低人为因素导致的施工安全隐患。最后，还要增强施工人员应急与技术能力培训，以便降低水闸施工过程中如果遇到紧急情况所造成的损失及人员的伤亡。

（五）加强对施工团队的管理

施工团队的协作与和谐直接影响到水闸施工过程的顺利进行，进而会最终影响到水闸工程的施工质量。所以，有必要建立一个管理小组，依据水闸工程的施工特点成立技术、机电、施工和质量等小组，分别对施工情况进行分类管理，这些不同的小组对各个小组的施工进度进行实时管理，加强小组之间的协作，提高施工团队的效率。另外，要加强整个团队的精确化管理，要合理规划，明确职责分工，强化责任心，加强协作与和谐。

综上所述，如今水利工程的施工现场过程控制对于工程的质量和效率提升具有十分重要的意义。但是由于各方面的原因，如今水利工程的施工现场过程控制依旧有着不小的提升空间，对此，施工单位应该从提升过程控制观念、完善控制框架以及规范控制流程的角度出发，实现水利工程施工现场过程控制质量的全方位提升。

第二节　泵站施工技术

泵站是水利工程中不可或缺的部分，它承担着防洪、灌溉、供水、除涝、灌溉等基本任务，是为工农业生产、人民生活提供水资源的一项社会性管理内容，它在水资源调度中发挥着至关重要的作用。截止到今天，我国共有水利工程 50 多万座，这些水利工程中泵站都占据主导的位，究其原因是因为泵站在长期运行中人们太过重视泵站的社会经济效益，而忽略了相关维护工作。在过去的几十年时间里，泵站为我国社会生产部门乃至整个国民经济的发展做出了重大贡献，其社会经济价值不可估量。但是由于长期的运行和不当的管理维护措施，导致许多泵站面临老化、病化的状况，在运行中存在多种多样的问题。同时不少的机电设备在长期运行中已经发生了病状，面临淘汰，但由于资金等方面的原因，这些设备仍然处于正常使用状态，一方面影响了泵站功能的发挥，另外还引发重大安全事故。基于此，在目前工作中如何研究泵站建设和管理已成为社会发展的必然，更是促进水利事业进步的关键。

一、泵站工程施工

大中型泵站工程量大，施工层次较多，协调工作量大，施工交叉套搭多，工期较紧，所以，在施工过程中必须掌握大中型泵站工程施工重难点以及施工技术，确保工程建设质量目标、进度目标及安全目标的实现。

（一）大中型泵站工程施工重难点

大中型泵站工程施工过程中涉及多个单位工程施工项目，各个工序之间大多交叉套搭，施工难度高，需施工人员及其他相关人员应加以重视。在泵站施工过程中，土方工程施工、降排水工程、泵站混凝土的施工、基础施工、施工人员调配、泵站机电设备与金属结构安装是施工的重难点。

1. 土方工程施工

大中型泵站工程施工中，土方平衡和工程成本有着很大关系，如果能将土方平衡问题处理好，可有效节约施工成本。所以，在施工中，可根据施工进度要求，将挖、填作业有机结合起来进行。对大中型泵站上游围堰采取基坑开挖土方方法进行填筑，对下游围堰采取大堤破除方式进行填筑，有利于实现基坑的合理开挖与有效利用。但要注意在施工中，需将回填土与弃土分开堆放，回填进出水侧土方可将它们充分利用起来，若不足可通过外调方式进行补充。一般而言，在工程基础处理。隐蔽工程验收合格以及基坑清理干净之后，才能进行土方填筑作业。在实际操作中，施工人员根据不同的填筑位置，可选择不同的压实方法，确保土方工程达到施工设计相关要求。

2. 降排水工程

大中型泵站施工过程中的土方开挖量很大，其所面临的问题也相对较多，其中高透水性问题会对土方开挖施工质量与安全等带来诸多负面影响，所以，一旦发现基坑中存在大量地下水或者雨水，应立即采取有效的降排水措施，及时排除地下水或雨水，以保证边坡的安全性以及地基的稳定性。目前，大中型泵站工程施工方常常采取大口井排水法来降低承压水水位，这种降排水方法具有较强的实用性及经济性。另外，还可采取深挖龙沟明排方式实现降排水目的，并使用轻型井点的方式，降低地下水位。

3. 泵站混凝土的施工

大中型泵站工程施工涉及相对比较多的结构分层、较大的结构尺寸以及不均匀的结构厚薄等，因此，混凝土外观、施工缝质量及混凝土的防裂均是泵站施工中的重点与难点。对此，需做好以下几点工作：

（1）完成混凝土材料配置之后，运输至施工地点的过程中，施工人员需注意预防其出现离析及初凝现象等问题。一旦出现了上述情况，混凝土材料不可用。同时注意这段时间不得超出规定时间，超出，需返工。

（2）混凝土浇筑。如果混凝土从斗口倾落高度 >2m，根据实际情况使用溜管及串桶等配合进行作业；浇筑应分段、分层且连续进行，浇筑层高度要结合工程结构的实际特点与钢筋疏密程度进行确定，一般情况下，振捣器长度的 1.25 倍就是浇筑层高度，但最大长度要 ≤50cm。

（3）振捣作业。如果采用插入式振捣器进行振捣，应按照快插慢拔原则操作，并且保证插点均匀排列，均匀振实；在振捣上层的过程中，振捣器应插入下层大约 5cm，有利于消除上下层间的接缝。

（4）做好混凝土结构的养护工作。浇筑完成之后，应在 12h 内进行浇水与覆盖处理，保证其湿润度，提升混凝土抗裂性能，且养护时间应在 14d 以上。

4. 基础施工

大中型泵站基础施工主要包括水泥土置换施工与搅拌桩施工、预应力管桩施工等，这些基础施工的难度相对比较高，很容易受到外界因素的影响，所以，在基础施工前，施工单位应针对基础施工相关风险问题提出相应策略，并制定有效的施工准备方案，确保施工质量。

5. 施工人员的调配工作

由于大中型泵站施工过程中所涉及的操作人员多、土建承包单位多、施工承包单位多等，大中型泵站的施工作业面相对较集中，对结构间工序次序要求十分严格，容易出现窝工现象。所以，在施工中，为保证大中型泵站施工质量达标，在工期内顺利完成施工，必须对所有参与施工的有关单位以及个人进行科学、合理地安排与调配，避免出现窝工现象，也避免发生施工冲突。另外，应避免大数量施工机械设备同时作业情况在泵站施工中出现；土建施工期和机电安装期等相关程序不能交叉作业；施工应避开汛期等。

6. 泵站机电设备与金属结构安装

由于大中型泵站的装机容量大，机电设备安装工作量大且复杂，而机电设备安装质量又在很大程度上关系到泵站能否正常运作，所以，机电设备安装是泵站施工中的重要内容。在施工过程中，施工人员应对机电设备进行全面清洗与检查，同时检查设备的尺寸、公差与预埋件等。安装时，应优先考虑安装大型水泵，等到大型水泵固定之后再安装电机，有利于保证机电设备的安装按有关施工规范进行。在安装进出水管与闸阀时，施工人员应注意切勿强行安装连接，必须保证安装的准确性。在安装之后，应做好质量验收工作。对水泵及电机进行联合调试，还需在调试水泵过程中借助人力转动其传动部件，验证其能灵活转动；对机电设备阀门等进行检查时，需进行动态多次实验，以确保其结构与功能的可靠性；在调试水泵结束之后调试电气部件，检查其线路是否和电气的原理图与电路图相一致。

（二）大中型泵站工程施工技术分析

1. 上下游翼墙的施工技术

在大中型泵站施工中，需在翼墙两侧对模板进行加固，主要是通过钢管搭设脚手架方式，对模板进行加固，这种方式十分适用于墙体之间的支撑，能让墙体模板的刚度及整体性得到增加。在钢筋成型后，通过汽车将其运输至施工点，并在操作平台上进行钢筋绑扎作业，绑扎完成后，统一拌制临时固定混凝土，并通过泵送入模。利用全断面水平分层浇筑方法，且混凝土分层厚度要 <50cm。在利用插入式振捣器进行填筑墙后土方的过程中，应安排专业人员监测并跟踪墙身的前倾与位移情况，一旦发现异常，需立即停止填筑作业，及时查找原因，采取有效的措施解决问题，然后再进行填筑。在进行立面施工时，应先对灌注桩的基础部分进行处理，后处理封底砼与底板，最后处理墙身。在底板立模时，应使用大钢模板进行作业，且要对钢管围柃进行定位，在墙身以及底板之间的接缝处安设键槽，同时，对其表面进行凿毛处理。使用全新镜面竹胶钢框与大模板组合方式进行拼装立模，同时对销螺栓进行加固处理，并通过认真计算确定销螺栓的间距。

2. 上下游护坦施工技术

泵站站身主要包括上游护坦以及下游护坦，钢筋混凝土护坦是较为常用的一种。在钢筋混凝土护坦施工中，周边底板施工超挖部位及泵站站塘基坑开挖部位使用素砼进行回填，也可结合施工现场建立规定的相关处理方法进行回填。在站身与相邻翼墙施工完成之后方可进行护坦施工。在护坦施工过程中，表面钢筋保护层是其施工中的关键，对底层钢筋可通过混凝土垫块进行控制，并在仓面脚手钢管上进行悬吊。在浇筑中应安排专门的钢筋工进行值班，当混凝土光面时剪断吊点。

3. 泵站站身混凝土的施工技术

（1）泵站站身底板施工技术

在大中型泵站施工中，站身底板施工需用大量的钢模板，围枋的实现需用到直径为50mm的双排钢板。在进行钢板立模作业时，作业人员需先对伸缩缝、水平及垂直止水进行保护。一般而言，大中型泵站拥有较大的地板仓面面积，且出水空箱侧部与进水侧和入空箱底板间存在一定高度差，针对这一情况，通过水平分段分层方法，按照从低到高顺序进行施工。现阶段，我国大多采用大型混凝土拖式输送泵进行运输，并采取插入式振捣器，振捣时间需控制在 15 ~ 30s 左右，间隔时间控制在 20 ~ 30min 左右，以延长振捣器的使用寿命，进一步增强振捣效果。同时在进行底板砼施工时，应使用缓凝剂，避免出现冷缝现象。

泵站工程使用大型搅拌车进行运输，可有效保证混凝土运输的安全性以及高效性，并且，施工单位应先根据实际情况制定最佳的运输路线，驾驶人员应严格遵守交通规则，并在出发之前，对车辆做好细致检查工作，确保车辆处于正常运行状态，在运输过程中尽量保证行驶路面的干净。泵站施工单位还要对钢筋质量进行严格控制，选择质量好、信誉高的厂家购进钢筋，并在入场前对钢筋进行严格检查，保证其表面没有划痕与毛刺等。在安装模板过程中，施工人员应对模板的大小尺寸进行校对，并检查其表面是否干净整洁，在安装完成之后，应及时复核模板大小尺寸，由监理工程师对其进行验收。为有效避免浇筑过程中发生钢筋移位情况，需在钢筋预埋固定过程中时刻注意钢筋的变化情况。一次性完成整个浇筑过程，施工人员应按照相关技术标准进行作业。

（2）混凝土垫层

在桩基础施工与防渗墙施工完成之后方可进行垫层施工，混凝土垫层施工应根据相关设计要求，由施工人员做好防渗墙的淋水试验，如果试验结果表明其不符合设计要求，不可进行底板施工，只有防渗效果和设计要求相吻合后，方可进行泵站底板施工。然后运用混凝土泵车将垫层混凝土打至浇筑仓面，并通过人工方式对仓面进行整平。

（三）泵站施工过程中裂缝的成因与防范

1. 泵站施工过程中裂缝的类型

就泵站施工中混凝土裂缝的形成来看，从其裂缝的深度以及方向，还有裂缝的情况等方面进行分析，可以将具体的裂缝类型进行归类。从成因上来看，具体又可以分成：碱骨型、荷载型、施工型、温度裂变、塑性收缩裂缝和变形裂缝几类；从裂缝造成的深度来说，可以将泵站混凝土施工裂缝进行程度上的划分，即：表层、深层和贯穿型等，这三种是最为常见的裂缝类型；此外，由于泵站混凝土施工过程中裂缝的发展方向很难受到控制，进而又可以从这一角度将其分为：垂直、纵向、横向以及水平裂缝等。

2.泵站施工中诱发裂缝的因素

（1）施工技艺

1）施工开展之初，最先应进行材料的配比，之后借助相应的设备搅拌，通过在时间以及温度上的控制，使搅拌结果达到符合施工标准。可是，在进行这一活动时，还会受到诸多因素的影响，施工工艺是最主要的影响因素，直接结果便是混凝土出现不均匀搅拌，影响了使用质量，所以，要格外从时间上予以把握。避免搅拌时间过长或是过短。此外，在将混凝土进行泵送的过程中，在水和泥等用量的控制上不够科学，致使在拌的过程中同样会出现不均匀的情况，同时还会出现极大幅度的塌落，并引发骨料下沉；在施工过程中还会因为对钢筋锚固的作用不彻底，或是因为不均匀的分布以及扰动了预埋件等，都会引发混凝土裂缝的出现。除此以外，从钢筋的情况来说，由于厚度不足难以进行有效的支撑，加上模板发生变形或是因为漏水导致的下沉，同样为裂缝的出现埋下了隐患；就模板的另外一种情形来说，提前拆除模板，同样会使混凝土出现裂缝。

2）温度对混凝土凝固的作用有着重要的影响。特别是在进行浇筑时，关于混凝土的防护措施，需要采取降温或者遮蔽，如果缺少这些手段，加上对混凝土出机口温度控制的忽视，都会对混凝土的效用产生影响。而在浇筑工作完成后，还需要进行相应的养护措施，其中包括对混凝土温度和湿度的控制，如果上述工作内容为未达到规定标准，混凝土的质量便会受到影响。除此以外，恶劣天气也是重要的影响因素之一，此类天气情况发生时，应对混凝土建筑采取必要措施，包括防风以及遮阳手段，防止破坏情况的发生。同样，如果是在温度较低的冬季，还要对混凝土建筑进行必要的保温防护，降低低温对其的影响。

3）从施工工序的角度而言，任何一个环节出现纰漏所带来的影响都是极其深远的。从正常的施工程序来说，混凝土在经过搅拌以后要进行浇筑，要保证这一时间段的有效性，严格控制时间上的耗费，最大限度上保证混凝土的使用质量。同时，明确浇筑顺序，严格按照施工标准开展，尤其是在浇筑的过程中要充分保证浇筑的均匀性，并对接缝进行有效的处理，此外还应保证正确的土块分层，加强对各个环节的管理。然而，由于施工环节较多，且对各环节的把握难度也较大，因此，很容易出现意外的发生，进而影响到了混凝土施工建筑的可靠性。

（2）荷载以及结构设计

1）工程荷载能力的预测和设计是混凝土施工的重要保证。但是在具体的施工过程中，台风、地震的影响会对其造成干扰，所以，必须从这方面进行考虑，保证建筑物的实际荷载承受能力，使其在设计范围之内。从建筑设计的情况来看，一旦平面尺寸设计的过大同时又不具备相应的保护措施时，就会发生混凝土裂缝，同样，单向尺寸的设计如果过大的话，也会诱发这一结果，此外，在进行混凝土建筑结构断面的设计时，如果尺寸设计得过小就会导致钢筋不能充分利用，并且出现安放错位等情况的发生。

2）在进行混凝土施工的过程中还应对温度以及收缩应力进行估计，如果估计的结果同实际结果偏差较大，就会影响到钢筋用量的情况，进而影响整个建筑的质量。

3. 原材料以及施工技术

1）水泥是混凝土当中重要的原材料之一，在对这一材料进行保管的环节中，对温度有着严格的要求。如果环境温度较高，水泥就会因为受潮而发生凝结，并且由于水泥中有着较高的碱含量，并在游离物质的作用下发生膨胀，影响了这一材料的使用效果。如果在施工的过程中选用的水泥特性较强，由于其脆性较大，因此也会使混凝土出现裂缝。

2）混凝土中骨料的使用达到了80% ~ 82%之间，因此，在对这类原材料的控制上要求较高。所以，在对于骨料的选择上面，首先要进行有效的清理工作，如果未对材料表面进行彻底的清理，使得其具有较大的含沙量，影响了混凝土的效用发挥。同样，还要对砂率进行严格把握，如果细度模数未达到要求标准，或者是使用的岩石受到了风化等，都可能造成混凝土发生裂缝。

4. 外部环境

混凝土的使用在很大程度上会受到环境的影响，并且混凝土养护对温度要求很高，不仅是在养护阶段，施工阶段也同样如此，在具体施工时，要将季节因素考虑进去，同时还要注意温度变化。并借助有效的措施进行温度的控制，避免因为过高或过低温度给混凝土造成影响。除了要在温度上进行控制，同时还要从湿度上对其进行保证，使其既不会受到过潮的天气影响，也不会受到极为干旱的天气作用。虽然，在完成混凝土浇筑后会采取必要的养护措施进行维护，但就后期来说，同样需要持续的维护，避免暴露的时间过长。特别是要以具体的天气情况作为参考，防止因为温度突然上升或是下降给混凝土带来影响。

5. 泵站施工中防止混凝土发生裂缝的对策

（1）严格施工现场管控

1）科学的管控是做好混凝土施工的第一道防线。只有严格把握各个环节才能最大限度的降低混凝土发生裂缝的可能。所以，在进行混凝土浇筑的过程中，要排除一切影响因素，充分保证其浇筑的连续性。此外，由于混凝土浇筑存在着多种浇筑方法，根据具体要求，考虑建筑物的类型，并对浇筑区域进行分析。同时，还要将钢筋配置这一因素进行充分考虑，进而选择有针对性的施工方式。强化施工人员管理，提高施工人员的影响作用。要对施工现场做到把控严格，尤其是在对进行施工的混凝土进行检查，在标准上对参数进行把握。及时处理不合格的混凝土，根据成因采取准确的处理办法。例如，如果是配比问题，并且差值不大，则采用调配的方式，如果是严重的质量问题，就需要全部更换新的混凝土。提高对施工的重视度，加强混凝土质量防范，提升混凝土使用情况，防止不合格混凝土流入到施工当中。从而保证后续工作健康发展。

2）在进行混凝土浇筑时，要切实保证这一工作的持续性，同时，还要防止因震鸣而导致的漏振或者过振，具体需要在插拔的速度上进行控制。在对已完成浇筑的混凝土部分进行检查，将最初出现的裂纹利用抹面技术予以平复，最后，在进行拆除工作时，要保证混凝土温度在拆除后能够维持在 14℃以上。

二、泵站机电设备的安装

（一）泵站机电设备在安装过程中存在的风险问题剖析

1. 栓与螺母的连接问题

在水利泵站的机电设备装设过程中，螺栓和螺母的连接问题出现的较多。若螺栓和螺母连接得太紧，较易产生拧口不牢固，该问题的主要成因是在电磁力的影响下，机械力会出现金属疲惫，从而导致设备无法有效连接。若螺母与螺栓相连过于松动，伴随着使用时间的加长，由于螺母和螺栓两个零件间存在较高的接触电阻，接通电源后形成的热量会逐步将接触面氧化，电气设施在工作过程中，机器的温度会逐渐升高，非常容易熔化连接的位置，造成电力机械的短路等故障，致使设备面临较大的安全风险。当前我国斜卧型水泵发展迅猛，但斜卧式水泵使横向受力增加，底部受力不均，这就对螺母和螺栓的质量提出了更高的要求。

2. 泵组同心度和轴线度

在泵站工作时以下问题会普遍出现，如效率下降、轴承温度升高等。该问题 90%以上是由于水利泵站机电设施的同心度与轴线度不恰当导致的。一旦第一时间无法处理此类问题，随着设备的运行，将导致恶性循环的问题产生。因为水利泵站机电设施是由多个零件组成的，其每一个部件都来自不同的生产企业，每个部件的设计虽然均达到了相关的技术要求，但部分部件的兼容性能较低，造成水利泵站机电设备的同心度和轴线度运行不稳定，进而严重影响整个水利泵站机电设备的安装质量。

3. 机械振动问题

机械振动问题主要包括 3 个方面：一是水泵方面。如果转子和壳体的同心度在安装过程中出现偏差，其相互摩擦力就会产生在定子与转子间，导致转子不均衡运动，使设备产生机械振动；二是电机方面。如果转子与定子两者的气隙不匀称或轴承间的间距太大，较易产生转子运动不均衡的问题；三是具体操作方面。在设备的实际运行过程中，设备的工程操作参数超过额定参数，导致出口阀流量变小，使设备不能平稳运行，造成机械振动。

4. 超电流问题

超电流问题的成因：一是电机方面。当电阻和标准规定有出入的时候，线路的功率与过载电流无法满足设计要求，便会产生电源缺相问题；二是泵组方面。如果壳体和转子间产生摩擦会给轴承造成一定的损伤，或是杂物进入到泵内，导致超电流现象出现；三是实操方面。密度或者黏度与设计规范不一致或实施介质未依照泵设计加以传送等均会导致超电流问题的出现。

（二）水利泵站的机电设备安装施工技术剖析

1. 前期组织控制与技术控制

为了保证水利泵站的机电设备的安装可以顺利完工，应落实技术管控和组织管控等工作。首先，在装设过程中，要先重点剖析项目设计方案，严格评定方案的科学性与实操性，以此为基础编制更为科学的建设计划，并制定施工过程的管理控制措施与工程质量的检查流程；其次，电设备的施工工艺和技术要求必须制定好，且要结合具体的项目特征与建设要求，科学制定施工流程；第三，不断增强施工人员的技术，形成质量理念、安全理念、责任理念，在保证机电建设质量的同时提供了人员保障；最后，施工过程所用的工具器材等都要全面检查，确保工具器材的稳定性和材料的质量。

2. 做好施工过程质量管理

水利泵站机电设备安装过程中，在泵房的车间顶上，根据设计需要，设置相应的起吊设备，以便于对泵站进行检修。在安装主泵时，为了防止影响水泵的稳定性，安装基准线和基础的中心线偏差要符合工程要求，且主泵在稳位之前，要及时对其地脚螺栓孔进行清理加固。应在完成主水泵的安装固定后再安装主电机，以主泵作为安装基线，按照施工方案严格施工。要正确连接泵房的进出水管道和车间闸，不能强行连接，避免设备毁坏。管道有效连接以后，应对管道进行防腐处理，以保证闸阀性能始终处于优良状态。

3. 工程质量的验收工作

在设备装设之前，建设企业应当对所运用的材料、设施与有关部门以严格的工程要求为根据实施检查，要与设计图纸参数相符合。水利泵站机电设备装设流程的图纸、养护说明与出厂合格证等材料一定要齐备。如在有关部门、设施与材料检查过程中产生质量问题，应当告知建立工程师第一时间进行处理。管理预埋件与基准点对一些机器的安装非常重要。在安装前，必须要经专业的测量人员进行检测，达到要求后再进行施工。工程验收工作应当受到检测人员的重视，要审核水利泵站机电设备的安装成效，找出其中的不足和安全风险，第一时间解决，进而保证水利泵站机电设备的安装品质与项目经济效益。

（三）水利泵站的机电设备检修要点

1. 定子转动造成的高温问题检修

当电机的额定负荷在水利泵站机电设备运行中不相符时，就会产生高温现象，从而对发电机组的工作效果产生影响。因此，检修员应通过自动化控制装置并按照设备实际运行情况对发电机组进行即时监测。若温度高于额定温度，管控设备会报警或智能调节温度。根据设备的实际运行状况，检修员可以合情设置子管理系统的数量，并对系统运行能耗进行控制，以此来确保水利泵站机电设备运行环境的安全性与平稳性。

2. 定子引出线电缆表面破裂问题检查修理

当定子引出线电缆表面出现破裂时，检修员要控制表面损伤并对电缆进行包扎处理。只有处在断电状态时才能进行电缆安全防护保障工作，避免出现漏电情况，同时严禁出现不规范的操作。另外，检修员为了保证发电机组的安全稳定运行，要根据水利泵站机电设备的实际运行状况对电缆表皮进行及时更换。

3. 组合轴承漏油问题检测

当发电机组没有对轴承端盖加以封闭处理或机组组合不恰当时均会产生漏油问题。针对这个问题，检修员应该及时用铜垫替换轴承端盖，防止问题再次发生。

4. 异步电动机检修

由于工作环境和架构模式的不同，电机养护状况也有一定的差别，相同故障在不同的地方也会呈现出不同的特点，依据以往经验，维修人员应当对水利泵站机电设施产生的故障进行分析，并总结出故障原因、制定出检修流程，对水利泵站机电设备进行检修。由于水利泵站机电设备的安装及检修需要很高的专业知识，所以对安装员和检修员的素质要求也很高。安装员要结合工程的实际情况，根据安装技术规范进行操作。检修员要落实检修工作，将运行隐患降到最低，进而提升水利泵站机电设备的总体成效。

水利泵站机电设备的安装与检修是一个非常繁杂的过程，在机械加工中一旦出现微毫的误差也会影响设备的精确性。在安装水利泵站机电设备的过程中，要在第一时间对泵站故障进行检修，严格以技术规范为根据，整体安装流程要细化，把隐藏在泵站中对其工作有影响的风险提前做出预判并做出有效控制。采取误差补偿法、误差分组法、直接减少误差法等有效方法，降低水利泵站机电设备的误差，从而保障设备正常运行。

三、泵站施工的质量管理

泵站作为工农业生产中不可缺少的能源输送设备的集中地，其在施工建设中的工程质量关乎于泵站的整体工作效能，在我国，泵站在水利工程建设中作用巨大，是水利工程中不可或缺的重要组成部分。目前我国泵站工程建设的规模不断扩大，其施工的质量就日益被社会所广泛关注，在泵站工程建设中，经常会由于施工质量管理不严，导致工程质量低劣，进而引发一系列工程施工和使用的事故。为此，泵站工程施工中的质量管理问题就成了施工方必须要加以重视的头等大事。加强泵站施工质量管理不仅有利于泵站功能发挥更具有持久性，而且还可以提高施工企业的经济效益和社会效益。

（一）提高泵站质量管理水平的重要性

泵站在我国水利工程中发挥着极为重要的作用，而且泵站工程的建设具有施工要求低，对环境的破坏小，施工成本低，施工周期短等优点，所以是水利工程施工单位的首选。目前我国泵站建设过程中，还存在一些亟待解决的质量管理问题，例如，泵站施工材料和设备的选择不当，施工技术不到位，施工人员的专业性和综合素质缺乏等，这些都制约着泵站建设质量水准地提高。泵站施工的质量管理水平要想提高，就必须从全方位入手，泵站地施工要符合我国相关行业的基本质量标准，不能够随着使用者的意愿进行违规建设，对于国家明令禁止的影响工程质量的施工行为要严格予以制止，管理者要将泵站工程施工视为一个整体，各项管理环节和管理行为要系统开展，在质量管理前要制定明确的管理方案和具体目标，根据实际工程施工情况选择适合的管理方案，在管理过程结束后要及时进行管理效果记录和反馈，以保证管理的科学化和系统化。

（二）如何提高泵站施工质量管理水平

泵站施工质量的好坏对于工程投入资本和总体施工质量有较大的影响。泵站施工质量管理有一套系统管理方案，首先要做好施工前的质量管理准备工作，其次，是施工过程中的质量控制和监督，最后在进行管理效果的综合评价，在此过程中，还要借助政府部门的全程监督以保证实现更为理想的管理效果。以下将对施工质量管理过程中的操作要点进行一一列举。

1. 施工材料的选择。施工材料的质量是工程质量的基础和关键，所以在选择时要依据工程施工的标准而定，同时要符合国家法律法规明文规定的材料标准，对于不达标的施工材料一律要禁止流入施工环节。

2. 质量管理目标的设计和制定。质量管理部门和人员要在施工前做好质量管理控制预案，并制定各施工程序的质量控制标准，使之达到工程要求的标准。

3. 施工过程中的质量管理。在施工时，管理者尤其要注意泵站施工主体的结构是否符合质量标准要求，一旦泵站主体结构出现质量问题，将直接对泵站使用人员和财产构成安全性威胁。

4. 工程主体完工后，要注意各项细节和配套设施地完善，后期装饰工作的质量也不能忽视，除了要追求施工质量之外还要力图使工程外形更加美观。

5. 做好施工前的工程质量实验工作。可以通过先期建设实验范例来进行工程结构最优化选择，以避免造成资源浪费或中途返工的情况。

6.对一些经常出现质量问题的施工位置要实行重点质量管理，例如棚顶，地下结构，墙体等位置，尤其要注意检查这些位置的密闭性和防渗漏性能是否施工到位。

7.管理者要在施工过程中大力引进新型技术和施工材料，新型技术和材料的使用有助于提高工程施工质量和效率，还可以大幅度压缩施工成本。

8.要重视施工人员专业技术和综合素质地培训和考核。对于新录用的施工人员要做好岗位培训工作，对于原有的施工人员要定期进行技能考核，不达标的人员要重新培训。要树立施工人员的安全意识，强调工程施工质量的重要性，最大限度地避免施工人员的操作失误。

9.工程施工分工要明确，施工责任要落实到人，一旦发生质量问题好从源头查明和补救。

10.监理和验收工作要到位。对于工程收尾阶段的质量控制工作要进行系统总结，以备后续问题参考之用。

施工过程中还要强化试验检测工作，把好材料质量关。工程开工后，作者单位制订了材料试验计划，施工中砂、石、钢材、水泥等原材料，混凝土配合比，混凝土试块抗压、抗渗强度等均委托某市市政工程质量检测中心检测。在工程施工中，对每个分部分项工程的施工，加强对过程和工序的质量控制，从施工方案和施工程序、机械和劳动力的配备、材料和设备的质量等施工技术和施工组织方面，做到精心组织，规范施工；施工质量管理中还包括加强商品混凝土的质量控制，确保混凝土施工质量。与商品混凝土公司签订合同后，应根据施工方制定、监理部审定的混凝土配合比的质量指标，由施工方设计初步的混凝土配合比，经建设处、监理部和施工方审定后进行试验，经试验该配合比符合设计要求。

还可以采取季节性施工措施，保证混凝土冬季施工质量。采用蓄热法和掺外加剂并用的方法，商品混凝土中掺用外加剂选择早强、防冻型减水剂，采用铺聚乙烯薄膜、麻袋片覆盖保温等措施，较好地防止冬季混凝土施工冻害的发生。质量监控对施工现场来说一般有事前监控、施工中监控和加强过程中地监控。如对原材料、半成品、成品的控制，应在有关分项施工前进行，这样能更好地实现事前控制。

在施工过程中应着重抓好以下几项工作。

（1）技术符合：重点在定位、引测标高、轴线及成品、半成品的选用方面。

（2）隐蔽工程验收：此为监控的主要手段。凡属隐蔽项目必须进行全程监控，如地基验槽、桩基、钢筋、地下混凝土、暗埋、管线等等，且隐蔽工程验收须按有关规程进行。

（3）材料试验：对钢材、水泥等原材料及一些成品、半成品，除检查出厂合格证外，尚需按规定抽样检验。

（4）抽检：不定时的随机检查，便于及时发现及时整改，这是施工过程中监控的一个有力手段。

还需要设置质量管理点：质量管理点可用于多种环节，如推广新技术、质量难点、薄弱环节，要求达到高质量的分项等，在质量控制的关键部位、薄弱环节上设置质量管理点，采取事前控制，对质量保证有直观的监控作用。最后是对施工管理的经验与建议包括：为工程实施营造一个良好的施工环境，是工程顺利实施地根本保证。在施工管理上狠抓关键线路的施工，在保证人员、资金和设备投入的同时，通过优化施工方法和改进施工措施等手段保证了合同工期的实现。泵站施工质量管理是一个从始到终的系统工程。提高泵站施工过程中的整体施工质量的管理水平，不但要依靠各专业人员本身的施工水平，同时在很大程度上取决于各专业人员之间的相互配合。工程的施工阶段，应制定完整的、详细的、符合实际的质量控制目标，通过各种途径和手段，以质量控制为中心，进行全过程和全方位的控制管理，只有这样，才能保证工程质量管理目标的最终实现。

四、泵站运行管理

（一）泵站运行现状

近年来，我国政府及有关单位不断加大水利工程施工建设力度和投资力度，与之相关的工程数量、规模也在迅速增加。泵站作为水利工程项目中不可缺少的一部分，其施工建设越来越被人们重视。但是在过去的工程项目中，由于各种因素的影响，使得不少的泵站在运行中存在问题，具体表现在以下几个方面。

1. 设计不合理

在工程施工建设中，由于工程施工方案、设计图纸、现场规划等环节存在问题，导致工程施工质量不佳、施工方法不科学，造成整个工程存在着质量问题。究其原因是因为有些工程单位过度自信，在设计和规划中不曾严格按照当今现有的电气设备、机组等操作和施工要求而开展，也有一些施工单位对于一些隐蔽工程的重要性认识不够，在工作中以敷衍了事的态度工作而引起的。

2. 施工操作规范不严格

在目前的工程施工建设中，有不少施工单位没有严格按照当今工程施工操作要求开展工作。虽然部分单位的管理人员明确地给出了工程施工操作规范，并严格要求工作人员每一项施工内容都必须要严格按照工程操作规范开展，但由于部分人员对操作规范理解不深、操作技术掌握不全面以及操作认识不足等原因，在施工中为了图方便而产生不按规程操作和施工的现象。

3. 保养制度不全面

截至目前，很多企业和单位的管理人员都存在泵站机组只要能够开机运行就成了，而无须对其高度的重视。这种心理和错误认识的存在可谓是造成泵站运行故障的主要原因，其产生一方面无法让泵站的设备和机组得到及时的保养，同时对于一些已经发生故障的基站设备也得不到及时有效的修复，最终导致整个泵站故障的发生。

4. 技术水平低

由于在当今工程施工中，大多操作和施工人员都是来自农村务工的人群，这些工作人员本身都存在专业知识掌握少、文化程度低以及素质低下的特征，此时如果施工企业和单位还不曾进行系统的培训，那么其在施工中对泵站机组的认识更是少之又少，一旦出现故障不知如何处理。有的人懂了一点就摆弄一些保护装置，结果在发生故障时保护装置不工作，使故障扩大。

（二）泵站安全运行管理的解决办法

1. 泵站操作人员的高度的责任心和敬业精神是安全运行管理的基本要求。每一项工作，都要人去完成，随着自动化程度的不断提高，各种先进机械设备的利用，使人们的劳动强度逐渐降低，但对从业人员的责任心的要求却越来越高，各级管理人员和操作人员分工明确，各负其责，如果一个人的责任心不强，就有可能导致一连串严重的后果，甚至酿成大祸。所以说，高度的责任心是从业人员的基本要求。

2. 良好的个人素质是安全运行的必备条件。泵站的特点是工作现场分散，作业条件复杂。调查对比发现，调查对象的管理人员大部分都经过专业培训和施工现场的锻炼，具备了一定的管理经验和相应的上岗资格，熟悉施工工作的程序和各种规范、安全措施，是项目安全管理的中坚力量；但是单位职工干部队伍人员素质参差不齐，相当一部分人员为中技以下人员，文化程度不高，安全意识淡薄，未经过专业培训，缺乏必要的安全生产知识和安全防范技能。如何提高这一部分人员的综合素质，是保证泵站安全生产的关键。

3. 做好运行协调工作是安全运行的重要环节。很多行业，各工种（岗位）既要明确分工，又必须相互合作，这样才能保证各项安全措施的有效落实，形成安全生产的网络。各工种、各工序之间必须保持良好的合作关系，互为创造安全稳定的生产环境，做到不伤害别人的同时，也得到不被别人伤害的回报，这样就使得各项安全措施能够得到有效的、彻底的落实，各种安全措施能够持久有效地起到应有的保护作用。

4. 积极参与安全隐患的整改工作是提高安全管理水平的重要途径。在泵站运行中，由于多工种配合，交叉作业，难免要产生一些安全隐患，如不及时进行处理，就有可能酿成事故。但仅凭几个安全管理人员，要及时发现并妥善处理这些随时随地都可能出现的安全隐患，无疑是不现实的，也是不可能的。如果每一个从业人员都能及时识别安全隐患，并立即采取积极有效的措施，如通知安全员、采取整改措施等，将能使安全隐患消灭在萌芽状态，减少乃至杜绝各类安全事故的发生。

泵站安全运行是一个比较复杂问题，它涉及泵站的建筑物、机组和人身安全等多个方面，能否确保泵站安全运行将直接关系到人民的财产和国家、社会的利益。因此必须把此项工作当作一项长抓不懈的工作来抓，坚持"养重于修，防重于治"的原则，管好用好机电设备，对机电设备进行定期维修保养，使机电设备保持良好的状态，力求做到安全、高效、低耗运行。只要加强管理，坚持维修保养制度，严格按操作规程进行操作，加强教育，及时消除事故隐患，就一定能够减少事故的发生，确保泵站的安全运行。

五、泵站精细化施工管理

（一）目前泵站工程施工中存在的问题

1. 施工管理体系不健全

由于水利泵站工程有着工程项目种类多，门类专业多，跨专业施工，施工工艺复杂等诸多特点，因此更需要专业的、详细的管理体系来完成施工。从常德市鼎城区牛鼻滩泵站更新改造工程施工情况可以了解到，很多情况并未完全按照之前的施工计划来构建泵站工程项目的施工管理体系，在泵站更新的改造工程当中，一直都存在着工程项目管理责任意识不清晰的问题。比如说泵站工程中的管理部门形同虚设，对工程建设项目缺乏责任感，管理不到位，没有将泵站工程责任区划分落实到个人头上，在工程项目的建设过程中，每一部门应该做什么，应该解决什么样的问题，这些都应该设计在整套施工管理体系当中的，由于施工管理体系的不健全，这些应有的规定都没有得到很好地实施，当出现了泵站工程中会遇到的实际问题时，没有相应的部门能够及时勇敢地站出来承担责任解决问题，各部门之间互相推诿责任，导致改造项目进展缓慢。

2. 组织施工现场管理混乱

在过去很长的一段时间内，牛鼻滩泵站更新改造工程项目都一直处于施工现场管理较为混乱的一种状态。如在土方开挖、基坑排水、机电设备安装、电气设备安装的过程中，不能按照科学的施工程序和工艺来进行施工，对技术也缺乏相应的设计程序，存在着实际施工进程与改造工程项目设计严重不符的现象，非常容易出现关键工程项目施工缓慢，而非关键工程项目却计划超前的问题。相关责任管理制度落实并不到位，尤其是在拦污检修闸底板基础的粉喷桩施工过程中，由于缺乏相应的技术质量监控，大量的违规操作行为开始出现，严重影响着泵站的施工质量和进度，相关责任监督管理不到位，泵站施工现场巡逻人员工作态度不认真，不能及时地发现泵站工程施工现场中出现的问题，使得施工现场混乱，生产效率低下，需要及时加以调整和改进。

3. 工程施工管理人员的素质较低

由于泵站施工工期受汛期影响较大，很多泵站改造工程在具体的施工过程中总是一味地追求施工效率和施工进度，常常会忽略对泵站工程的精细化监控与质量管理工作，负责工程项目管理人员的专业素质往往比较低，缺少相应的管理学知识，大多数是依靠自身的施工生产经验来进行判断的，因而缺乏科学的理论作为指导。对工程施工队伍的专业素质缺少审批，在正常进行施工改造之前，没有对施工进行项目交底，也没有对相应的施工操作技术人员进行专业化培训，而是直接进行施工操作。这样改造项目自然会出现这样或那样的问题，更有甚者，尤其在电气设备安装和机电设备安装项目中，由于专业的电气机电安装工人的工资较高，有的施工单位会招聘大量的临时工种来代替此类技术工种滥竽充数；且很多工程施工项目的管理人员都缺乏实战性经验，不能从工程全面发展的角度去思考问题，不能掌握系统化的工程施工安装技术，因而在实际的精细化施工管理道路上还有很长的一段路要走。

（二）泵站工程施工的精细化管理活动策略

1. 健全泵站工程施工的责任管理体系

在具体精细化泵站工程项目的施工责任管理活动时，首先要从泵站工程的实际情况入手，在进行综合化的施工安全评估检测以后，再逐步落实各阶段流程环节中的负责人，制定整体化的泵站施工管理体系。比如说制定相应的管理制度，通过奖励处罚手段的设计来限制技术人员的施工操作，提高泵站施工项目领导者的模范带头作用。在健全管理体系时，在工程项目的准备阶段，要先熟悉掌握项目工程文件的设计流程，再到施工现场进行实地考察，对工程项目建设的质量要求，施工进度要求要做好备案记录管理，对工程项目的招标书进行审核，同时为健全规划好工程质量的管理体系，确保准备工作完成以后，再进入下一步的施工计划。在创建精细化的施工管理体系时，要让施工单位自上而下地树立起正确的施工管理责任意识，始终把工程质量放在首位，提高施工操作人员的责任安全意识，并且贯穿于施工操作的全过程。将管理活动和施工操作工人的工资相挂钩，提高绩效考核的效率水平，同时从工程项目的监管部门，生产部门，物质采购部门以及质量监控一体化部门着手，促进各部门之间的沟通交流与合作，在实现水利工程项目全面化发展的过程中，加强对责任幅度的划分管理。在健全施工改造工程质量管理体系的基础上，一定要记得加强对施工安全问题的管理力度，千万不能一味地追求工程进度而忽视了对施工人员的安全管理，将责任落实到位，一旦哪一环节出现了施工安全问题，能有相应的安全管理部门来进行解决，为项目顺利实施提供了保障，减少了给工程项目发展日益造成的损失，使国家和人民的财产得到了保障，因而工程责任管理体系的构建，是泵站工程项目能够顺利实施的重要元素。

2. 加强对施工现场的精细化施工监督与管理

在实际泵站工程施工过程中，为了加强对施工现场的精细化管理程度，需要相关从业的施工操作人员有着专业化的安装管理技术和技巧，要严格遵守《施工现场临时用电安全技术规范》的标准要求，对工程施工中的各种电气设备的运行进行了解和掌握，设计好施工现场安全防火，防灾防患措施，并且在日常的施工中，要定期的安全操作演练，对于不符合安全生产要求的项目及时加以改进。由于过去施工现场管理非常混乱，需要在泵站施工的过程中，对工程项目后期的预埋件进行提前预埋，把所有的预埋洞口进行缝合。在对现场操作技术进行施工管理时，要提高相应的监督和控制力度。对各种施工技术和设计指标进行监控，提高对改造工程设计方案的审批管理力度，在正式进行施工技术交底时，泵站工程所涉及的相关工作人员必须认真仔细倾听，在具体落实施工项目之前，要对交底的施工图纸进行审批，进而分析工程改造项目的正确施工要求。在进行生产设备及机电电气设备安装时，应当特别注意对安装工艺的操作设计管理，必须要按照正确的安全操作流程进行施工，同时要安排施工现场相关的巡逻负责人员，对整套施工操作进行循环式的监督管理，减少操作工人违规行为的发生，使工程的改造设计项目得以顺利实施。能够及时监测到工程施工中出现的问题并加以解决，有效避免项目安全事故问题的产生，提高工人操作安全性。加强精细化施工管理理念的落实，通过工程施工项目中每一道操作工序的管理落实，从各生产环节入手，保证对工程项目中每一道工序的质量监测，可以有效地提高工程项目的生产效率和质量水平。

3. 提高施工人员的专业化素质水平

而对泵站工程施工项目中的工作人员进行精细化的管理教育时，为了能够有效地提高施工管理人员的专业化素质水平，提高工程项目的整体质量和施工效率，一定要对工程中的工作人员进行身份审核，这一点非常重要。所谓身份审核就是要保证进入工程施工现场必需的人员要经过专业化素质培训，必须保证一人一卡原则，持卡入内，这不仅关乎工程项目的安全生产问题，同时能保证工程项目的质量。在对施工操作以及管理人员进行专业化的职业技能培训时，要对他们进行职业化的道德素质培训，让施工管理人员都能够明白正确的施工操作规范，从道德和理智上控制自己不去做偷工减料、中饱私囊和以权谋私之类的事情，提高施工管理人员的安全施工意识和责任感。在执行安全规范守则的过程中，加强对精细化管理策略的思考，不断创新并改进新的施工技术和操作流程，积极开展文明施工大会制度，每月定期对施工进度进行总结，特别是对一些重点难点工作问题进行讨论和解决，采用施工小组及各部门评比的方式，作阶段性的文明工作总结，每周都要召开一次例会，将本周的施工工作安排进行下达，传递上级领导的会议工作精神，对上一阶段的施工情况进行汇报。在对泵站工程施工中操作工人的精细化培训和管理时，还要完善对工人操作的具体安排，设计科学的、合理的工作计划表，注意合理安排施工人员的作息时间，不要安排超出身体负荷的过量工作。坚决杜绝在施工操作前喝酒的行为，要让施工人员时刻保持清醒和理智的头脑，来面对泵站工程项目中的各种问题，在施工的过程中，对于同一工种的操作人员要进行统一的着装管理，这样可以一眼就了解到施工现场的操作情况，便于监督人员的操作管理。还可以组织工程内部的技术性比赛活动，提高工人参与的积极性和热情，提高他们的专业化技能操作水平。

第三节　水电站施工技术

一、水电站施工技术

新时期，随着我国能源短缺的现象日趋加重，水电站的重要性越来越突出，成为我国发电事业中的重要发展方向。面临着水电站不断发展的趋势，我们要采取合理的施工技术，做好各种管道与渠道的施工。并运用有效的技术管理方法，对水电站的施工过程进行管理，不断提高施工管理水平，提高施工效率。在此基础上，利用水电站更好地为人民服务，满足人们在电能、灌溉方面的需要。

（一）截流技术

现阶段，在水电站的发展过程中，截流技术得到了广泛的推广与应用，可以说是水电站的重要施工技术。具体说来，截流技术主要应用在水电站的修建过程中。尤其是在大型的河流上修建水电站，利用这种技术，可以充分满足人们的施工要求。通过拦截技术将水流蓄积起来，充分利用蓄积后所形成的势能与动能，将这种能源转化为电能。除此之外，这种技术还可以在农田的灌溉方面发挥作用，成为农田灌溉的基础设施，为农业的发展提供水源支持。在应用这种技术之前，必须要对水流的情况和地质特点进行详细的调查分析。在经过严密的科学论证之后再进行施工，使施工的过程能够因地制宜，符合当地的实际情况。

（二）引水发电技术

引水发电工作是水电站最重要的工作之一，也是施工过程中的核心环节。为此，要高度重视这种技术的研发与改进，不断完善这一技术，提高水电站的发电效率与技术水平。在应用这一技术之前，需要了解当地水资源的情况，对水流的速度、流量等情况做到详尽的了解，并能够考虑到当地用户对电能的需求。还要考虑到水电站施工是否会对环境造成负面影响，防止破坏生态环境的现象发生。在应用这一技术的过程中。需要做到以下几个方面：一是要根据施工计划和当地水资源的实际情况，制订出具体的施工方案与计划，合理地对施工过程进行设计，并确保施工方案具备合理性、可行性与安全性，重点要对引水和支洞施工的环节进行合理的规划；二是要结合当地的实际情况，包括地形、地势、地质等地理环境，详细把握当地地理环境方面的特点，详细说明在水电站施工的优势；三是要结合当地的施工条件，包括当地的经济发展水平与施工的投入力度，以及政策是否支持等相关因素。只有在满足当地施工条件的基础上开展施工，才能够保证水电站施工的可行性与可操作性，提高水电站的施工质量与水平。总而言之，引水发电是水电站的核心环节，必须予以充分的重视。确保技术在应用过程中的合理性，取得良好的施工效果。此外，要对引水发电环节相关的施工进行监督与管理，定期对施工的情况进行检查，提高施工人员的积极性与责任意识，确保这个环节的施工质量达到相关标准的要求。

（三）防渗墙技术

在利用水电站进行发电之前，需要保证水库中有足够的积水，水电站中的含水量达到发电工作的要求，这是蓄水环节的重要工作内容。为了避免积水泄漏等意外情况的发生，可以充分地利用防渗墙技术，使水库具有较强的防渗性能，提高水库蓄水的能力。现阶段，防渗墙技术主要是在水库内部涂上水泥，利用水泥墙的防渗作用，来达到防止积水泄漏的目的。但是运用水泥进行防渗有一定的局限性，这种防渗技术经常会出现质量上的问题，防渗的效果不是十分理想。

现阶段，随着我国水电站施工技术的不断提高，新型的混凝土防渗技术得到了应用与推广。这种技术与传统的水泥防渗技术相比有很大的优越性，可以保持防渗墙具有一定的强度，防渗效果较好，可以有效提高水库的防渗能力。此外，这种技术与传统的防渗技术相比，有着很强的耐久性，可以长期发挥作用。这大大减少了在水电站施工方面的投入，提高了水电站的效益。在应用这种技术之前，需要结合当地的施工条件和地理环境，合理地选择施工的方案，使施工技术的应用能够符合当地的实际情况。例如在设计施工方案的过程中，如果施工区域的下方存在球块状的岩石时，应当在岩层的表面覆盖一层粉状的细沙，这样才能提高施工区域地质的强度，确保施工过程得到顺利地开展。除此之外，还需要注意一个方面，那就是尽量选择在枯水期进行施工，避免水流过大对施工过程造成负面影响，使防渗墙工程的施工遭到破坏，影响工程施工的质量。因此，在制定施工方案时，要结合水流的情况，以提高防渗墙技术施工的质量。

（四）拦河坝消力池的施工技术

在修建水电站的过程中，需要确保拦河坝的安全性。在调查了解地质情况的前提下，使拦河坝能够建立在安全的地质基础上。因此，需要在施工开展之前调查坝址的地质情况。地质条件在安全性方面是否存在问题，是否能够满足水电站拦河坝的施工要求，以避免垮坝等意外事故的发生。在水电站中，消力池与拦河坝在地质安全方面有很大的关联，消力池的质量将会对拦河坝的质量产生很大的影响。只有确保消力池得到科学、规范的施工，才能保证拦河坝在质量上不会出现问题。在消力池的施工过程中，由于地质条件的影响，容易导致消力池的施工不符合施工设计的要求。此时，可以选择使用两极消能施工技术进行施工，以使消力池充分发挥效用，具有足够的消力能力。这种施工技术还能够减少开挖量，有效节省施工成本。另外，也要为消力池构建完善的排水系统，这也是施工过程中的重要环节。

（五）水电站建设施工技术的相关管理措施

1. 水电站运行技术的管理措施

首先，水电站施工建设期间，应做好技术管理工作，从而才能保证水电站得以正常、高效、稳定的运行。同时，应制定合理的设备检查制度，聘请专业检修人员检修设备，然后对检修数据进行相应记录。其次，检修人员检查设备仪表期间，应准确记录数据，做好仪表信息对设备运行状况反应的分析。最后，水电站建设施工与检查、维护期间，要完善对应的管理水平，从而确保设备的稳定运行，降低事故发生概率，同时要制定事故预案，一旦发生事故要马上实施处置措施。

2. 水电站巡视管理分析

水电站建设施工期间要重视巡视管理工作，首先，应对设备的使用、运行状况实施定时检查，若发现问题要马上处理，从而避免稳定隐患影响水电站的正常施工建设及后续运行。其次，要采用正确的措施对设备进行维护和管理，并在开展巡视管理工作时，尽可能消除设备中的火灾问题；最后，在对水电站建设施工中，一定要加大设备运行的检查力度，若发现突发或潜在问题，应马上停止施工及设备的运行，并更换设备，待操作完毕后，才可继续施工。

3. 完善水电站建设施工现场管理控制

做好水电站建设施工的现场管理工作，有助于施工技术的合理运用。因此，应重视施工前、施工过程中、施工后的现象管理工作，施工部门在此之前要建立健全项目质量检查体制，应完善施工监理制度的制定与落实，做好施工现场进场施工材料、施工员工、设备的检查与控制。另外，要将质检与监理人员安排到制定的施工现场当中，同时在施工中若发现施工方案存在问题，施工与设计单位就必须在第一时间进行共同处理。在施工期间要推行个人责任制，将责任落实到个人身上，确保问题发生后可以马上找到相关负责人并探查事故原因，从而提高事故处理规范性与速度，避免事故扩大。

（六）水电站施工技术和质量管理的方法

1 提高水电站施工的技术

第一，强化施工工序的质量控制。为确保施工质量，关键是严控工序实施，对水电站进行实时跟踪，发现问题及时纠偏，将质量隐患消灭在萌芽之中。在施工过程中，严把质量关，实行施工作业初检、施工作业复检和项目部质量专职终检的检查制度。做到每道工序都要符合施工的设计方案，将质量控制贯穿到整个施工过程中。24小时对其进行跟班监控，发现质量问题及时解决。

第二，加强施工团队的技术能力建设工作，为提高团队的业务技能，要全面提高职工和外协队人员的技术合作，全面提高职工和外协队人员的业务技术素质和安全操作技能，增强职工按章操作的自觉性。项目部加强日常巡查和综合性安全大检查力度，对高风险项目进行不定期地专项安全检查，对隐患及时下达整改通知，认真督促整改使现场各类安全隐患能及时得到发现和整改，有效地预防了各类事故的发生。

2.提高质量管理的水平和质量

第一，为了提高质量管理的水平和质量，首先，树立优质的质量品牌意识，建立完善的质量监督评价体系。其次，进一步拓展品牌的推广力度，明确战略意义。要根据水电站施工技术和质量管理的总体要求，全面分析整个项目的特点，致力于打造精品工程。然后，对所有参加施工的人员进行集体的专业知识培训，使大家牢固树立技术和质量重于泰山的意义。

第二，建立健全质量管理保障体系，首先，设立专门负责质量工作的总责任人，制定和完善质检程序和管理办法，建立质量管理网络。其次，强化预防控制。严把材料采购，对于采购物资要对各个环节制定严格的管理办法，确保原材料的质量能符合施工的要求。在制度方面，制定一系列技术管理规章制度。为更好发挥技术的作用提供了科学的制度支持。

第二，建立健全惩奖制度。为规范工程施工质量管理，涉及和施工团队要签订相应的质量责任书。在责任书中要明确指出，各单位要维护所负责的技术和质量安全，对质量责任进行层层落实增强各级管理人员的质量责任感不断提高员工的质量风险意识。根据施工是否符合质量要求，对作业施工进行施工现场的质量考核。

第四，严格执行体系和管理标准。项目部不仅要将"围绕质量，抓管理抓进度"的理念贯穿于施工生产全过程，并将质量管理理念向外协队伍延伸，建立全方位、全过程、全员参与的质量管理体系，明确各要素的控制方法，把职工的日常工作与质量管理有效的衔接起来，确保打造精品工程，强化安全管理，打造安全工程而建章立制工作。安全制度的确立是安全工作顺利开展的依据。项目部总结施工的工作经验，明确制定文明规章制度、应急预案等。在规章制度的实施过程中，还要不断结合工程施工的实际情况，不断完善和发展安全管理制度。使项目安全文明保证体系日趋完善，为安全工作的顺利开展提供了有力保障。

（七）水电站施工节能

1.水电站设计过程中的节能措施

施工的设计是施工的前提，如果设计存在问题，那么后边将很难补救。为了实现科学节能的设计，需要从以下几个方面考虑。

（1）在满足技术要求的前提下，输水的线路要尽量地短。输水的线路越短，意味着输水线路的投资越小。对于本次的水电站建设，选择隧洞和傍山渠是最节能的方式。对于个别的地方如果地形比较复杂，可以通过渡槽或者暗涵洞直接通过，避免曲线连接浪费资源。

（2）在输水线路的选择上要尽量避开不利的地形，比如隧洞的上方尽量不要有地下水存在，高地应力和断层破碎带也不要出现在隧洞的上方。另外，风化比较严重的地区、容易崩解、泥化的地区以及溶蚀岩体等地质条件不好的地区尽量不要作为输水线路经过的地带，选择比较好的地质条件可以降低施工处理的难度，避免施工成本过高。

（3）在设计的过程中，要充分考虑地形地貌，利用周围的环境资源，避免不利的条件。比如，全线利用地形实现无压供水，避免有压供水就可以降低供水的成本，达到节能的目的。

（4）在选择施工中用到的相关机电设备的时候，根据相关的行业标准和国家标准，合理地选择，在能够满足技术要求的前提下，选择新型的节能设备，避免选择设备过于庞大，造成资源的浪费，不利于节能目标的实现。

（5）施工组织的设计要做合理的安排，施工方案的确定在科学合理的基础之上要尽量兼顾节能，最大限度地实现节能。

2.水电站施工中的节能措施

（1）在水电站的建设施工以前，首先要有一个科学合理的施工方案和总体布置。施工组织的原则要遵循可靠、方便管理的需要，工期的安排要得体。

（2）在施工的过程中会有大型机械设备、电动设备以及辅助照明设备和其他设备。在选择施工设备的时候要选择节能型的，重型机械设备的型号尽量选择合适即可，避免造成过大的裕量，这样可以最大限度地降低成本。机械设备以及电动设备的选择要选择效率比较高的，做同样的功，能耗可以降低很多。机械设备和电动设备要做定期的维护和及时的维修，良好的设备维护可以降低设备工作的阻力以及延长使用寿命。

（3）施工中的施工用品和生活用品避免过度的包装。简单使用的包装是最好的，过度的包装会增加一次性用品的使用量，不利于实现节能降耗。对于能够回收的包装要尽量的回收利用。

（4）在节能的同时要兼顾环保问题。对于施工过程中产生的废水，要通过沉淀、混凝或者化学处理以后再排放，避免对周围的环境产生污染。施工工人的生活用水也要有相应的处理措施，比如建立排污沟和化粪池等相应的配套设备。

（5）水电站施工的过程中会产生一定的弃渣，对于这些废料要妥善地处理，不能占用周围的土地。弃渣处理可以采用挡渣墙、排水沟组合搭建，妥善处理以后可以保持当地的水土，减少占地。

（6）施工的方案一旦确定，就要严格地执行，除非有特殊的因素经过研究确定需要更改的，否则一定按照制定的施工方案执行。

3. 水电站运行中的节能措施

在水电站施工建设以后，更长的一段时间是水电站的投产使用，所以水电站的运行节能也是非常重要的一个方面。水电站的运行节能一方面是和建成投产以后的使用情况有关；另一个方面就是和施工的情况有关。

（1）在水电站的运行中，照明是节能工作的重要方面。为了实现照明方面的节能，最好的办法是充分地利用自然光。自然光是不需要成本的，利用的太阳光越多，那么用于照明的电能就越少。对于一些不太重要的照明供电可以采用太阳能电池和蓄电池组合的方式进行。照明的灯具尽量选择节能的灯具，能用节能冷光源的尽量不用其他的高能耗光源。

（2）生产过程的节能也是非常重要的一个方面。水力发电会有散热风机的驱动电机和水泵的驱动电机等设备。在电机的选型中要尽量选择比较节能型的电机，降低生产过程中的用电。

（3）对于生产或者生活中的电动机，一定要控制功率因数，不能太低，功率因数过低的时候会导致功耗的增加。

（4）如果水电站已经建成投产，化粪池可以经过一定的工序改造加装沼气池，那么这部分提供的能量可以解决或者减少一些厨房的能量消耗，并且节能环保。

（5）对于电气设备的接头要做好处理，并按时进行检查和维护。如果接头生锈或者其他情况下造成的接触电阻过大，那么就会造成导线的发热，线损增加会出现安全并且浪费电能。

（八）水电站施工导流

1. 施工导流技术概述及施工技术特点

（1）水电站施工导流技术概述

所谓施工导流指的是在对水电站施工过程中，为了确保水流能够绕过需要施工的地区而流向下游，采用的一种水利引导技术。科学的施工导流可以为建筑施工提供一个干燥的现场环境，加快施工进度。简言之，水电站施工导流技术就是为了引导水流和控制流量而使用的一种技术方式。施工导流技术一般包括截流、基坑排水、下闸蓄水等几个工程。

（2）水电站施工导流技术特点

作为水电站施工的重要组成部分，施工导流技术与整个工程中设计方案的实施、施工进度以及施工质量等有着直接的联系。因此，在水电站的施工过程中，一定要依据工程的实际情况和特点来科学运用施工导流技术，从而有效保证水电站施工的整体质量。一般情况下，在进行水电站的施工导流设计时，主要体现以下几个方面的特点：

1）选择坝址。在进行施工导流设计之前，工程坝体的位置应该是重点考虑的问题，而坝址的选择是有效勘测地形的最为关键的环节。因此，在选坝过程中，通常需要依据地质条件、地形地势、水能的指标差异、施工难度、工程规模以及施工工期等各方面来进行通盘考虑。

2）水利枢纽工程的布置方案。一旦坝址确定，为了有效配合工程分布，通常情况下，都要从导流明渠开始着手布置，其次才是厂房的位置安排。

3）科学编制施工计划。大家都知道，编制施工计划是水电站工程施工的基础和前提。在编制计划的过程中，不仅需要运用借鉴科学的施工方案，还要对工程导流施工技术予以重点关注。

4）涉及范围广泛。水电站施工导流技术影响因素有很多，不仅包括地质条件、地形地势和水能指标等各项因素，还包括水电站工程周边建筑物的位置安排、水库的蓄水问题、库区居民的搬迁问题及河流下游生态环境等，这些都是进行施工导流时需要综合考虑的问题。

5）水利施工技术。我国水利工程施工历史悠久，有着几千年的防洪抗灾历史，这就使得我国在水利施工技术方面积累了丰富的经验。随着现代技术的不断发展和进步以及各种新型建筑材料和大型机械设备的使用，我国的水利工程施工技术也取得了长足的发展。

2.施工导流方式选取原则及施工方法

（1）施工导流方式选取原则

在水电站的施工建设过程中，想要水利工程达到布局最优、造价合理、施工方式运行稳定，就必须结合水电工程周边实际情况和自身要求，来选用合理的施工导流技术方法。通常情况下，导流方式选择都会遵循以下几点原则：永久与临建要紧密结合，泄水、挡水、发电和导流等四大建筑的总体布置要协调一致；投入产出比科学、合理，要注意，初期导流阶段是导流方式选择的核心阶段，一旦确定建筑物的形式之后，就要从临建投资、工期、度汛安全等方面对基坑是否过水问题进行全面比较；在施工过程中，妥善解决通航、过木、排水以及水库的提前淹没等环境问题。

（2）施工导流施工基本方法

1）明渠导流。在施工过程中，明渠导流要在上游和下游均需进行一次拦断，这样做的目的是能够在河床内形成基坑，同时对主体建筑能够起到很好的保护作用，通常情况下，施工时都是利用天然河道或是开挖明渠的方式向下游进行泄水。然而并不是所有的水利工程都适合采用天然河道的方式，河床覆盖淤泥过多或者坝址的河床较窄时，都无法正常进行分期导流，所以，明渠导流因其自身的优点则被广泛使用。在这里要注意的是，一旦出现导流量非常大情况时，进行导流时需要面临的问题也很多，因此，在施工过程中，其通航过水和排水也需要达到一定的标准。此外，当前很多水电站的施工工期都很长，且施工过程中都需要进行泥土挖掘，此时对施工设备要求也就十分严格，因此，在选取导流方案时，一定要做好施工现场的情况分析工作，同时还需要运用一些大型设备，切实加快施工进度，确保主体工程的正常施工。

此时，明渠布置成为整个导流的关键环节，因此，在进行明渠布置时，要选择较宽的台地或者河道，以此来保证其水平距离及满足防冲的需求。通常情况下，明渠的长度都是在 50 ~ 100m 之间，这样可以与上下游的水流进行更好地连接，还能有效确保水流的畅通无阻。同时，在进行明渠挖掘时，对转弯的半径也有一定的标准要求，在进行明渠布线时则要尽可能缩短其长度，避免挖掘位置过深的情况出现。此外，还需要认真分析进出口的形状和位置，精准确定明渠的高程和进出口位置，这样可以有效避免在进出口的位置出现回流的情况。

2）隧洞导流。所谓的隧洞导流指的是上下游围堰一次拦断河床之后，可以形成基坑，为主体建筑工程施工提供一个干燥的环境，而天然河道水流全部由导流隧洞进行宣泄的一种导流方式。通常情况下，适合采用隧洞导流的条件是：导流流量较小，坝址河床较且两岸地形陡峻，若一岸或两岸有着良好的地形、地质条件则可优先考虑运用隧洞导流方式。具体来说，导流隧洞的布置要求有以下几点：隧洞轴线、眼线有着良好的地质条件，足以确保隧洞施工和运行的安全；隧洞轴线采用直线布置，一旦遇到转弯，转弯半径应超过 5 倍洞径，转角不应大于 60°，同时弯道首尾应设直线段，长度应超过 3 ~ 5 倍洞径；河流主流方向与进出口引渠轴线的夹角不超过 30°；隧洞之间的净距离、隧洞与永久建筑物之间的距离、洞脸与洞顶围堰厚度都应满足结构和应力的标准要求。

3）涵管导流。在水电站的施工建设过程中，修筑堆石坝或者土坝和工程时一般会用到涵管导流，以此来有效提高工程的施工质量和整体性能。涵管通常是钢筋混凝土结构，所以在涵管施工时，必须要充分把握钢筋混凝土的特性，以防涵管出现钢筋混凝土的质量通病。在某些工程中，还可以直接在建筑物基岩中开挖沟槽，并予以衬砌，然后封上混凝土或钢筋混凝土顶盖，从而形成涵管，这样一来，可大大降低施工导流的成本。然而由于涵管的泄水能力较低，所以其应用范围也比较窄，只能用来担负枯水期的导流任务或者导流流量较小的河流上。

3. 提高水电站施工导流技术的策略

（1）加大技术创新投入

科学技术是第一生产力，因此必须加大技术创新的投入力度，进行水利技术的革命。就目前而言，我国水利大环境是积极向上的，尤其是近年来在国家政策的扶持之下，水利技术创新速度迅猛发展，水利事业蒸蒸日上。为此，水利工程施工单位一定要抓住机遇，下大力气进行技术改革，拓展技术创新渠道，走进水利高校，开展校企合作模式，共同推动我国水利施工技术的向前发展。

（2）注重水利人才的培养

人才是科技创新的根本，因此，在吹响水利技术创新号角的同时，还需要加大培养水利人才的力度。当前，水利施工队伍中，原有施工技术人员缺乏创新能力，新生力量衔接断层，所以我们在日常工作中既要注重新生人才的引进工作，又要团结骨干技术人员；既要最大限度发挥新生力量的技术创新能力，又要积极吸取骨干员工施工经验，二者有机结合，以老带新，从而形成共同促进水利技术革新的局面。

（3）完善企业管理机制

一直以来，许多水利施工单位只注重水利技术的创新，却忽视了企业管理机制的重要性。就目前而言，国内大部分水利企业内部管理机制是不健全的，缺乏行之有效的施工工程质量监管体系。而在市场经济的大环境下，水利施工单位面临巨大的市场竞争压力，只有积极实行水利施工体制改革、管理体制改革、投融资体制改革，才能不断提高水利施工工程质量，有效增强市场竞争力。

（九）电气设备的防雷接地保护

1. 雷电危害及水电站防雷问题

（1）雷电危害

通常情况下，水电站中的出线回路较多，室内进出电缆可能会遭遇直击雷侵害，强大的雷电流就会以光速传回电源，经水电变电站逐渐衰减以后，就会到达电源控制装置。但此时的电压也可达到上千伏。因此，很可能会对水电站施工电气设备产生毁坏性的影响。当水电站接闪器或接闪网吸收雷电时，直击雷防护引下线四周的瞬变磁场，将会使周围的线缆因感应而产生强大的感应电流，传输到设备，影响设备的正常运行。

不管是直击雷，还是感应雷，如果防雷接地保护不到位，都可能对水电站造成破坏。特别是感应雷对水电站存在的配套监测信号系统的影响，在感应雷的影响下，整个系统会产生非常高的浪涌，这将对监测设备造成非常大的破坏或干扰。对于监测系统而言，室外线路可能会遭受到直击雷，或者感应雷的影响，巨大的雷电流会对上述线路终端所连接的低压设备造成影响，产生误动作或设备损坏。在工程实践中，当前继电保护设备的集成度在不断提高，集成提高的同时，电气设备自身抗浪涌能力也会随之降低，而且多数微电子器件体积非常小，耐压性能一般不高，其通流量甚至以微安级计。由于这些特点，使其经不起雷电流的侵袭。对于水电站施工电气设备而言，雷电对其造成的伤害不仅会对微电子器件自身产生直接性的损坏，而且因其耗能非常的小、灵敏度非常的高，即便是很小的磁场脉冲或者电场脉冲都可能会对其正常工作产生干扰，甚至会产生误动作。

（2）水电站防雷中存在的主要问题

雷电危害对水电站施工电气设备的影响非常严重，随着水电建设事业与防雷技术的发展，虽然防雷技术水平不断提高，但在工程实践中依然存在着雷电危害，主要表现在以下几个方面。

第一，水电站运行管理部门缺乏防雷意识，原有的防雷措施没有有效地落实到实处。据调查显示，当前国内多数水电站只顾着生产经营，对雷电危害缺乏足够的重视，即便制定了一些规章制度，但因雷电现象不经常发生而难以有效的落实到实处。实践中常见的问题有施工电气设备构架接地不可靠等。虽然在避雷针及避雷装置上架设和安装了引下线，

171

但部分水电站却没有建设接地网，甚至有些输电线路进出线1～2千米段，在没有接闪器的情况下运行。

第二，现用的防雷设施、装置保护效果不佳。实践中可以看到，部分水电站内部所安装的避雷针保护范围难以满足规范要求，部分接闪器针及防雷装置与水电站施工电气设备构架之间的距离不够，以至于水电站无法受到接闪器的保护。同时，实践中还存在着水电站，部分线路避雷线保护角过大，或者绝缘子因长期缺少维护而出现严重的污秽，导致雷击绝缘子闪络问题。

第三，接地网设计相对比较简单。对于水电站而言，其接地网通常是指土壤中所埋的钢筋；部分接地网尚未形成闭合接地网，而且也没有充分地考虑到均压问题。因此，该种类型的接地形式通常只能在一定程度上降低工频接地电阻，但对于冲击接地电阻而言，却难以实现降阻的效果。

第四，接地施工质量问题。实践中可以看到，水电站接地焊接施工操作工艺不达标，而且接地线上的着色不准确；同时，部分接地钢并未采用热镀锌，该应用铜排的盘柜接却采用的是普通的钢筋代之；甚至有些水电站接地附埋深尚未达到冻土层以下，或者接地体存在着外露现象。同时，接地体上的电阻偏高，部分水电站、输电线路因服役时间较长、接地体存在着严重的锈蚀等问题，而造成接地电阻值大幅度提升。水电站中的微机监控因地形条件局限而导致接地网电阻值难以达到规范标准的要求。

2.水电站施工电气设备防雷接地保护策略

基于以上对雷电危害和当前水电站施工电气设备防雷接地中存在着的主要问题。认为，要想保证水电站的安全运行，可从以下几个方面着手。

（1）变电所防雷保护

首先，统一思想，提高认识，加强对雷电危害的认识，适时组织防止雷电伤害的学习，从思想上、技术上武装水电站运行管理人员，同时开展全面排查，对发现的问题——整改，确保不留死角，一次性完善变电所内的防雷设施。其次，变电所内部结构的防雷作业。对于水电站建筑结构而言，其防雷操作主要是从顶部接闪带、建筑结构梁柱以及网状接闪器作引下线，将钢筋混凝土地基视作接地体。在整个水电站建筑结构设计与实际施工过程中，应当充分考虑网状接闪器、接地体网络以及引下线电气连接方式，而且在设计施工过程中应当预留一定的位置，以便实现室内外电气设备接地网之间的有效连接。最后，室外电气设备防雷作业。实践中为防治室外电气设备遭受直击雷破坏，可安装适量的避雷针，对室外构架、变压设备中性点，也要加保护，全部电气设备引下线均应当通过焊接等方式，使之能够与变电所接地网之间有机地连接在一起。

（2）接地保护措施

防雷接地系统是由接地体和连接线共同组成的一个接地网络，实践中因水电站所在的位置地理条件限制，因此接地体铺设面积通常要根据防雷总接地电阻值标准进行严格的铺设，同时还要布置一些垂直的接地极，从而提高散雷效率、增强一次电气设备的防雷效果。具体操作过程中，因施工难度影响，部分水电站施工通常难以满足设计之要求。实践中，部分水电站设计过程中所采用的是一点接地方式，但从具体效果上来看，却发现有多个点接地，不仅不能起到一点接地作用，还因为电位差导致水电站电气设备可能会遭受过电压袭击。在水电站防雷系统检查过程中，因其存在着一些比较容易忽视的客观问题，比如接地铜排界面不符合要求等，如果不引起足够的重视和采取保护措施，则会留下较大的安全隐患。

（3）低压电气设备保护

随着科技水平的不断提高，当前水电站逐渐实现了自动化，施工电气设备自身的耐压性却随之逐渐降低。对于现行的自动化设备而言，要实现防雷目的，首先应当注意低压配电设备的防雷设计，尤其要注意在低压电网进线端应安装适量的低压避雷设备；将母线接到避雷器的一端，而另一端则连接在接地回路之上，雷击产生的过电压经避雷器后，会将电容器放电大量的吸收掉，从而减弱电压强度。实践中，可在低压开关盘柜的侧面适当地安装一些击穿保险器，并且还要在弱电设备直流电源、信号端，适当地安装一些浪涌电压保护元件。

二、水电站机电安装

（一）水电站机电安装施工的特点

水电站机电安装工程对于机电安装企业而言，一方面其是企业在市场化经济环境下的业务和工作，一方面却又是在市场化竞争环境下，企业综合实力的体现和象征。

机电安装施工质量帮助企业积累安装施工经验、培养安装人才、提升企业机电安装施工的水平和质量的同时，成了影响企业未来竞争的重要因素，也是企业最好的宣传名片。

从水电站机电安装工程所涉及的内容看，机电安装主要包括安装施工技术、施工工艺选择和使用以及施工设备和施工材料等内容。其中每一部分安装内容都需要严格安装行业标准以及企业标准对顾客提供标准化的施工操作。

从机电安装的施工过程的角度出发，包括机电安装设计图纸会审与变更、施工方案与技术措施的审批、施工材料、器械和设备的认定与保管等在内容的施工准备阶段和施工阶段质量控制，施工阶段质量控制包括尾水里衬安装、座环安装、电气管路安装以及接地安装。

无论是机电安装工程的内容抑或是安装涉及的过程，相对于其他建筑施工而言，水电站机电安装工程有其自身的特点，其中包括完善的售后服务、高昂的安装施工成本以及对设备与施工质量高规格的匹配性评估方法。

其中，最为突出的一点是水电站机电安装工程衔接了水电站结构施工与装饰施工，起到承上启下的作用，处于工程整体施工的中间环节，这对于水电站整体施工而言，机电安装贯穿于施工的整个过程，对于水电站施工的进度以及质量具有直接的影响。为此，严格、高效地把控水电站机电安装质量，做好机电安装质量控制工作将有助于水电站整体施工质量的控制。

（二）机电安装质量控制的管理措施分析

水电站机电安装质量控制的管理措施将有助于企业更好的控制安装过程和质量，有助于企业形成现代化的安装施工工艺和管理水平，体现着企业综合实力，帮助企业获取更高的经济效益，在激烈的市场竞争环境中，能够处于不败之地。

1. 构建完善的质量保证体系是关键

质量保证体系是水电站机电安装工程质量控制的第一要素，完善的质量保证体系帮助企业构建标准化、科学化的设计、施工、维护等安装过程。为此，借助完善的机电安装质量保证体系，企业可以综合的、科学的调度各生产部门、各生产要素以及相关的组织和人员进行合理的搭配，更加科学的对水电站机电安装结构进行控制，做到施工目的、施工要求、施工责任等明确化，组织和人员协调化，成为有机的整体，从而将水电站机电安装工程控制在高规格、高要求的工作约束范围之内，为安装工艺、方法和思路的提升提供了途径。

同时完善的质量控制体系涵盖质量控制领导机构、质量负责部门、质量监察部门以及施工班组和相关的职能部门等。

2. 构建完善的检查制度是保障

现代化水电站机电安装工程变得更加的复杂、技术含量也更为突出，其检查手段和侧重点以及相关的仪器设备等都较之于传统的检查方法也有所不同。

为此，构建完善的现代化水电站机电安装工程质量检测体系是保障，即构建完善的、可执行的三级审查制度。

所谓的三级审查制度是指机电安装施工班组的自检和复检、质量监督部门的抽检与终检指导质量管理领导机构进行工程最后的验收。三级审查监督制度明确了机电安装施工质量控制的关键点，相关人员和部门能够层层监督，各层级之间的责任和目标更为明晰，从而促进了水电站机安装工程的质量细化和量化。

机电安装施工班组负责施工技术、工艺、设备等具体的操作，质量初检的开始；施工质量监督部门对机电施工进行抽检，最后交由质量管理部门进行终检和验收。

在这一检测过程中，对于发现的施工问题能够及时地解决，相关人员和部门的责任更加明晰化，从而有效地提高了机电安装施工效率以及机电安装的成本。

3. 做好过程质量控制是基础

水电站机电安装的过程质量控制就是一种动态的质量控制过程。即将水电站机电安装过程视作是一个动态的变化过程。

针对这一动态的变化过程，将每个阶段每个时期的机电安装过程中出现的质量问题进行汇总分析，严格地把控相似性工作重复出现问题的可能性，从而将机电安装工程的所有环节做到动态监测的过程。

这一动态过程也为企业积累了更多的质量控制和管理经验，从而为水电站机电安装工程提供更为科学和有效的解决方案，避免重大质量问题和隐患的出现。

4. 构建完善的质量奖惩制度是动力

完善的质量奖惩制度将是驱动员工更加细致复杂的工作的一个动力。完善的奖惩机制对有功之臣施加奖赏，对有过之人也有相应的惩罚措施，奖罚分明，奖罚有度。将机电安装工程的质量同员工的绩效考核以及效益挂钩，从而有效地提升员工的工作积极性和主动性，在潜移默化中增强员工的质量责任意识，如此一来既能够帮助减轻工程质量管理人员的工作载荷，同时也有助于杜绝质量安全隐患的发生。完善的质量奖惩机制也是帮助企业管理层与基层员工对工程质量问题进行有效沟通的关键性途径，帮助施工管理人员更好的认识、发现和解决工程机电安装过程中出现或者存在的质量问题，从而对机电安装质量进行有效的汇总和交流，将质量问题控制在可控范围之内。

（三）工程施工人员素质的提升和设备施工环境的控制分析

工程施工人员素质的提升和设备施工环境的控制分析主要有 3 个方面：做好工程施工人员的素质培养工作、加强施工材料和设备的管理和做好施工环境管理。

1. 做好工程施工人员的素质培养工作

人才是一切工作的基本保障。水电站机电安装工程随着现代化程度不断地提升，对于工程安装人员的素质也提出了更为苛刻和高规格的要求。而工程施工人员是机电安装工程的主体，是把控机电安装工程质量的"医生"。

换言之，高素质和高能力的机电安装施工人员有助于机电安装工程质量的控制，反之，则对机电安装工程造成潜在的质量隐患。

因而施工人员的工作能力和综合素质将是决定工程安装质量的关键。

为此，企业可以通过对机电安装工程的质量控制目标进行有效的分解，将机电安装的基本要求与质量控制融为有机的一体。

增强相关人员的质量控制意识，加强特殊施工环节人员技能的培训，对于技术要求高的工作环节，严格把控非技术人员参与施工安装过程，对技术人员设立技术考核和培训机制。

只有接受技术培训和通过技术考核的人员才有资格和被允许参与到机电安装施工过程中，以此强化水电站机电安装过程中技术人员素质的控制。

2. 加强施工材料和设备的管理

水电站机电安装工程涉及的设备和施工材料种类繁多，质量要求苛刻，而施工材料和设备的选取与使用是否得当也在一定程度上影响着水电站机电安装的整体质量。

为此，水电站机电施工过程中应从经济性、易用性、技术先进性、维护便捷性等角度和方面对工程施工所选用的材料以及施工设备进行充分的考量。按照水电站机电安装工程中的相关行业规范和国家标准等，参照国内外先进企业和优质工程的施工标准，严格把关施工材料和设备的选取与使用。确保用于水电站机电安装工程的材料和设备都能够满足设计和使用需求，以此赢取用户的高满意度。

3. 做好施工环境管理

施工环境管理是一个工程施工过程中非常重要的方面，相比于其他建筑工程施工而言，水电站机电安装工程的施工环境更为复杂，受不确定性因素影响也更为突出。

在机电安装施工开始前，由于需要做好施工准备，施工现场可能会堆积大量的施工材料和设备，而此时的施工过程和环节具有交叉性，且衔接性也更为突出，做好机电安装工程的现场管理显得尤为突出和迫切。

因此，根据施工现场的环境和特点，加强施工现场管理，及时清理和跟踪，强化文明生产的重要性等，将为机电安装施工提供一个良好的施工环境，降低机电安装过程中质量隐患的存在和发生。

三、安全生产监督管理

监理人员通过建立健全安全保证体系，贯彻国家有关安全生产和劳动保护方面的法律法规，定期召开安全生产会议，研究项目安全生产工作，发现问题及时处理解决。逐级签订安全责任书，使各级明确自己的安全目标，制定好各自的安全规划，达到全员参与安全管理的目的，充分体现"安全生产，人人有责"。按照"安全生产，预防为主"的原则组织施工生产，做到消除事故隐患，实现安全生产的目标。

（一）施工准备阶段的安全监理

1. 承建单位（含分包单位）安全资质应符合有关法律、法规及工程施工合同的规定，并建立、健全施工安全保证体系；建立相应的安全生产组织管理机构，并配备各级安全管理人员，建立各项安全生产管理制度、安全生产责任制。

2. 编制实施性安全施工组织设计，编制并落实专项安全技术措施、安全度汛措施和防护措施；检查开工时所必需的施工机械、材料和主要人员是否到达现场，是否处于安全状态，施工现场的安全设施是否已经到位，避免不符合要求的安全设施和设备进入施工现场，造成人身伤亡事故。

3.人员施工安全以及通过对施工人员灌输安全施工意识相当重要，为此本工程在施工前对于员工进行安全教育及培训。对于所有施工人员采取三级安全教育，从而有效地确保现场施工人员掌握安全生产知识，以及懂得施工中各个工艺的安全操作。同时对工程中所采用新工艺、新技术、新材料或者使用新设备，对施工人员采取专门全面的教育培训，以确保员工掌握其安全技术特性，采取有效的安全防护措施。而对于本工程施工中的特殊工作人员要求经政府有关部门培训，考核合格后发给资格证书才能上岗，并按政府有关部门或上级单位规定的时间参加复审考核验证。

（二）施工阶段的安全监理

施工过程中，承建单位应贯彻执行"安全第一，预防为主"的方针，严格执行国家现行有关安全生产的法律、法规，建设行政主管部门有关安全生产的规章和标准、水布垭建设公司有关安全生产的规定和有关安全生产的过程文件。施工过程中应确保安全保证体系正常运转，全面落实各项安全管理制度、安全生产责任制。全面落实各项安全生产技术措施及安全防护措施，认真执行各项安全技术操作规程，确保人员、机械设备及工程安全。认真执行安全检查制度，加强现场监督与检查，专职安全员应每天进行巡视检查，安全监察部每旬进行一次全面检查，视工程情况在施工准备前，施工危险性大、季节性变化、节假日前后等组织专项检查，对检查中发现的问题，按照"三不放过"的原则制定整改措施，限期整改和验收。

接受监理单位和建设单位的安全监督管理工作，积极配合监理单位和建设单位组织的安全检查活动。安全监理人员对施工现场及各工序安全情况进行跟踪监督、检查，发现违章作业及安全隐患应要求施工单位及时进行整改。加强安全生产的日常管理工作，并于每月25日前将承包项目的安全生产情况以安全月报的形式报送监理单位和建设单位。按要求及时提交各阶段工程安全检查报告。组织或协助对安全事故的调查处理工作，按要求及时提交事故调查报告。

1.外部安全检查

对于政府有关安全监督管理部门的安全检查，监理人员积极进行协助和配合，并提供检查所需的有关资源，任何人不得拒绝、阻挠。并根据检查发现的事故隐患或安全管理的不足，项目部必须及时进行整改。

2.内部安全检查

监理人员应当每月定期进行安全检查，安全检查中发现的问题，制订整改计划分解到队、班组进行落实整改。专职安全员负责对整改项目落实情况进行核查，对没有及时进行整改的项目，监理人员将采取更加严厉的措施进行处理并对责任人给予经济处罚。

监理人员对于水电站工地施工安全、爆破安全、交通安全、消防安全、施工用电安全等进行全面检查，对检查发现的问题形成安全检查纪要，发给有关单位限期整改。同时每周组织各单位进行安全检查和经验交流,参加人员由安全部安全员和各单位安全人员组成,对各单位的施工安全、安全措施的落实情况进行检查,发现安全隐患及违章作业,立即采取措施进行整改。并形成安全检查纪要发给有关单位落实整改。

专职安全员每天进行例行安全监督、检查,深入现场纠"三违",对违章作业,违反现场安全管理规定的行为,安全员给责任单位发出整改通知单限期整改,并按有关规定进行处罚。对各种安全隐患、违章作业的整改,项目部安全员必须跟踪落实,直到达到安全整改要求。

3. 施工现场安全监理实践

施工现场的布置要求符合防火、防爆、防雷电等规定和文明施工的要求,施工现场的生产、生活办公用房、仓库、材料堆放、停车场、修理厂等应按批准的总平面布置图进行布置。现场道路应平整、坚实、保持畅通,危险地点按照规定挂牌,现场道路应符合规定。用于施工现场的各种施工设备,管道线路等,均应符合防火、防砸、防风以及工业卫生等安全要求。

现场的生产、生活区设置足够的消防水源和消防设施网点,且经地方政府消防部门检查认可,并使这些设施经常处于良好状态,随时可满足消防要求。消防器材设有专人管理不能乱拿乱动,组成一个由 15 ~ 20 人的义务消防队,所有施工人员和管理人员均熟悉并掌握消防设备的性能和使用方法。

各类房屋、库棚、料场等的消防安全距离应符合公安部门的规定,室内不能堆放易燃品;严禁在易燃易爆物品附近吸烟,现场的易燃杂物,应随时清除,严禁在有火种的场所或近旁堆放。在存有易燃、易爆物品场所,照明设备必须采取防爆措施。氧气瓶不得沾染油脂,乙炔发生器必须有防止回火的安全装置,氧气与乙炔发生器要隔离存放。施工现场的临时用电严格按照规定执行。确保必需的安全投入。购置必备的劳动保护用品,安全设备及设施齐备,完全满足安全生产的需要。施工现场应实施机械安全管理安装验收制度,机械安装要按照规定的安全技术标准进行检测。所有操作人员要持证上岗。使用期间定机定人,保证设备完好率。

施工现场电气设备和线路要配装触电保护器(漏电保护器),以防止因潮湿漏电和绝缘损坏引起触电及设备事故。加强用电管理和雷击防护,供用电设施要有可靠安全的接地装置,对油库、变压器等重要设施和常落雷作业区应采取可靠有效的防雷措施,防止或减少触电、雷击事故发生。施工现场的排水设施应全面规划,其设置位置不得妨碍交通,并须组织专人进行养护,保持排水通畅。

施工现场存放的设备、材料,应做到场地安全可靠、存放整齐、通道完整,必要时设专人进行守护。在施工现场,根据施工区边界条件采取封闭施工,配备适当数量的警戒和保安人员,负责工程及施工物资、机械装备和施工人员的安全保卫工作,并配备足够数量的夜间照明和围挡设施;该项保卫工作,在夜间及节假日也不间断。在施工现场设卫生所,根据工程实际情况，配备必要的医疗设备和急救医护人员，急救人员应具有至少 5 年以上的急救专业经验。积极做好安全生产检查，发现隐患，要及时整改。

四、水电站施工安全管理

（一）水电站施工安全管理的重要性

水电站建设工程能满足水电站建设发展和运行的根本需要，通过强化水电站施工安全管理，可以有效规避或减少安全事故的发生，确保施工人员的生命安全，避免水电站建设工程因安全事故而造成不必要的经济损失，进而保证水电站建设工程按时保质完工。强化水电站施工安全管理能提高水电站建设工程抵御突发事件和自然灾害的能力。一旦遇到不可避免的突发事件和自然灾害，通过落实有效的协调机制和应对措施，能将损失降至最低，防止灾害造成的影响扩大化。电力行业是国民经济发展的基础产业，与人民群众的生产生活密切相关。强化水电站施工安全管理，保证水电站安全稳定运行，对保障社会经济、居民生产生活的正常运转有着至关重要的作用。

（二）水电站施工安全管理应遵循的原则

科学性原则。该原则是建立健全水电站施工安全管理体系的基本原则，也是落实安全管理的指导思想，必须利用科学的管理方法对水电站施工的安全状况进行管理监督。综合性原则。水电站施工的涉及面广，各个安全问题之间存在着内在联系，所以应当建立全面、系统、完整的安全管理体系。动态性原则。水电站施工安全管理必须实时跟踪施工的实际情况，针对发现的安全隐患要及时落实解决措施，做到防患于未然。系统性原则。水电站施工安全管理要覆盖工程安全的方方面面，加强事前、事中和事后的安全控制，使其成为一个具备层次性、相关性和整体性的系统，共同致力于安全生产目标的实现。事故预控原则。水电站施工安全管理要重视风险的预先控制，在安全事故发生之前，通过风险识别与评估科学预测意外事件发生的概率，制定应对措施，力求降低和控制风险，有效避免意外事件的发生。

（三）加强水电站施工安全管理的具体措施

1. 完善安全管理制度

水电站施工安全管理涉及多个部门、多个环节，必须在充分考虑各方面影响因素的基础上，建立健全安全管理制度，为水电站施工安全管理提供制度保障。安全管理制度应包括以下内容：安全规程指南，明确安全管理理念，着重于解决安全管理中存在的问题。安全操作规程，明确水电站建设工程中所有岗位的安全操作程序，详细说明各个岗位的具体操作事项。安全技术指南，解决水电站建设工程中所用机械设备的安全、操作等技术问题。

安全事故追究制度，明确水电站施工中各个部门、各个岗位的职责，一旦出现安全事故，要追究相关责任人的责任。

2. 加强设备安全管理

施工机械设备存在缺陷或异常是引起安全事故的重要原因之一，易使水电站建设工程处于不安全施工状态，所以必须强化设备安全管理，确保设备处于安全运行状态。具体做法如下：在起吊设备安全管理中，要对其实施日检、月检、年检制度，并将安全管理报验结果上报到安全监管部门。对大型起吊设备建立安全技术档案，严格监管大型起吊设备安全运行、保养的情况；在用电设备安全管理中，做好供电系统巡视检查维护工作，确保电气器材符合国家规定的质量标准，定期检查动力电缆，保障施工用电安全；在水机设备安全管理中，要重点检查水轮机的振动、声响是否正常，各导轴承油位是否正常，主轴密封是否漏水等；在二次设备安全管理中，要检查保护装置、计量装置运行是否正常，二次线路是否可靠，操作回路工作是否正常等。

3. 加强爆破器材安全管理

由于在水电站建设工程的开挖阶段需要使用大量的爆破器材，而爆破器材又具备危险性，所以必须做好爆破器材的安全管理工作，将安全管理贯穿于爆破器材采购、运输、保管和使用的全过程中。施工单位要严格按照爆破施工设计实施爆破作业，在施工现场设置安全警戒，并且要求爆破作业人员必须取得相应资格证书，且经过专业培训，才能从事爆破作业。

4. 加强施工现场安全管理

施工现场安全管理是水电站施工安全管理的重中之重。为有效消除施工现场安全隐患，创建安全的施工现场作业环境，必须严格执行"十条禁令"，具体包括：严禁违章指挥；严禁无票作业；严禁特种作业人员无证上岗；严禁使用不合格施工设备；严禁非施工人员参加作业；严禁使用不合格脚手架；严禁擅自扩大作业范围；严禁不配备安全防护用品进入施工现场；严禁高处作业不系安全带；严禁以包代管。同时，在施工现场中，严厉禁止有安全隐患的施工队伍、施工人员、施工机械、工程设备、施工材料进入施工现场，不准在存在安全隐患的区域进行施工，从而确保水电站施工质量，杜绝安全事故发生。

5. 加强安全教育培训

水电站施工单位要重视施工人员安全培训，强化施工人员安全意识，使施工人员掌握安全知识和技能，有效防止不安全的行为发生，消除安全隐患。施工单位要根据水电站工程建设情况，以及施工人员的安全素质，制定安全培训计划，确定安全培训内容和时间。同时，要为施工人员提供多样化的培训方式，详细记录培训时间、对象和内容，并落实培训考核制度。尤其要加强上岗作业人员的安全生产教育培训，只有在上岗作业人员经过安全培训考核合格的前提下才准许其上岗。此外，还要加强特种作业人员的安全培训，使其掌握安全技术和安全防范技能，避免出现意外事故。

6. 加强风险应急管理

水电站施工面临着诸多风险隐患，必须从事前、事中、事后的全过程入手，加强风险应急管理，做好应急预防、应急准备、应急恢复工作。施工单位应根据工程实际情况识别风险隐患，预测风险带来的影响，进而编制完善的应急预案，作为风险应对的重要指导。在应急准备环节，要做好应急物质保障、应急培训与演练工作；在应急预防环节，要做好危险源辨识、风险评估、预警预控工作；在应急响应环节，要对意外事件进行分析，启动应急预案，开展救援行动，对事态演变进行把控；在应急恢复环节，对出现意外事件的场地进行清理，恢复常态施工，解除警戒；在应急事后评估环节，总结应急管理经验，评价此次应急处理的不足，将其作为改进应急预案的重要依据。

7. 落实安全监管体制

安全监管是确保水电站施工安全的重要手段，施工单位要结合施工状况，建立自我约束机制，具体可从以下几个方面入手：针对施工现场，建立现场安全管理保证体系；建立安全监管联合执法机制，由建设单位、施工单位、监理单位联合对水电站施工进行安全检查和隐患排查；定期召开安全生产会议，对安全生产工作进展情况进行研究，逐级制定安全规划，调动起全员参与安全管理的积极性，总结安全管理的经验和不足，确保施工安全始终处于可控的状态下。

第十章 水利水电工程项目施工管理

第一节 水利水电工程施工组织设计

水利水电工程施工组织设计是一个庞大的系统工程，是工程建设前的总体战略部署。它的主要内容有研究导流标准、导流方式、导流的挡水和泄水建筑物、截流和施工期度汛等确定施工顺序和施工总进度选定对外交通的方式和路线拟订施工现场的总体布置选择原材料和半成品的产地、规格、数量和要求估算能源、劳动力和高峰施工期的人数及三材用量等。

一、施工组织设计的三个阶段

（一）规划阶段的施工组织设计

主要是研究所选建站地点的施工条件，论证其可行和合理性。在可行性研究阶段，就要根据规划阶段的论证，结合国家及地方的要求，从技术上和经济上进行综合比较。提出的可行性研究报告是国家中长期建设项安排计划的主要依据。国家将根据建设地点、建设规模、建设进度和建设投资编制和下达设计任务书。

（二）初步设计阶段的施工组织设计

不仅要落实对外交通的方式，还要确定其线路布置。与此同时，对施工现场的总体布置、工程的总进度、主体工程的施工顺序和施工方法、当地建材料源、砂石料系统、混凝土系统、制冷系统、风水电通信、各种临建房屋及生活福利设施等都要进行合理性、科学性、先进性和经济性论证。在论证的基础上确定其施工设备、主要建筑材料用量、能源和劳动力的需用量。为国家安排建设项目和贷款计划提供依据。经审查批准的初步设计是筹集资金、与有关部门签订协作合同及协议的依据。

（三）编制施工规划阶段的施工组织设计

主要是在批准的初步设计基础上，复核和落实初步设计阶段所做的施工组织设计，检验其是否贯彻了国家的方针政策论证和落实有关工程的分标、总价或单价承包的原则，为建设单位和主管单位筹集资金，为贷款机构安排贷款计划提供依据施工规划中的一些原则和部分内容是编写招标文件和标底的基础，是评标的依据，也是项目施工的技术依据。

二、施工导流专门设计问题

水利水电工程是在川流不息的河道上进行施工的，为解决河水与施工的矛盾，需将河水部分或全部导走；同时还要尽可能保证在施工期内河流的综合利用条件不被破坏，这就提出施工导流专门设计问题。导流问题，是施工组织设计中的一个特殊问题，就设计而言，它既有水工建筑物设计内容（如：混凝土大坝、引水隧洞、围堰等）也有与施工总进度、总布置密切相关的导流程序问题。施工导流是一个带全局性、时段性的问题，它既受挡水建筑物坝址、坝型的选择和水工建筑物及其布置的影响，又与施工总布置、总进度、截流施工时段以及工程投资密切相关。

任何水利水电工程施工，必须与自然条件相适应，其中至关重要的是与水情规律相适应。一般情况下，适应水情规律总费用比改变水情规律费用所付出的代价要少得多，在某些情况下，则难于甚至无法改变水情规律，因此施工导流就成为主体工程施工的控制环节。导流工程中的截流、排水、度汛、封堵、拦洪及蓄水等，自然地成为主体工程施工程序的控制要素。显然当主体工程施工程序与河流规律较好地适应时，工程进展顺利，节省资财；反之，势必打乱施工计划安排，轻则延误工期，多花资财，重则造成事故，被迫停工，这在水利水电工程建设中是有过教训事例的。

三、施工工艺的制定

施工工艺由施工技术、施工顺序及施工方法等在特定的施工装备情况下构成。施工工艺的重要性在于研究建筑物结构的施工技术可行性与经济合理性，其研究的主要项目如下：

研究主体工程建筑物实施顺序和方法的施工技术特性；研究主体工程建筑物施工顺序与施工导流配合的实施状况的技术特性；在特定技术装备条件下，研究施工期限内所达到的施工强度的合理指标；研究适应施工程序的施工平面与高程的场地空间合理布置；研究必要的技术物质供应及材料消耗，作为提供预算分析单价的基础资料；研究工程建设施工安全、质量、进度及效益等科学管理的施工工艺与要求。

四、施工进度计划的制订

施工进度计划是从工程建设的施工准备起始到竣工为止的整个施工期内，所有组成建筑物的各个单项工程修建的施工程序、施工速度及技术供应等相互关系，通过综合协调平衡后显示出总体规划的时间与强度指标。目前进度计划表示形式有横线图、斜线图及网络图。在施工进度计划研究中，着重需要解决如下内容：

（一）合理划分施工程序

对水利工程建设中，影响施工程序较大的时段，要进行恰当划分。如截流、度汛、封堵、拦洪及蓄水期等要进行分析，恰当安排，得到合理划分。

（二）施工机械化水平

应解决适应工程所处自然条件和建筑物特性的施工机械装备。施工机械装备（包括施工条件能否允许或充分利用已有设备在内）程序，会影响施工强度，最终将直接影响施工速度和工程的进展。

（三）关键施工期控制

从水利工程建筑实践中得知，一般当河道截流起始时及其后的第一个枯水季内的工程施工期，对工程进度计划常起控制效用。因此在安排进度计划时，必须对截流前的导流建筑物和截流后第一个枯水季的坝体施工（包括截流、基坑排水、基础处理及坝体填筑）的施工方法进行充分论证，以利达到合理安全度汛的目的来划分关键施工期控制。

（四）经济投资效应。

由于水利工程项目多、工种复杂、工程量巨大、施工期长、又远离城镇、投资巨大等，都给进度计划安排带来许多困难，特别是在市场经济状况下，变化因素增多，进度计划与资财投入时间价值关系更为密切，影响程度加大，需要使进度计划能充分利用资财，达到最佳经济效应。

五、施工布置的展开

施工布置必须紧紧围绕解决主体工程施工这一主题展开，其目的是为主体工程施工及运行服务的，其着重点是对工程所在地区的施工交通、工厂设施、生活建筑、料场规划等在平面上和高程上进行合理的空间布置规划。布置时必须紧密围绕服务对象，有时还要考虑到今后扩展成为库区旅游开发的需要。在具体施工布置时，应根据枢纽布置和结构形式特征，结合工程所在地区的自然、社会、经济等主要因素，认真规划施工占地。要遵循因时、因地制宜、统筹规划、方便生产管理、安全可靠、利用技术可行、经济合理的总原则，检验布置的合理程度。

水利工程施工布置，相当于一个小城镇规划，其主要内容包括有交通运输、工厂设施、料场开采储运规划、生活建筑、安装场地、生活生产用水、电及通讯等管路线路等的平面及高程的合理布置。其中处于深山峡谷而又建设周期长、运输工程量大距离远、交通不便的水利工程建设，道路修建费用巨大，运输任务艰难，必须给以足够重视，否则会加大投资和延误工期。据实践工程统计，运输费用约占总投资的 4% ～ 25%，因此在施工布置时应重点分析研究。

第二节　水利水电工程成本管理

一、水利水电施工项目的成本特征

水利水电施工项目，是指施工承包企业按照与项目开发企业签订的施工承包合同，组建施工项目部，完成合同规定的水利水电工程项目。项目特点为：投资规模大；建设工期长；建设环境复杂等。与制造加工业及工业与民用建筑行业相比，施工成本有着显著的特征：

（一）施工成本的独特性

没有任何两个水利水电项目是大致相同的，没有任何两个水利水电施工项目的成本分布是大致相同的。因此，不可能像制造业那样设计出一套普遍适用而又行之有效的成本管理系统以及配套的高效管理手段。

（二）成本项目十分繁杂

一个综合性水利水电工程，如果投资在 1020 亿元之间，一般会分为 10 ～ 15 个施工合同段实施。投资超过亿元的合同段，一般有 200 ～ 500 个施工项目。

（三）成本项目实施的区域较大

与民用建筑施工相比，单个水利水电工程项目的实施区域非常之大。仅仅施工区域内的施工道路，就少则有数公里，多则有十几公里。这使得成本统计的工作量十分巨大。

（四）施工项目之间的成本交叉现象十分普遍

为更加合理地使用施工资源，与制造企业相比，资源在不同的施工子项目之间的交叉使用十分普遍。在施工项目中，施工机械往往参与很多项目；每个劳动力往往承担多个工种的工作；材料经常在各施工子项目之间流动，给成本统计技术带来非常大的挑战。

（五）施工成本项目多变

在水利水电项目的实施过程中，要接受地质、水文、气象等多种严重不确定因素的挑战，往往要对原设计方案进行适当调整，以适应不断发现的新情况。对成本控制而言，就要求成本管理系统有足够的弹性，能够及时进行调整，始终保持与施工生产控制体系的同一性。

（六）成本控制标准的不确定性

与制造业不同，就单一的水利水电施工子项目而言，它不是在一个标准的环境中，在标准的条件下，按照标准的作业流程，完成标准的动作；而是在一个变化的环境中，在不同的条件下，按照不完全标准的作业流程，完成施工任务。这就给成本控制标准的合理性和适用性带来非常高的要求。

二、水利水电施工项目的成本管理

（一）掌握工程信息，做好工程投标工作

工程投标是成本控制的重要前期工作。工程要中标，首先要掌握准确的亡程信息，了解项目业主的机构职责、队伍状况、资质信誉等基本情况；掌握工程项目的性质，弄清工程投资渠道和融资情况；掌握工程项目的主要内容。明确这些工程信息后，综合分析决定是否参加该工程招投标。一旦决定参加工程的招投标，施工企业招投标中心就要根据招标文件的规定和业主的要求，准确计算工程量，了解当地的所有材料价格、设备价格，分析在正常情况下完成该工程所需的人力、材料、设备、水、电、安装、机械费、管理费、税金等所有的成本在此基础上，根据企业自身所得利润，创优良工程还是合格工程的奖惩等综合因素，做出合理报价、编出标书做好投标工作。

（二）搞好成本预测，确定成本控制目标

成本预测是成本计划的基础，为编制科学、合理的成本控制目标提供依据。因此，成本预测对提高成本计划的科学性、降低成本和提高经济做益，具有重要的作用。加强成本控制，要抓成本预测，成本预测的内容主要是使用科学的方法，结合中标价，根据各项目的施工条件、机械设备、人员素质等对项目的成本目标进行预测。首先，测算所需用工，确定工程项目采用的人工费单价。其次，测算所需材料及费用，重点对主材、地材、辅材、其他材料费进行逐项分析，核定材料的供应地点、购买价、运输方式及装卸等。第三，测算使用机械及费用投标施工中的机械设备的型号、数量一般是采用定额中的施工方法套算出来的，与工地实际施工有一定差异，工作效率也有不同，因此要测算实际将要发生的机使费，同时，还得计算可能发生的机械租赁费及需新购置的机械设备费的摊销费，对主要机械核定台班产量定额。第四，测算间接费用，间接费占总成本的 15% ~ 20% 左右，主要包括企业管理人员的工资、办公费、工具用具使用费、财务费用等。通过对这些主要费用的预测。初步确定工、料、机等费用的控制标准，确定工期，完成管理费的目标控制。所以说，成本预测是成本控制的基础。

（三）寻找有效途径，切实控制工程成本

降低项目成本的方法有多种，概括起来可以从组织、技术、经济、合同管理等几个方面采取措施控制。

1. 采取组织措施控制工程成本

要明确项目经理部的机构设置与人员配备，明确管理单位、项目经理部、公司或施工队之间职权关系的划分。项目经理部是企业法人指定项目经理做他的代表人管理项目的工作班子，项目建成后即行解体，所以他不是一经济实体，应对管理单位整体利益负责任。项目部各成员要在保证质量的前提下，严格执行项目成本分析标准，确保正常情况下不超出成本支出，如果遇到不可预见的情况，超成本较大时，应及时报施工企业成本控制中心核实，找出原因。如属工程量追加，则积极协调业主、监理、设计搞好签证追加。如属材料价格上涨，则由成本控制中心报请施工企业承担差价部分。

2. 采取技术措施控制工程成本

要充分发挥技术人员的主观能动性，对标书中主要技术方案作必要的技术经济论证，以寻求较为经济可靠的方案，从而降低工程成本，包括采用新材料、新技术、新工艺节约能耗，提高机械化操作等。

3. 采取经济措施控制工程成本

（1）人工费控制

人工费一般占全部工程费用的10%左右，作为施工企业要制定出切实可行的劳动定额。要从用工数量上加以控制，有针对性地减少或缩短某些工序的工口消耗。力争做到实际结账不突破定额单价的同时，提高工效，提高劳动生产率。还要加强工资的计划管理、提高出勤率和工时利用率，尤其要减少非生产用工和辅助用工，保证人工费不突破。

（2）材料费的控制

材料赞一般占全部工程费的65%～75%，要对材料用量、材料价格加以控制。要掌握材料的规格型号，严格计算材料的使用计划。严格制定材料进场验收制度，实行量方、点数、过磅，保证材料质量合格，不亏方短缺，保证其数量。在施工过程中，实行限额领料。施工完毕后，要做到"活干料净"。

（3）机械费的控制

根据细化后的施工组织设计和调整后的单价分析，编制机械利用计划。在施工中，自有机械应加强保养，合理使用，外租机械合理安排，充分利用，减少停滞，保证机械设备高效运转。

4. 加强质量管理

要严把工程质量关。质检人员要定点、定岗、定责、加强施工工序的质量监管，做到

工程一次成型，一次合格，避免造成因不必要的人、财、物等大量的投入而加大工程成本。

5. 加强合同管理，控制工程成本

合同管理是施工：企业管理的重要内容，也是降低工程成本，提高经济效益的有效途径。项目施工合同管理的时间范围应从合同谈判开始，至保修日结束止，特别是要加强施工过程中的合同管理，确保把合同落到实处。

6. 注重成本核算，实现成本控制目标

成本核算主要由企业财务中心和项目部组织实施，对每一项目的每一阶段根据成本清单认真进行汇总，对项目每笔资金的使用情况进行认真的成本比对，对项目的每一步都要仔细控制。具体做到施工队人工费、材料费、机械费、设备费，项目部人员工资、福利、补助、劳保、医保、办公、差旅、培训、车辆使用、招待、招投标等各项费用指标全部纳入成本核算。达到成本控制标准的，给予一定奖励，正常情况下，超成本控制标准的部分，由项目部内部调整解决。财务中心除在项目实施过程中作大量细致的工作之外，还要筹集资金，合理调度资金的使用，让施工企业的所有资金合理使用，保证各项目的正常进行。在施工企业成本控制中，还应考虑到以下两个方面的因素：一是人才成本，人才流失就会形成人才坏账。防止人才流失是人才成本控制的关键一环；二是专业设备成本；一些大型专业化设备，用途单一、价格昂贵。所以只有将这种设备成本分摊到此项目中，形成的成本才是真实的成本；三是社会成本，在目前情况下，社会成本也应考虑在项目成本之中。

第三节　水利水电工程施工分包管理

《中华人民共和国招标投标法实施条例》中规定："中标人不得向他人转让中标项目，也不得将中标项目肢解后分别向他人转让。中标人按照合同约定或者经招标人同意，可以将中标项目的部分非主体、非关键性工作分包给他人完成。接受分包的人应当具备相应的资格条件，并不得再次分包。中标人应当就分包项目向招标人负责，接受分包的人就分包项目承担连带责任。"在水利水电工程建设过程中允许合法的分包，但是在分包过程中必须从业主、监理、总包商等各个方面做好对分包商的管理。

一、水利水电工程分包管理基本原则

尽管建筑工程分包是国际惯例，但由于建筑工程本身的复杂性，协调各行业工程分包管理的难度很大。为合理有效地利用资源，在当今的工程建设市场上工程项目分包的方案被越来越多的运用，其中在水利工程的建设中更是被广泛运用。目前，水利工程分包管理是现代企业必须具备拥有的，分包管理的执行完成度与效果，都将直接影响到本企业的形

象和利益。

　　建筑工程分包管理是建筑工程管理中至关重要的环节。有学者提出，要想处理好工程分包管理，首先要单位重视，其次是要有高素质、高效率的管理队伍和完善的管理制度。尽管这些措施已被采取，但工程分包中仍然存在很多问题，如分包量过大，分包队伍选择不规范，分包合同条款不完备，分包结算程序不严格等。为此，有些建设管理层面在工程建设管理过程中往往回避"工程分包"，就造成水电工程建设管理面临很难克服和解决的矛盾。在工程建筑管理中只要能正确认识工程分包并加强分包管理，在分包过程中严格遵循以下几点原则，达到水利建筑市场健康有序发展的目的并不难实现。

　　在水利水电工程建设过程中，必须贯彻以下几点原则：

　　（1）承包人必须依法依规开展施工分包，严禁转包、层层分包、违规分包和以包代管。

　　（2）专业分包商可以对所承接的工程全部自主、自行施工，也可以将劳务作业分包给具有相应资质等级的劳务分包商。专业分包商和劳务分包商需持有营业执照，具有法人资格及其专业资质，经济方面具备独立核算，具有相应的施工企业资质，并与承包商通过合同构成承发包关系。

　　（3）专业分包工程总价不得超出施工合同总价的30%，否则视为违规分包。

　　（4）专业分包、劳务分包商的选定必须严格依照各项审批手续来执行。专业分包、劳务分包商必须由承包商联系各职能部门审批同意后，由施工承包人项目部向监理机构提出书面申请，经监理机构审核批复后，报天池公司批准并备案。

　　（5）承包商对承包合同规定范围内的施工安全负总责，并依据分包合同及安全协议对分包商的安全生产进行监管。分包商依据分包合同及安全协议负责承包范围内的安全生产作业，并必须遵守、服从施工承包商、监理单位和业主的安全生产监管。承包商和分包商对分包工程的安全问题承担相应的连带责任。

二、业主单位管理职责

　　业主负责审批施工承包人申报的工程项目分包计划及分包申请，严格控制、监管施工承包人的分包工程范围；严格审查分包商的过往施工能力、业绩与是否具有相关的施工资质；对工程项目分包情况进行备案，定期上报分析工程分包的相关信息；定期针对工程项目分包进行审查；监督检查施工承包商对其分包商的安全措施保障与监管；负责对工程项目各参建单位分包管理的评估考核。

　　监理机构根据合同对工程项目分包情况的说明进行相应的工程监督和管理。建立分包安全监理体制；审查评估工程项目分包计划申请；报送工程项目各部分的分包情况；审查分包资质、业绩并进行现场评估；同时采用文件审查、安全检查签证、旁站和巡视等方法对分包商进行监督管理，以此确保分包部分的安全监理；动态核查进场分包商的人员技术与配备、施工机具质量与配备、技术管理等施工操作能力，发现问题及时提出整改要求并监督其整改把问题解决在萌芽。

施工承包人是分包安全管理工作的主要责任负责人，其负责对分包工程的施工全程进行监管，确保分包的安全作业处于受控状态。承包商必须建立、健全、完善所有分包商的项目安全管理体制；建立分包商资质审查、现场准入、教育培训、动态考核、资信评价等管理制度。

三、分包商准入

任何单位和个人不得对依法实施的分包活动进行干预。必须选用合格的分包单位，严禁与施工资质和能力不符合要求的队伍、非法人单位或个人签订分包合同。对分包商的资质审查应在每年年初或新工程合同签约前进行。审查的重点是分包商的施工能力、施工技术保障、施工安全措施与质量保障能力，以及分包商在类似工程的施工业绩。对于管理混乱或上年度发生过人身死亡和质量事故的分包商，将予以更换不得继续使用。施工承包商应与分包商建立长期稳定、和谐的合作关系，避免人员频繁变动。分包商资质审查内容包括：具有法人资格的营业执照和施工资质证书；法定代表人证明或法定代表人授权委托书；政府主管部门颁发的安全生产许可证；分包商施工简历、近三年安全、质量施工记录；确保安全、质量的施工技术素质（包括项目负责人、技术负责人、质量管理人员、安全管理人员等）及特种作业人员取证情况；施工管理机构、安全质量管理体系及其人员配备；保证施工安全和质量的机械、工器具、计量器具、安全防护设施、用具的配备；安全文明施工和质量管理制度。

工程项目的分包计划严格执行审批手续。在工程项目开工之前，由承包商向监理机构提出关于拟分包内容和类别的分包计划申请书，经监理机构审批后，报业主审批备案。承包商工程项目部及下属的专业工地不得越权自行招用分包商。

承包商应对拟选用分包商的资质文件和拟签订的分包合同、安全协议报监理机构审查，业主批准。合同、安全协议审查内容主要包括分包工程项目、工作内容、工程量及分包合同价格，工期及施工进度计划，分包工程项目质量与施工安全保证措施。

四、分包合同管理

施工承包人在工程分包项目开工前，应与业主批准的分包商签订分包合同，分包合同中必须明确分包范围与性质（专业分包或劳务分包），主体工程范围内的施工分包只能签订劳务分包合同。在签订合同的同时，根据分包性质与范围，结合现场实际签订分包安全协议。签订分包合同、安全协议的发、承包双方必须是具备相应资质等级的独立法人单位，签字人必须是发、承包双方法定代表人或其授权委托人。严禁与不能有效代表分包单位的人员签订分包合同。必须确保分包合同中分包范围与方式、分包安全责任、分包费用约定与支付等关键条款的内容与公司规定一致，严禁签订含有专业分包内容的劳务分包合同。

劳务分包合同不得包括大型机械租赁和主要材料采购内容，不得出现分包单位负责编制施工指导性文件的条款。承包商与分包商签订的合同、安全协议必须遵循施工承包合同的各项原则，满足承包合同中的技术、经济条款，应明确发、承包双方的权利和义务。

分包商只能在分包合同、安全协议签订后才能进场施工。严禁在没有分包合同和安全协议的情况下进行施工。签订后的分包合同、安全协议应报监理单位和天池公司备案。施工承包商应及时向分包商支付工程款或劳务费用；承包商要督促分包商不拖欠施工人员工资，避免在分包过程中因费用等方面的纠纷影响分包安全。施工承包商应履行自身应尽的责任与义务，对合同确定的目标进行严格监督和动态管理，及时预测和分析合同执行中存在的风险和偏差，提前采取预防控制措施，消除分包安全风险。

五、监督管理

业主按审查批准的分包计划和资质报审文件，动态核查分包安全管理情况，按规定定期组织开展分包检查，及时纠正违反本规定的行为。对管理水平低、人员素质差、不服从管理的分包商及违反本规定的施工单位，必须依据有关招投标文件和合同，责令其整改或停工整顿，直至解除合同，并追究其违约的相关责任。对无资质或资质不合格的队伍采用资质借用、挂靠等手段取得专业分包和劳务分包的应坚决取缔。

监理机构应严格审核施工承包商所报送的关于分包工程的各类报审文件，定期或不定期核查分包商人员、机械、工器具等资源配备是否与入场验证相符，每月将分包管理情况报天池公司备案。监理单位本部按季度定期检查所属各项目监理部的分包安全监理工作。

施工承包商负责建立包括分包商在内的安全管理体系，落实各项应急处置方案。分包作业现场发生安全事故或突发事件，要立即按预定的应急处置方案有效处置，并按规定及时进行报告。

分包商必须严格落实分包作业现场管理和安全防护要求，严禁工作负责人不在现场或安全防护措施不落实的情况下开展施工。必须依据分包合同约定组织进行分包施工，严禁未签订分包合同先行施工或超范围施工。必须在分包作业前进行全员安全技术交底，严禁不按批准的方案进行施工分包作业。

六、分包培训

施工承包人要建立健全分包教育培训制度，保证分包培训资金投入，建立分包人员学习培训的长效机制。将分包单位项目经理或项目负责人、技术人员、质量人员、安全人员和主要班组长、特种作业人员纳入本企业年度安全教育培训范围，督促分包单位对所有进场作业人员按要求开展安全教育。分包商必须使用合格的分包作业人员，严禁未经培训考试合格的分包人员、无证的分包特种作业人员进场作业。

项目实施中，施工承包人项目部要为分包人员提供业余学习场所，采取集中学习、授课、播放影视片等形式，开展分包人员安全施工常识、安全工器具使用、安全质量通病防治、施工技术与方法、事故应急处置和信息报送等方面的培训。

第四节　水利水电工程合同管理

一、水利建设工程合同管理的地位

（一）概念

合同是指就某一活动对象，当事双方所签订的约束双方履行合同内容进行该活动的所有行为和保障双方利益的一种契约机制，而水利工程合同就是针对水利建设项目所签订的合同。其管理是针对水利建设施工全过程的所有问题，这里包括了施工企业应获得的劳动报酬、水利施工技术和施工企业在工期、质量、安全等方面应该承担的责任的明确性。在施工期间，若出现了合同项目条款的变更、解除以及一切施工纠纷与争议等问题，都要按照合同来进行具体的管理协商解决。所以，合同一定要根据律法要求依法定立，做到有法可依，才是对合同双方权益最好的保护屏障。

（二）合同管理的地位

水利工程合同的管理是对水利建设施工所有问题的管理，合同对业主和施工企业是一种约束，也是一种保障。是双方履约的依据，其地位相当重要。

1. 诚信、平等的保障

水利工程建设合同是基于施工企业和业主的诚信机制上建立起来的，根据工程的具体要求在保障双方权益的条件下所订立的，合同的签订是在双方平等地位的前提下签订的，以保证水利建设工程能够如期按质量完工，使得双方能够取得双赢。

2. 充当监督功能

在平等诚信的基础上签订的水利工程合同对双方当事人的权责有了明确规定，所以在具体的建设施工过程中双方均可以对对方的活动进行监督，以确定自己的利益不被侵犯。

3. 调动双方工作的积极性和自觉性

经过签订合同，然后在具体的施工建设中进行监督管理，有利于调动建设双方履行合同条款的积极性，保证合同有效的落实和管理。

二、加强水利工程合同管理的必要性

在对水利工程进行管理的过程中，合同管理是不可或缺的。水利工程的合同管理对于水利工程施工质量的管理、施工工期的管理以及施工成本的管理都具有直接的影响，其直接影响着水利企业的工程管理水平，对于水利施工企业提高质量、控制成本和提高效率具有十分重要的意义。所以在水利企业施工的过程中实行合同管理是非常必要的。

（一）水利工程合同是解决纠纷的法律依据

水利企业在和合作单位签订合作协议的时候都是在一定的法律约束下签订的，合同具有对双方约束的法律的效率，对于合同双方在合作中的权利和义务进行了相关的规定，通过合同对于双方权利义务进行约束，能够最大限度地保证合同双方的利益，也是水利项目得以顺利实施的关键。

（二）加强合同管理能够有效地对工程进行控制

双方经过协商和谈判在工程质量、工程进度以及工程成本达成一致后签订水利合同，所以双方履行合同是最大限度地保证合同中工程进度、质量以及成本达到统一目标，在保证水利工程质量的基础上提高效率、缩短工期、降低成本。

（三）加强水利合同的管理有利于工程的履约

在水利项目进行施工的过程中，往往有一些不可控的因素发生，如天气、自然灾害以及人为因素等，这会使合同的履行存在实际上的难度，并且在很大程度上还会引起不必要的纠纷。通过水利合同的制定和管理，对合同中的一些条款进行完善，尽可能考虑到所有的情况，明确责任的归属以及双方的义务，最大限度地减少纠纷，还可以对施工过程中一些违规的修改进行严格的规范。合同管理使得合同签订的双方都严格按照签订的条款依法履行各项规定。

三、水利工程合同的管理方法

合同管理对于水利工程施工的管理和控制具有十分重要的作用，在某种程度上决定着水利工程能否保质保量完成，在合同管理过程中要严格做到事前的管理、事中的控制以及事后的反思，使合同管理的水平进一步提高。

（一）合同管理过程的事前管理

水利工程进行投标时，合同管理人员就要介入，深入了解项目的整体情况，并且进行必要的实地考察，包括了解当地的地理自然环境、社会环境以及经济环境等，这些都是合同制定的前期基础资料。还要对水利工程的施工条件和可行性进行调研，深入了解业主的经济和资信情况，了解整个工程背景，包括初期设计的水利工程蓝图、相应的水利工程施工审批文件、各种土地规划和建设许可证，以及工程资金筹集、设备采购运输、所需建材的采购运输等。

在签订合同之前要对投标的文件进行深入的研究，召集企业技术骨干进行讨论。对施工人员以及财力投入进行估计、对施工单位的技术进行评估、对施工验收的标准进行研究、并且要对工期进行充分的考虑。根据上述调查的实际对招标文件进行审查和研究，对合同中的度量单位进行明确的解释，对质量标准进行制定，约定合同工程款项以及付款的方式，约定合同施工期限，对于违约的内容和形式进行明确，并且一一列出相应的处罚措施，使合同在符合法律的基础上，具有较强的严密性和可实施性，最终在保证工程质量的前提下保证工程进度、降低企业成本，同时避免各个环节上的纠纷，使得工程能够顺利进行。

（二）合同管理过程中的事中控制

加强事中控制是保证工程能够按时保质完成的关键。要做好事中控制就要全面了解合同内容和规定，这是进行合同事中控制的基础。在人才的选择方面要选择一些比较有管理经验的，既懂得法律知识又懂得合同管理知识的专业人才；在他们从业之前还要进行岗前培训，使管理人员全面了解合同内容和条款执行的标准和方式，自觉履行合同中的权利和义务。施工单位要严格按照合同所规定的标准进行施工，不允许出现违规修改的情况，并且还要在施工管理的过程加强监督，通过建立科学合理的监督方式来提高工程的质量和进度。要严格控制和管理项目中所出现的变更。目前很多的水利工程地处偏远地区，条件较差，施工中可能会出现各种难以预料的情况，所以很可能就会出现合同中规定的技术不能解决实际中的施工障碍，在这种情况下就要对施工合同进行变更，作为水利工程项目的管理人员要严格控制这种变更，并保证合同变更的科学性和合理性。

（三）水利工程合同的事后分析

合同制定之后还要在施工中进行实践和反思，找出合同中存在的问题，并且对整个项目做好科学的评估。合同管理的事后分析，对控制施工过程的质量、提高工程施工的效率以及降低施工过程中的成本都具有十分重要的现实意义。

四、水电工程合同管理信息概述

（一）水电工程合同管理信息源

在水电工程合同管理信息中，信息源是工程在实施过程中，涉及合同内容和合同管理两方面的信息。

1. 合同格式方面的信息

合同格式是根据国家工商行政管理局颁布使用的合同范本中常用的格式，具体包括两方面：一是水利工程合同格式；二是在套用格式时使用者提供的具体工程基本情况和基本资料。这些基本情况或资料包括工程名称、类别、建设地点、合同工期、合同金额等。水电工程合同格式方面的信息分两个层次，第一层次是合同格式中的条款名称，第二层次是每一主题下的具体信息（或者是内容）。

2. 合同条件方面信息

合同条件也叫合同标准条件或合同格式条款。管理部门常为合同规范化、标准化而颁布标准的合同条件。标准的合同条件规定了工程实施过程中合同双方权利和义务的关系，和工程实施过程中一些普遍性问题的处理办法，它作为一定范围内的工程惯例，能够使工程合同管理规范化，从而使整个工程项目管理规范化、标准化。

3. 工程计量方面的信息

工程计量方面的信息是指与工程计量工作有关的信息。包括计量工程师、现场工程师与承包人在施工现场的测量记录、施工图纸、工程计量清单、技术规范、承包商提供的计量资料、试验工程师提供的试验证明材料、质量工程师提供的质量证明材料、业主反馈的资料等。具体到每一种报表中，还应有更详尽的信息。比如，"工程量计算书"包含的具体信息有：工程计量编号、日期、现场监理工程师、工程项目名称、原始数据、计算简图、工程单价等。

4. 工程支付方面的信息

工程支付方面的信息包括动员预付款、材料预付款、工程变更款、价格调整、拖期违约赔偿金、暂定金额、保留金额、合同终止支付、不可抗力或不可预见事件支付等 12 个信息主题。每个支付信息主题也都有具体的信息。

5. 工程变更方面的信息

工程变更方面的信息包括从变更工程提出到变更工程完成的全过程，涉及承包商、监理工程师、业主、工程所在地政府等方面的信息。采用世界银行贷款、运用 FIDIC 合同条件的水电工程，变更的信息主题有：变更工程申请表、工程变更令、工程变更计量备忘录等。以上信息主题涉及的共同信息有：变更工程名称、位置和范围、变更原因、现场照片和录像、变更前现场描述、地方政府要求变更文件和报告、变更内容、工程量增减、变更单价、支付量、变更方案、变更图纸、监理工程师意见、依据的合同条款等。

6. 工程索赔方面的信息

工程索赔方面的信息包括索赔事件发生到结束的整个过程中承包监理工程师、业主对索赔工程项目记录、依据、合同条件、现场情况等信息资料。最主要的信息主题是索赔意向通知书，有关索赔事件的记录、证实、支付、合同条件以及初期、中期、终期索赔的报告。这些信息主题下都包含具体信息。

7. 水电工程法律方面的信息

法律法规方面的信息分三个层次。如涉及建设工程的法律主要有：《建筑法》《招标投标法》《合同法》《土地法》《城市规划法》等。每一部法律又包含各自的条款，每一条款或主题又包含有具体的信息。

8. 水电工程文件方面的信息

工程文件是工程信息的载体，是水电工程建设各方之间对工程建设信息的反馈和表述。鉴于工程文件载体的多样性和功能交叉，为避免不确定性，适应合同管理的要求，可将文件统一划分为设计文件、承包商文件、监理文件和业主文件四类。根据文件在水电工程管理中的不同指导作用，每一类文件又分若干信息主题，在每个信息主题下才是具体的信息内容。

9. 分包管理方面的信息

水电工程是由若干个单项工程组成的复杂的系统工程。在实施过程中，其不可避免要按单位工程分布，将其分为若干个小工程进行分包。分包工程的部位、内容、范围、数量、单价、合同金额、确定分包工程的期限、双方商议的其他有关事宜等，全部要列入合同信息管理。

10. 工程信息动态

来自监理工程师的信息包括由监理工程师各承包商或各项工程在实施过程中的监理日记、施工进度计划（月、周、日）审批函、申请开工报告批复函、月进度的报告评价、月支付凭据、对承包商提出的各类技术资料的意见、对单项、单位工程的验收意见和函件、对各次预付款的申请报告的批复、对承包商索赔报告的调研资料和对索赔的意见和报告、对材料预付款以及材料调查的支付，向上一级监理工程师和业主的报告等。

（二）水利水电工程合同管理运行的条件

1. 严格执行水利水电工程合同管理法律法规

随着《民法通则》《合同法》《招标投标法》《建筑法》的颁布，水利水电工程合同管理法律已基本健全。但是，在工程建设中，这些法律的落实还不到位，其中既有勘察、设计、施工单位转包、违法分包、不认真执行水利水电工程建设强制性标准，偷工减料，忽视工程质量的问题，也有监督单位监理不到位的问题，还有建设单位不认真履行合同，拖欠工程款的问题。在现今的经济形势下，要求依法进行水利水电工程合同的管理。只有这样，我们的管理行为才能在水利水电工程合同的运行中得以有效地发挥作用，工程建设中各种各样的问题也会得到解决。

2. 督促合同管理人才学习相关法律知识

水利水电工程建设领域的从业人员应当增强合同观念和合同意识，这就要求我们督促合同管理人才学习相关法律知识，不论是施工合同中的工程师，还是建设工程合同的当事人，以及涉及有关合同的各类人员，都应当熟悉合同的相关法律知识，努力做好水利水电工程的合同运行工作。

3. 设置合同管理组织，由合同管理人员组成合同管理机构

设立合同管理机构将会加大水利水电工程合同管理的力度。一方面，水利水电工程合同管理工作，应当作为政府部门的管理内容之一；另一方面，水利水电工程合同当事人内部也要设立由合同管理人员组成的合同管理机构，建立合同台账、统计、检查和报告制度，提升水利水电工程合同管理的水平。

4. 合同管理要预先制定合理的目标

合同管理目标，是指合同管理的预期结果是否符合当事人的要求。水利水电工程合同管理要预先制定管理目标，并且可以分解为各个阶段的管理目标，合同的管理目标应当落实，所以，还应该制定督促合同管理人员提高合同管理水平的评议制度。这样，才能有效地提高合同管理人员合同管理的水平。

5. 推广合同样本制度

推行合同样本制度，一方面有助于当事人了解、掌握有关法律、法规，使具体实施项目的水利水电工程合同符合法律法规的要求，避免缺款少项，防止出现显示不公平的条款，也有助于当事人熟悉合同的运行，另一方面，有利于行政管理机关对合同的监督，有助于仲裁机构或者人民法院及时裁判纠纷，维护当事人的利益。使用标准化的样本签订合同，对完善水利水电工程合同管理制度能起到推动作用。

五、水利水电合同管理现状及措施

（一）水利水电建设工程合同管理现状

由于现阶段我国水利水电建设工程尚处于发展的阶段，很多方面尚未健全与完善，存在一些较为突出的问题，主要包括：

1. 发包人资金拨付不及时，承包人垫资

从水利水电建设行业当前的发展状况来看，基本属于买方（发包人）市场。发包人拥

建设工程项目资金最终下拨到项目上需要一个层层批复的过程，如果层级较多，又未能及时申请批复的情况下，资金的最终到达所需要的时间就相应延长，往往不能与正常的施工时间相匹配。其次，政策的执行缺乏规范。有些项目的部分层级负责人缺乏对项目资金影响力的认识，将该资金在一定时期内用作其他用途，使该建设工程项目无法纪时得到资金拨付。对于其他资金占主导地位的发包人而言，最重要的问题就是筹资的时间与额度不能满足正常的施工需要。

2. 发包人急于迅速获得投资回报

水利水电工程在竣工验收之后发挥作用之时能够带来巨大的社会效益和经济效益，除公益性水利工程外，发包人往往都希望能在最短的时间内看到工程发挥经济效益，最大限度的缩短投资回报率，而实现目标最主要也是最直接的手段就是赶工。

3. 发包人不重视施工前期准备

施工前期的准备阶段是施工能顺利进行的前提，不重视就会带来很多后续的问题。首先，发包人为了能够早日招标，往往忽略了设计文件的深度。其次，处理移民征地等问题难度较大，又缺乏相应的专业人员，因此这些问题的解决常常与施工同步进行，导致许多矛盾。再次，"四通一平"责任划分模糊。发包人为了能尽快开工往往将自己的责任推向承包人，弱化责任界限。

4. 监理人不能充分认识监理责任

监理人虽与发包人签订了委托监理合同，但并不能代表发包人是监理人的服务对象。部分监理人监理意识较为薄弱，不能明确认识到监理的责任，因此也就不能从公平、公正的角度处理承包合同执行过程中遇到的问题。

（三）从监督与约束机制的角度优化水利水电建设工程合同管理

从上述现状和原因分析中不难看出，我国水利水电建设工程合同管理中出现的问题在很大程度上是由于缺乏有效的监督与约束机制导致的。因此，需要从这个角度出发对其进行正确的引导，才能使合同管理真正发挥其在水利水电建设工程中的重要作用。对于如何进行监督和约束，有以下几点建议：

1. 建立完善的资金监管体系

对于国有资金占主导地位的发包人而言，从法律法规的角度出发，建筑行业尤其是关系到国民经济基础的水利水电行业，需要制定细化的资金监管制度，保证建设工程资金能够快捷有效的进入施工环节；从强化负责人意识的角度出发，应加强项目层级负责人对项目资金重要性的认识，严禁资金挤占、截留、挪用。对于其他资金占主导地位的发包人而言，则应从筹资监督的角度出发，上级主管部门需加强对其筹资的监管力度，保证在每一施工阶段都有相应的资金给付。

2. 将社会效益的大小作为鼓励标准

水利水电工程投入生产运营的开始也就是其社会效益和经济效益显现的起点，发包人更希望工程的经济效益早日体现。而对于国民经济而言，水利水电工程所发挥的社会效益远大于其经济效益。上级主管部门应将水利水电工程社会效益的大小作为鼓励标准，从经济上以及名誉上鼓励发包人将社会效益放在首位。如对移民安置效果，灌溉面积大小等方面作为评价标准，逐步转变发包人将工期和经济效益当作第一要务的现状。

3. 明确发包人责任

施工前期的准备阶段是整个施工过程的重要保障，只有在前期准备阶段充分完成后才能保证施工阶段的顺利进行。上级主管部门在给予发包人权利的同时更应明确发包人的责任，落实发包人应准备的事项。同时应启动第三方监督机制，多方协作支持，帮助发包人完成施工前期的准备工作，使承包人能够在进场后顺利展开施工。

4. 提高监理人的监理责任

监理人与发包人所签订的委托监理合同的意义，不在于委托，而在于监理；不在于服务，而在于公正。对于目前我国建筑市场的现状而言，监理人不是合同的第三方。而从国外的建筑市场来看，往往是由咨询公司来充当监理人的角色，但性质不同，咨询公司是作为合同的第三方来对合同进行管理，这样就更能体现出监理人的中立性。从国外的建筑市场情况中不难看出，监理过程最重要的就是提升工程监理人员的监理意识和监理责任。有关部门以及第三方机构应该定期对工程监理人员进行继续教育和培训，同时应设立各级监理人员的岗位责任制，细化责任与义务，增加考核频次与奖惩力度。

第五节　水利水电工程施工监理

一、施工监理管理存在问题

水利水电工程建设施工监理控制管理是对水利水电工程中各个方面投入资金进行监理控制管理，如果水利水电工程建设施工监理控制管理在任何一个环节出现问题，都会造成监理控制管理结果错误，对水利水电工程造成巨大的经济损失。但是，目前水利水电工程建设施工监理控制管理不确定，工作遇到了诸多的问题，需要及时进行解决，实现水利水电工程建设施工监理控制管理的完美融合，因此必须对其中的问题进行研究。

接下来就对水利水电工程建设施工监理控制管理工作中出现的问题进行分析论述：

（一）水利水电工程建设施工监理控制管理体系管理混乱

我国的水利水电行业一直以来受到国家经济的管控，造成了水利水电工程建设施工监理控制管理部门众多的现象。目前，我国在水利水电工程建设施工监理控制管理工作中，出现的管理部门包括监理控制管理、财政部门等多个部门，这就造成了水利水电工程建设施工监理控制管理人员的所处状态非常不好，众多管理部门之间不能进行协调，造成监理控制管理工作管理混乱，无法发挥监理控制管理部门的作用，导致监理控制管理人员可能在水利水电工程监理控制管理中出现问题，严重影响了水利水电工程施工。

水利水电工程建设施工监理控制管理工作技术工作是目前大型水利水电工程建设的重要环节，因此具有高效性、技术性强的特点。也因为其特点，导致了水利水电工程建设施工监理控制管理工作在现实操作中，出现了诸多的问题。水利水电工程建设施工监理控制管理是对大型水利水电工程中各个方面投入技术应用进行技术研究，对影响大型水利水电工程的自然条件、市场环境以及技术条件等各方面进行衡量的工作。

如果水利水电工程建设施工监理控制管理在任何一个环节出现问题，都会造成水利水电工程建设施工监理控制管理研究结果错误，对大型水利水电工程造成巨大的经济损失。

（二）水利水电工程建设施工监理控制管理工作缺乏监督

水利水电工程建设施工监理控制管理工作在具体实践中，没有按照相关的法律法规进行操作，缺乏合同约束，导致水利水电工程建设施工监理控制管理工作一旦出现问题，责任认定非常困难。水利水电工程项目都是按照相关的法律法规，进行公平公正的招标，对水利水电工程进行评定，一般情况下，水利水电工程的中标价就是水利水电工程的总价格，并且利用合同对其进行约束。但是很多的水利水电企业暗箱操作，对水利水电工程监理控制管理价格进行更改，按照实际水利水电工程造价进行监理控制管理，这样就导致了水利水电工程投入资金无法核算，对监理控制管理工作造成严重影响。

二、施工监理控制管理工作

目前我国的水利水电工程建设施工监理控制管理工作中，不仅仅存在监理控制管理人员素质低下的问题，还存在监理控制管理系统混乱等问题，这些问题影响了水利水电工程建设施工监理控制管理工作的正常进行，导致监理控制管理结果出现问题。接下来，就对水利水电工程建设施工监理控制管理工作中出现的问题，寻找应对措施，使水利水电工程建设施工监理控制管理工作能够顺利完成，促进水利水电行业的快速、稳步发展。

（一）提高监理控制管理人员的整体素质

要保证水利水电工程建设施工监理控制管理工作的顺利完成，避免监理控制管理工作出现问题，首先就要对监理控制管理人员的素质进行判定，提高自身整体素质。水利水电企业也要求监理控制管理人员进行定期的专业培训，强化监理控制管理人员的专业水平，这样能够促进监理控制管理工作的高效完成。

（二）完善水利水电工程建设施工监理控制管理工作方面的法律法规

完善水利水电工程建设施工监理控制管理工作方面的法律法规，这样能够对水利水电工程方双提供法律保护，实现水利水电工程建设施工监理控制管理工作有法可依的目的，方便对于监理控制管理过程进行查询，降低监理控制管理工作的风险。完善法律法规，能够降低监理控制管理工作的错误率。要加强对监理控制管理工作的监督，实行责任纠错制度，责任到人，这样能够有效地提高监理控制管理工作的正确率和工作效率。

水利水电工程建设施工监理控制管理是水利水电行业发展的重要组成部分，也是对水利水电行业固定资产进行监理控制管理的组成部分，水利水电工程建设施工监理控制管理工作，由具体的监理控制管理部门负责，根据我国的相关法律法规，对水利水电行业固定资产进行监理控制管理，确保固定资产的合理合法性。

（三）提高水利水电工程建设的生产监测监控系统

水利水电工程建设施工监理控制管理在该领域中的体现，就是监测系统。我国引进这一技术相对较晚，发达国家早已经开始利用这一技术生产作业了。经过长时间的实践得出，水利水电工程建设的生产监测在我国水利水电工程建设生产以及管理中，都起到了重要的作用。要保证水利水电工程建设施工监理控制管理工作的顺利完成，避免水利水电工程建设施工监理控制管理研究工作出现问题，首先就要对水利水电工程建设施工监理控制管理研究人员的素质进行判定，建设一支高素质的水利水电工程建设施工监理控制管理研究队伍。

随着我国社会的发展和经济实力的不断提高，大型水利水电行业的发展也非常迅速，水利水电工程建设施工监理控制管理工作的重要性也越来越明显。在这样的背景下，对于水利水电工程建设施工监理控制管理研究人员的要求也越来越高，要求水利水电工程建设施工监理控制管理研究人员具备一定的素质，才能够保证水利水电工程建设施工监理控制管理研究工作的顺利进行。

大型水利水电企业要对水利水电工程建设施工监理控制管理研究人员进行定期的素质教育，使水利水电工程建设施工监理控制管理研究人员时刻不忘自身职责，提高自身整体素质。大型水利水电企业也要求水利水电工程建设施工监理控制管理研究人员进行定期的专业培训，强化水利水电工程建设施工监理控制管理研究人员的专业水平，这样能够促进水利水电工程建设施工监理控制管理研究工作的高效完成。

（四）完善监理控制管理工作方面的机械装置和电子技术

水利水电工程建设施工监理控制管理研究是实现水利水电工程建设工程效益最大化的

重要方式，也是促进水利水电工程建设工程良性发展的主要途径，对于水利水电工程建设工程中资源的浪费，能够起到良好的缓解作用。但是，目前水利水电工程建设施工监理控制管理工作遇到了诸多的问题，需要及时进行解决。水利水电工程建设施工监理控制管理是大型水利水电行业发展的重要组成部分，也是对大型水利水电行业固定资产进行技术研究的组成部分，水利水电工程建设施工监理控制管理工作，由具体的水利水电工程建设施工监理控制管理研究部门负责。要对水利水电工程建设施工监理控制管理的管理部门进行协调，实现水利水电工程建设施工监理控制管理研究部门的独立，解决目前水利水电工程建设施工监理控制管理研究部门的状况。这样能够保证水利水电工程建设施工监理控制管理研究管理工作的正常运行，使水利水电工程建设施工监理控制管理研究部门发挥应有的作用，保证水利水电工程建设施工监理控制管理研究结果的正确性。

第六节　水利水电工程验收管理

一、竣工质量检测

（一）质量检测标准

一般情况下，水利水电工程施工质量检验与评定的标准和规范包括：水利水电工程启闭机制造安装及验收规范、泵站安装及验收规范、水利水电基本建设工程单元工程质量等级评定标准、水利水电工程钢闸门制造安装及验收规范、堤防工程施工质量评定与验收规程等。上述规范和标准是为了对泵站、堤坝和水闸等水利工程项目的施工工序质量进行检测，为水利工程项目的整体质量奠定了坚实的基础。

（二）水利工程竣工质量检测现状

在研究了我国各流域水利工程质量检测的资料后，综合竣工验收的检测标准，着重研究了水利工程项目中的检测参数、项目和方法，整理出水利工程竣工验收检测过程中存在的主要问题。首先，我国幅员辽阔，气候不同，各地的实际状况差别较大，因此竣工检测项目的标准和参数差别较大，缺少统一的检测标准。其次，在检测标准中，各地的评价标准差异大，地方一般都是根据各单位聘请的检测人员的从业经验进行判断，缺少科学性。再次，检测项目类别单一，并且抽取的检测样本数量较为随意，缺少客观性。最后，许多地区将工程竣工验收检测工作与施工质量检验两项工作混为一谈，出现过许多用竣工检测代替质量检验的现象，这也是导致工程出现质量问题的原因之一。

二、检测技术方法

（一）金属结构工程

金属结构水利工程项目基本出自于生产厂中，然后搬运到施工现场开展安装调试工作，针对这种水利工程，在检修过程中不能破坏金属支架，采用非破损检测法，万不得已的情况下可以使用局部微破损检测法来辅助检测工作。曾接手过一个金属结构水利工程检测项目，在检测焊缝质量的过程中，使用了直尺检查法，局部借助超声波，检测焊缝质量。整个项目检测过程中，几乎没有使用过射线探查，主要由直尺检查和超声波探查完成。需要特别说明的是：在检测防腐涂层质量的过程中，使用了磁性基体非导磁阻法，辅助使用了划格法对涂层附着力进行检测，主要是因为这种检测方法可以得出较为准确的数据，并且不会伤害防腐涂层。这种项目在我国中部城市比较常见，气候对工程的影响不大，所以使用的检测工具和检测手法比较简单。除了上述方法之外，在检测安装质量的过程中，还可借助经纬仪和水准仪等精确测量工具，使用水堰法对闸门漏水情况进行检测。

（二）堤坝工程

堤坝工程大多数情况下使用测量法对其进行检测，测量堤坝断面的尺寸，在测量断面尺寸的同时还可使用冲击筛分法和贯入法作为辅助测量法，这主要是为了考察地基的稳固性，判断地下是否存在空洞。这种辅助测量法可以较为精准的测量出砌体工程的强度参数，从而判断砌体工程质量是否符合设计标准。在参与的堤坝工程土体填筑的质量验收工作中，环刀法最为常见。环刀法可以针对性的检测填土压实程度，防渗墙质量检测时往往采用高密度电法和雷达法。

（三）土建工程

土建工程是水利工程中较为常见的项目之一。土建工程往往作为水利工程的主体项目，其竣工验收检测工作对整个水利工程项目意义重大。在检测过程中，一旦发现有不达标的项目，可以立即停工并督促整改，直至达标为止。检测与评价的内容以施工资料的真实性和可靠程度为主。土建工程是接手最多的项目，实际工作中首先会使用无损检测，尽可能保证工程整体的完好。如果无损测量不能满足实际情况的需求，往往采用微破损检测法作为辅助检测法，尽可能降低对工程结构的不良影响。针对主体过程外观，首先进行直观检查，如不能满足实际需求，则使用经纬仪、水准仪作为辅助测量工具，检查结构的垂直度、表面平整度和表面缺陷程度等。

对于土建工程中的混凝土结构，使用超声波进行结构检测是工程实践中常见的方法，如非必要，不会使用钻芯法开展检测工作。在检测砌体工程砂浆强度和砌石护坡的过程中，首先会选择冲击筛分法和贯入法，面对实体配筋和结构保护层的检测工作时，接触最多的就是电磁感应法，少数情况下也会使用雷达法，这两种方法可以针对性地检测混凝土的配筋状况。在地基承载力的检测中，则往往以堆载法为主，动测法作为辅助。

三、竣工验收检测评价方法

水利工程竣工验收检测评价方法主要有定性评价法、定量评价法和统计评价法。

（一）定性评价法

所谓定性评价法，就是在对建筑物质量特点进行评判的过程中，通过与描述、评判等方式相类似的方法来开展质量评价工作。比如：在对水利工程建筑物外观的质量检测评价时，经常会使用描述法，描述外表所能看到的一切问题，再利用雷达法对堤坝内部进行质量检测。但是这种检测方式的评判标准完全由的主观意愿和经验来决定，没有定量标准，所以在使用定性评价法后，经常借助模糊数学、统计学、概率学等数学方法，增加评判工作的科学性和客观性，提高评价准确度，促使评判工作朝向量化方向发展。

（二）定量评价法

顾名思义，定量评价法与定性评价法最大的区别就在于"量"的固定，所以定量评价法通常指的是建筑物质量特征的量化指标，这种评价手法借助的工具比较多，有明确的测量标准，管理难度小，测量的结果客观科学。在检测工作中，常常使用无损检测的方法，配合经纬仪、水准仪作为辅助测量工具，最终确定"量"的数值，将标准值与测量值进行对比，找出工程质量问题的所在。定量评价法操作简单，评价结果精准，值得在工程实践中推广使用。

（三）统计评价法

除了定性评价法和定量评价法以外，在工程检测项目中还会经常使用统计评价法，检测过程中会出现较多数据，数理统计就自然演变成了一种评价方法，并且普适度很高，对建筑物总体质量的评价较为精确，在我国很多水利工程的检测过程中都有使用。一般情况下，测量值的统计参数会使用数理统计法来得到，得到的参数就可以体现建筑物的质量情况，技术标准值和参数进行对比后可以明确看出问题所在，这就是统计评价法的主要内容。统计评价法在工程检测过程中的使用，大大提高了水利工程质量检测工作的精确度和可靠性。

有市场的主动权，因此可以在招标的过程中增加一些附加条件来达到增大盈利或降低成本的目的。比如压低中标价格，提高设计标准施工，要求承包人垫资等。投标人为了顺利签订合同，往往需要接受不公正的合同条款。而在合同实际实施的过程中，不及时的资金拨付可能会给承包人带来巨大的资金风险。不同施工阶段的人工、材料以及机械使用费是必须按时足额支付的，否则就违反了法律的规定。如果不能得到除预付款外资金的及时足额拨付（有时预付款也无法及时足额支付），承包人就需要自行垫资。垫资的金额可能会使承包人企业在长时间内无法正常运转，甚至背负高额的银行利息。这种风险的扩张趋势是不可预估的，对承包人企业潜在的影响是巨大的。

2. 发包人压缩合同工期

为了尽早完工获得收益，在某些需要合理延长工期的情况下，发包人会以某些理由要求承包人赶工，变相缩短合同工期。承包人则会因为延期处罚而进行赶工，在这种超负荷状态下的施工质量在一定程度上是无法满足设计标准的，也为日后的验收与投入使用带来问题与隐患。

3. 设计文件深度不足及进场条件不到位，延长工期

发包人招标的前提条件之一是必须有满足符合施工需要的设计文件，这是指导施工的技术前提。而在实际的施工过程中，会出现由于地形地质条件复杂，勘测不到位导致设计文件深度不足的情况。这就必须进行补充勘测和修改设计文件，相应的工期也必须延长。发包人招标的另一重要的前提条件是必须完成施工现场的征地、拆迁以及"四通一平"，而实际情况则复杂得多，往往在承包人已进场时这些工作还尚未完成，这也就不得不延长工期。这些并非合理情况的延长工期会造成承包人无法在合同时间内完成施工，相应地增加了承包人的时间成本。

4. 监理人不能站在公立的角度执行承包合同中的内容

建设工程监理制也是工程建设"四项基本制度"中的重要内容，监理人与发包人签订委托监理合同，代表发包人对建设工程进行监理。监理人不是合同的第三方，在监理过程中如果遇到问题，往往偏向于维护与其有雇佣关系的发包人利益，而不能站在中立的角度执行承包合同中的内容。

（二）水利水电建设工程合同管理现状原因探析

水利水电建设工程合同管理现状产生的原因是多方面的，针对上述问题，简要介绍较为重要的几种情况：

1. 发包人资金管理与控制不严格

对于国有资金占主导地位的发包人而言，首先，建设工程项目资金不能及时申请批复。

结　语

　　水电工程较其他工程项目而言，施工难度高、管理难度大，为了确保工程质量，需要相关工作人员加强工程管理工作。因此，在对水利水电进行管理的过程中应当在每个环节，开展多方面的综合管理，有关单位必须要强化水利水电工程建设管理制度，并且加强员工综合素质的培训，以及对新技术，新工艺的学习，明确工程管理的目标。这样一来，不仅能够使得水利水电工程建设规范化、标准化，能够提升工程建设水平，从而有效促进我国经济发展。